高等院校素质教育“十二五”规划教材

大学生
心理健康教育实践教本

王坚 朱晓玲 主编

人民邮电出版社
北京

图书在版编目（CIP）数据

大学生心理健康教育实践教本 / 王坚，朱晓玲主编
. -- 北京 : 人民邮电出版社，2014.11
高等院校素质教育“十二五”规划教材
ISBN 978-7-115-37247-5

Ⅰ. ①大… Ⅱ. ①王… ②朱… Ⅲ. ①大学生－心理健康－健康教育－高等学校－教材 Ⅳ. ①B844.2

中国版本图书馆CIP数据核字(2014)第240583号

内 容 提 要

本书主要是主教材的实践教本，补充了一些实践知识，主要根据大学生在生活中出现的心理问题编写，介绍了大学生心理咨询、异常心理问题及困惑、自我意识培养、大学生的人格心理、学习心理、人际交往、情绪管理调试、心理危机应对以及恋爱交友等问题，并且还讲述了大学生以后面对社会的职业生涯规划。

本书不仅可以作为大学生心理健康教育与辅导方面的通识教育教材，也可以作为高校相关教职人员了解大学生心理的参考书，还可以作为青少年健康成长的指导手册以及青年人提高自身心理素质的自学用书。

◆ 主　　编　王　坚　朱晓玲
　责任编辑　马小霞
　执行编辑　喻智文
　责任印制　张佳莹　焦志炜

◆ 人民邮电出版社出版发行　　北京市丰台区成寿寺路 11 号
　邮编　100164　　电子邮件　315@ptpress.com.cn
　网址　http://www.ptpress.com.cn
　北京铭成印刷有限公司印刷

◆ 开本：787×1092　1/16
　印张：17　　　　2014 年 11 月第 1 版
　字数：403 千字　　　　2014 年 11 月北京第 1 次印刷

定价：38.00 元

读者服务热线：(010)81055256　印装质量热线：(010)81055316
反盗版热线：(010)81055315

前言

当今是一个科技与经济高速发展的时代。中国在短短的几十年里已经发生了翻天覆地的变化，人们的生活也得到了很大的改善。这个时代的到来既给大学生带来了机遇，也给他们带来了挑战。大学生作为社会的一个特殊的群体，代表着最先进的文化，代表年轻有活力的一族，是推动社会进步的栋梁之才。但是他们的心理发展还不成熟，社会经验少，心理承受能力还比较薄弱，面对“内忧外患”他们要不断地突破自己，挑战自己，这样才能慢慢地成长、成熟与稳定。

加强大学生心理健康教育是培养高素质合格人才的迫切要求。大学阶段处于人生发展的重要时期，也是世界观、人生观、价值观形成的关键时期。大学生在成长过程中遇到的困难和矛盾，产生的困扰和冲突，会形成这样或那样的心理问题。而这些心理问题又往往同他们世界观、人生观、价值观的形成交织在一起。现在大学校园是社会的缩影，大学生作为社会的一分子，要马上步入社会，也会面临社会上各方面的压力。这就需要大学生养成好的心理素质，学会在压力中生存，在压力中感受快乐。所以为帮助大学生更好地接受心理健康方面的教育，编者在原有《大学生心理健康》的基础上编写了《大学生心理健康教育实践教本》，此书全方位地介绍了大学生在生活中容易遇到的心理问题。

本书结合大学生成长阶段的特点，针对大学生普遍存在的心理健康问题，从心理发展与健康的角度出发，以大学生的各种心理问题为切入点，分别对心理介绍、心理咨询、挫折应对、人际交往、生涯规划、恋爱交友等基本问题进行指导，同时也对当前新形势进行了阐述。编者在编写过程中借鉴了当前心理健康教育方面的最新理论成果和实践经验，在传统的基础上进行创新。本书理论内容严谨，形式结构新颖，是大学生心理健康成长的实践教本。与目前其他同类教材相比，本书具有以下特点。

（1）内容丰富。本书主要介绍了大学生的心理健康知识，使大学生了解容易出现的心理问题，掌握一些心理调适的方法，树立心理健康意识。

（2）实践性强。本书中每章都提供了自我心理测试题，可供大学生借助于心理测试的结果，对自己的心理健康状况有一个客观的评价和真实的了解。此外，教材中还设计了各种案例，大学生可以通过一个个心理案例和测试，提高自身的心理素质与水平，教师也可以借助这些训练实现互动教学。

（3）案例真实。教材的每个章节都收录了心理咨询案例，通过对案例的真实描述和深入分析，可以让大学生对本章节内容认识得更加深刻，对如何进行自我调适有所启示。

（4）图文并茂。本书语言活泼、结构新颖、形式多样，图片丰富，不仅有阅读材料、测试与结论等文字内容，还配有大量生动形象的插图和表格，增加阅读的趣味性和可读性。

总之，在当前我国社会迅速发展的特殊时期，大学生的心理问题日益增多，包括学习方面、人际关系方面，自我认知方面、情爱方面、情绪方面等心理问题及不同程度出现的焦虑、抑郁、强迫等症状，严重影响大学生的健康成长，因此，高度重视大学生心理健康问题，是我们培养高素质社会主义接班人的需要，不仅具有理论意义，而且具有重要的现实意义。本书不仅可以作为大学生心理健康教育与辅导方面的通识教育教材，也可以作为高校相关教职人员了解大学生心理的参考书，还可以作为青少年健康成长的指导手册以及青年人提高自身心理素质的自学用书。

由于时间仓促和编者水平有限，书中难免存在不足之处，恳请广大读者给予批评指正。

编者

2014 年 9 月

目录

第一章

大学生心理健康导论

本章提示

核心词：

心理学

健康的标准

心理活动的特点与实质

影响大学生心理健康的因素

重点：

大学生心理健康的标准

心理活动的特点与实质

实践路径：课前浏览—师生互动—课本记录—自测评价—实践报告

第一节　心理活动的特点与实质

什么是心理学？比较专业的解释是：心理学是一门研究人类及动物的心理现象、精神功能和行为的科学，既是一门理论学科，也是一门应用学科。专业人士研究心理的特点和实质，是为了描述、解释和预测大众的心理定式。而对于我们普通人来说，了解心理学的最终目的是为了提高自己的生活质量。人只有心理健康了，才能充分发挥其身心潜能，才能正确处理事业、家庭、爱情和婚姻等各个方面出现的问题。例如，足球世界杯期间，广大球迷不辞辛苦地熬夜看球，影响宿舍其他人的休息，为此出现了舍友间的矛盾。假如你也是球迷，世界杯期间你会怎么跟舍友解释？作为舍友希望球迷舍友怎么来安抚你？

【师生讨论】

你的观点：____

____

____

____

教师评语：____

____

【结论】

通过讨论，我们知道了每个人在面对这个问题时所采取的方式方法都各有差异，因为每个人的心理个性和特点都是不同的。所以说，我们每个人都可以称自己是个小小“心理学家”。我们在每天生活中都会或多或少地研究身边人的心理动态。

1．心理是一种主观能动性的存在

【师生讨论】

平坦世界

有一天，从三度空间世界来了一个圆球形生物，进入二度空间的“平坦世界”，引起了该处各生物的惊慌。平坦世界公民之一，一位发言者说：“我巴不得立刻就把这个入侵者驱逐出境!”

这个发言者是一个平面的四方形，它质问闯入者：“你说你是从三度空间来的？三度空间在哪里？是什么样子？怎么我一点也不知道？”

来客（三度空间圆球）说：“不错，我是从三度空间来的，它就是在上面，也在下面。”

平面四方形说：“老天爷！你一定是指南和北了！”

圆球：“完全不是这个意思，我是说你的上面和下面，这是你看不见的，因为你是平面的，你旁边又没有眼睛!”

平面四方形：“我的旁边却有视力!”

圆球：“但是你是平的，你没有眼睛，看不见外面的空间。你是平的，你的旁边没有眼睛，你的里面也没有眼睛——你们称为“里面”，我们视之为你的“旁边”。”

平面四方形：“在我里面长个眼睛？在我肚皮长个眼睛？先生你太会开玩笑了！”

圆球：“我不是寻你开心！我明白，你是平面的，你无法了解三度空间的意义，你顶多只能看见我的一面——圆圈圈，因为你没有能力把你的视力从平面上升起，你就只能看见我的身体一面。现在，我要向空中升起了，最低限度你应该可以看见我身体的圆圈越来越缩小，越来越小，终于消失。”

圆球从平板上跳起消失了。平面四方形自语道：“全是鬼话！我根本没看见他升起！什么是“升”呢？莫名其妙！可是，他消失了！我不懂，是怎么回事呢？”

突然不知从何处传来圆球的声音：“平面四方形老兄！你以为我真的消失了吗？我还在这里呀！只因你是平面的，你看不见我罢了！等我再回到你的平面来，你就会看见我的圆圈越来越大了。”

圆皮球跳回平板上，平面四方形果然看见一个圆圈越来越大，可是始终不明白是怎么一回事。他就叹一口气说：“他是有些奇怪的，蛮会玩把戏的！但是，我还是不相信他说的什么三度空间！他不外乎是个会变把戏的圆圈罢了！”

你的启示：

____

教师评语：____________________

____

____

____

【结论】

上面的故事摘自英国科幻作家艾特温·阿伯特的名著《平坦世界》。故事讲的是三度空间物体——“立体圆球”闯入了一个二度空间世界。二度空间的居民平面四方形因为难以理解立体圆球所说的三度空间，所以他只能将立体圆球认为是一个满嘴谎话的“疯子”。

平面四方形之所以不能理解三度空间的存在，主要有两个原因。一方面是由于平面四边形本身所处世界的维度的限制，导致他不可能去相信有更高维度空间的存在。这是一个科学命题，不是本书的重点，因此不再详细赘述。另一方面就是心理原因造成的。过往的生存经验教会我们一个处世的道理，即要相信常识、相信经验。常识和经验又会影响每个人的心理，直至影响每个人的潜意识。比方某个人跟你说他看到的苹果是个正方形的，那你也许会认为他是在说胡话。二度空间的平面四边形也是如此，常识和经验告诉他，世界只能是由长和宽组成的二维空间，假如他相信有三维的存在，那它的那些常识、经验，甚至心理潜意识将会被彻底颠覆。要知道如果一个人的潜意识被颠覆了，那无异于经历了一次痛苦的死亡。

但是，我们每个人的存在证明了更高维度空间的确存在。我们所能看到的高楼大厦、穿梭的车流无一不是由长、宽、高三个维度组成的。但是，那么我们看到的就一定是世界的真实面目吗？世界会不会还存在其他我们看不到的维度？或者说我们的心理就一定是成熟的吗？这个问题恐怕是仁者见仁，智者见智。英国哲学家罗素曾说过：“智慧，有可能根本就不存在，也有可能是精练的愚蠢。”

也许这个世界本身还存在更高的维度，甚至我们人类在居住于更高维度空间的生物眼里，也只是一个个平面四边形。可不管这个问题的答案是否正确，都不影响一个个平凡的你我在我们这个三维空间很好地生活。不过你有没有想过这个问题，由于你的心理不成熟，导致在你身边某些人的眼里，你也只是个平面四边形。作为一名当代有理想、有朝气，有着强烈自尊心的大学生，你肯定不乐意被人如此看待。那么使自己的心理更加成熟将是你人生一个非常重要的课题。心理是很主观的、神奇的，人们心理的主观能动性的大小依赖于人们对客观世界规律的认识水平，并且也要接受社会道德标准的衡量。发挥主观能动性的最高境界是实事求是，也就是尊重自然规律，遵守自然规律，按科学办事，既要克服无所作为的消极观念，又要克服藐视自然、违背规律的唯意志论。否则，人类不可避免地要受到自然规律的惩罚。

2．心理是人脑机能的体现

【师生讨论】

人为什么会成为万物之主

1.8 万年前，人类的祖先还过着游牧生活，他们的食物和衣服来自野牛和驯鹿。100 多万年来，寒冷期与炎热期不断交替更迭，此时，地球正经历着最后一次大降温，河流即将封冻，白昼越来越短，一切生物都将接受残酷的生存考验。

狼和人一样，也饱受着食物紧缺的煎熬。这两个种群其实很相似：他们都是强大的捕食者，都位于食物链的顶端，都有复杂的群体结构，在同一块土地上捕捉着同样的猎物。

人和狼这对竞争对手，注定要相遇。但这似乎并不是一场公平的角逐。因为人能够制造工具，可以在远距离外杀死猎物。狼最终选择了退出。但人类捕捉到猎物后并不会把猎物全部带走，他们会把猎物的内脏，以及其他部落的族人不吃、不用的躯干部分，留在原地。这使得狼群待人离开后，可以享用剩下的美食。

在公元前 2～1.5 万年，地球气温开始大幅上升。随着冰河期的结束，饥荒成为过去，食物又变得充沛起来，阻碍人类从亚洲迁往欧洲的冰盖，也逐渐向北移动，人类的迁移路线，因此变得更加开阔，迁徙也变得更为平常。与此同时，一些狼群也悄悄地跟在人类的迁徙队伍后面，充分享用人类吃剩的食物。

终于有一天，一个念头偶然出现在原始人的脑海中：为什么不借助狼的力量，取其所长，来帮助自己更高效地抓捕猎物呢？这个想法，使一些幼小的狼崽被人们捉到部落中去圈养起来。这一时期，在北半球的许多地方，几乎正以同样的方式，人和狼也经历着相同的故事。

从野生狼到第一批狼犬，中间只经过了 50 代。1.2 万年前的狼犬在外形上和它们的野生祖先十分相似，但体型明显变小，性格也更加温顺。这些转变，一部分是因为它们的活动量减少了，食量也相应变小。不过，最主要的原因是，从自然环境到人类环境的转变，使它们荷尔蒙的分泌发生了巨大变化。它们已经不再捕猎，首要任务是保卫家园，遇到危险发出警报。另外，把剩菜剩饭打扫干净。

如果某只狼犬身上还残存着野性，人类就会把它杀死。通过杀死凶猛的个体、保留温顺的个体这样一种方式，人类的祖先在下意识中完成了一个“选择”的过程，这就使得第一代狗的习性、外形、甚至基因，都更加适应人类社会。人类饲养的狼犬与野狼在基因上有了一点不同，那就是，狼犬会有意识地发出叫声，它们能看懂某些手势，能和人类进行一定的交流。

你的启示：____

____

____

____

____

____

教师评语：____

____

____

____

【结论】

人脑是心理的器官，心理是人脑的机能。从进化论看，动物的心理发展的各个水平和阶段，与神经的进化水平有关；从儿童心理发展看，不同年龄的心理水平，与儿童的神经发育水平有关；从医学研究来看，一定的异常心理或行为缺陷与一定的脑组织、脑神经病变有关。因为人类进化出了更高级的大脑神经系统，所以驱使着人类产生不断改善生活环境的心理活动。可以说，越是具有丰富的神经系统，心理活动越是复杂。

3．客观现实是心理的源泉，心理是对现实的主观认识

【师生讨论】

1．你觉得图 1-1 所示的老鼠恐怖或者恶心吗？

图 1-1　老鼠

2．你觉得图 1-2 所示的老鼠杰瑞恐怖或者恶心吗？

图 1-2　老鼠杰瑞

3．两岁时的你会因为看见老鼠而吓得大哭，现在 22 岁的你还会因为看见老鼠被吓哭吗？

你的启示：________________________________

教师评语：________________________________

【结论】

面对同一事物，人在不同年龄、不同环境下的心理反应是有很大差异的。比方你在野外看见一只斑斓猛虎时，你会恐惧得马上想要逃走。但是如果将这只猛虎放置于长满着奇花异草的假山上，也许你不仅不会恐惧，还会像欣赏一幅名画一样为猛虎拍照。这就是心理的主观性，也是人与人之间的个性差异。我们要了解这种个性差异，理解每个人的个性独特性，只有这样才能与人和睦相处。

【自测评价】

画出你的内心

要求在白纸上或者计算机上，画上房子、树和人，三者都要出现在画面上，位置可以自由安排设计。注意，先将三者画好才能看下面的答案，否则该测试的准确性将大打折扣。

1．房子——人们成长的场所，投射内心的安全感

（1）画楼房：智商较高。

（2）房子画得像庙宇：两个极端，要不就是人才，要不就是怪异的行为表达；强调地面是缺乏安全感。

（3）瓦片画得很仔细：追求细节和完美。

（4）房子侧面画楼梯：想回避和间接性接触。

（5）画烟囱：向上的直烟暗示受测者需要出气筒；向上的烟代表受测者内心的压力；一般人画的烟方向会向右，如果向左可能有精神分裂的倾向。

2．树——象征感情，投射人们对环境的体验

（1）单线条的树：受测者内心忧郁。

（2）嫩叶：受测者渴望或正在重新开始。

（3）树干涂黑或树根呈鹰爪状：受测者潜在的攻击意识较强。

（4）柳树：男性受测者较女性化；女性受测者则较追求完美。

（5）女性画松树：追求成熟，较男性化。

（6）白桦树：受测者较敏感。

（7）画上树疤：受测者曾受过心理创伤，可以根据树疤在树干上的位置判断受创的大致年纪。

（8）画果实：受测者童心未泯或有退行行为。

（9）高山上一棵树：受测者可能有性行为问题或恋母情结。

3．人——投射受测者的自我形象和人格完整性

（1）符号化的人：受测者有掩饰性，说谎的能力较强。

（2）头：头画得越大，受测者的心理年龄越小。一般 12 岁以后不应该出现大头小身体的样子，否则可能智力有问题。

（3）耳朵：孩子不画耳朵可能有逆反心理，不愿家长啰嗦；画大耳朵的受测者如果画的不是卡通形象，可能比较敏感。

（4）鼻子：画纽扣鼻的人可能智力有问题；成人画出鼻梁则表示对性的关注；画牙齿：受测者有情绪、言语攻击性。

（5）眼睛：眼睛画得太大的人比较敏感、多疑、偏执； 画眼睫毛的人对美过分关注。

（6）瞳孔：不画瞳孔的人在人际交往中有回避倾向。

（7）手：一般人只画形状，画手指的人太注意细节；手代表对环境的支配，伸得越开支配力越强，但一般在 90°以下；画中手放到后面的受测者一般有被动攻击行为，如果是儿童则可能经常掩饰自己的错误行为。

（8）脚：代表人的活动力，分得越开活动力越强；反之则比较拘谨，不善与人交往。

（9）头发：把头发画得竖起来的受测者攻击性较强。

（10）衣服：画口袋、纽扣的受测者比较注意细节；如果很注重对称则有强迫症的倾向。

（11）裸体人：受测者有品行障碍或显露癖。

（12）画出内脏：受测者有精神分裂症的倾向。

（13）居中：受测者自我意识较强，以自我为中心。

（14）偏左：受测者留恋过去。

（15）偏右：受测者憧憬未来。

（16）偏上：受测者喜欢幻想。

（17）偏下：受测者注重现实，对安全较为关注。

（18）画在角落：受测者可能有病理性疾病。

4. 注意事项

作画时，不可参照某幅画，也不必非得按照现实世界为参照物。只有随心所欲地画，才能最接近你真实的心理状态。

自我评价：____

教师建议：____

第二节 大学生心理发展特点

什么是认知能力？认知能力是人脑加工、储存与提取信息的能力，也就是我们对事物的构成、属性与他物的关系的掌握能力，它是人完成认识的重要过程之一。认知能力是人们在重构与应用知识时所需要的能力，例如言语能力、归纳能力、记忆能力、逻辑推理能力等。现代大学生的认知能力主要有道德认知能力、职业认知能力、人际认知能力、科技认知能力、社会认知能力等。这些认识能力对培养大学生健康心理与人格具有重要意义，例如，大学生自主创业的时候需要认知自己的职业能力、职业方向、职业兴趣等。假如一个大学生即将步入职场，需要对自己与即将从事的职业进行哪方面认知？

【师生讨论】

你的观点：____

教师评语：

【结论】

经过讨论，我们发现对于大学生了解自己的认知能力是十分重要的，不仅体现在求职过程中，还会体现在生活中的方方面面。大学生对道德水平、人际关系、社会等认知越清晰，对于自己的人生路径与职业生涯就越明确，而且如果能够严格执行，将更容易定位人生、选择职业。这说明了解大学生认知能力是十分必要的。

1．具有强烈的求知成长欲望

【师生讨论】

渴望提高与成长

19 岁的王志强是一名大二的学生，专业学习、学生工作与兼职让王志强每天都忙碌，经常忙得连吃饭时间都没有。很多时候，都是别人去食堂吃饭时，顺便帮他买回来。他利用节省的时间为辩论赛和考试做准备。“这样很累，但我就是一个闲着就会难受的人，虽然我现在的职业规划还不是特别明确，但我总是觉得，年轻时要做点什么，不要等十年之后，后悔自己虚度了青春。”

他就读于河北联合大学无机非金属专业，但是职业理想却是与他所学专业不太沾边的传媒策划类。因为高考分数不高，填报志愿时，王志强选择了录取率较高的理工科专业。进入大学后，他仍然觉得自己的最大兴趣是传媒类工作。对此，王志强经常会对未来职业规划感到迷茫，“每到这种时候，我都会去跟我的老师们谈心，他们总能为我解惑，给我提供很多好的建议。” 两年的时间里，王志强注册了求职网站，寻找与传媒相关的兼职工作。销售、钢琴老师、服务员、网站编辑等，以积累相关知识，这位 90 后大学生在短短的时间里做了很多尝试。“每份工作对我来说都是锻炼自己的过程，在适应社会的过程中，我遇见了很多优秀的人，我喜欢他们身上那种上进的精神、喜欢他们快节奏的生活。”对于这位 90 后来说，虽然未来的职业方向还并不明确，但一颗上进的心，对不同的工作一次次地尝试，不断地体验和学习，让他一直都在丰富着自己的知识储备。

你的启示：

教师评语：

【结论】

大学生的一个典型思维特征是能够依赖逻辑思维有条理、系统地解决问题，认知发展到这一阶段的显著标志是演绎推理能力与抽象思考能力不断发展。进入大学之后，大学生拥有了很多自由学习时间，又有图书馆这个丰富的知识库，还有很多著名专家学者，这些都为大学生提供了广泛的学习资源。大学生正当青春年华，有活力、有激情，求知欲强、兴趣广泛，在了解社会、进行人际交往、学习专业知识、了解课外知识等方面都极富热情。所以，大学生要珍惜美好的大学时光，认真学习，充实自己。

2. 自尊与自卑心理并存

【师生讨论】

一个大二学生战胜自卑的心路历程

阿龙是一个大二的清秀男生，来自赣南边远山村，从小就喜欢与人比赛，凡事喜欢比个高低和输赢，很在乎结果和他人评价，性格内向。儿时就梦想走出大山看外面的世界，高中时想考上心仪的大学，可高考结果还是不够理想，结果阿龙来到了南昌一所普通高校。

阿龙说他本来是有充分思想准备，即使高考失利，只要能上大学，都会好好珍惜，不管什么学校，都会认真学习，以后一样能获得一个满意职业。可是到学校一段时间之后，看到有的同学整天不学习，吃喝玩乐，听到高中其他同学考上自己理想大学的故事，心里非常不是滋味，想想自己家庭贫寒，又无特别才能，感觉在很多方面都低人一等，开始不抬头说话、不主动社交、不出风头，计划的事情无法坚持下去，消磨时间，身心疲倦。

阿龙的自卑心理也是目前大学生普遍存在的现象，大学生活既学习专业知识，也为职业做准备，是心理成长的阶段。结合当代大学生活特点与阿龙的具体情况，学校心理老师对其实施了如下干预措施。

（1）进行每周两次心理调适，改变其对自卑心理和对自身的认知。

（2）自我规划，发展自身优势。分析自己的优势与不足，下决心从小事做起，少空想多行动，在小成功中，重新树立自信心。

（3）增强能力，充实自我。鼓励他参与集体活动、参加社团活动、学习演讲、考级考证等，这些活动都有利于情商和智商的提高，努力培养学习能力、人际交往能力、适应能力、解决问题能力，以及帮助别人与寻求帮助的能力。

（4）建立良好的自我形象。从精神状态、言谈举止和内心素质不断完善自己。

（5）建立合理的目标体系，用行动来证明自己的能力。目标既要现实，又要高于现实。目标过高不利于建立自信，反而会因挫折感而打击自信心；目标过低无法激起动力，不利于建立自信。鼓励阿龙与自己所处的环境与现有条件紧密联系，脚踏实地，不断实现每个目标。

“我现在终于理解了‘天生我才必有用’这句话的真正含义了”。两个月后的一天，阿龙来到心理老师咨询室向我说出了这句话。想起两个月前他紧锁眉头，声音怯生生的，如今昂首挺胸，充满阳光。经过近两个月的心理干预，阿龙战胜了自卑，走出了绝望。

你的启示：________________

____

____

教师评语：____

____

【结论】

每位大学生过去都有一段“辉煌历史”，这是相对于没有机会上大学的同龄人而言的。但是大学校园人才济济，每个大学生要如过去那样出类拔萃是不太容易的，毕竟大多数是普通人。这时候必须鼓励自己，树立自信心，驱除自卑感，努力实现自己的理想。

3．闭锁心理与交往、需要的心理的矛盾

【师生讨论】

战胜闭锁心魔

3月15日，记者在郑州K9路公交车上，见到这位勇敢的大学生时，他正专注地站在车厢里给乘客演讲，介绍自己的家乡信阳。他的演讲很坦然，不受乘客上上下下、公交车报站等影响，语速稍慢，吐字清晰，虽有几次结巴，但整体表意很清楚。在近20分钟的演讲期间，一些乘客由不在意渐渐地变为专心聆听。尤其是，当得知他是为了战胜心理障碍进行说话锻炼时，很多乘客都面露敬意。演讲结束后，车厢里响起了热烈的掌声，很多乘客都主动跟小汪聊了起来。

“你很勇敢，这样锻炼下去，一定可以像一个正常人那样流畅地说话，你一定可以的。”24岁从郑州北大学城毕业的小张，激动地握住小汪的手使劲地摇了摇，给他传递信心与力量，并开导小汪说别给自己太大压力，可以多渠道进行练习，比如去夜市上摆摊吆喝生意、多去人群里交流等。“佩服，太有勇气了。”一位30多岁的男士竖起了大拇指，他说自己普通话不好，领导多次说让他练习，可自己就是缺乏勇气和毅力，怕人笑话，一直没敢大胆练习。“你是我学习的榜样，好样的。”

一番交流之后，记者跟随小汪在绿城广场一站下车后，来到广场公园内，只见小汪径直走向几个陌生的市民，礼貌地说明用意后，给她们讲起了自己与心魔斗争的经历。“我四五岁时跟别人学得口吃了，从那以后，因为口吃，经常被嘲笑，自己就开始自责害怕，久而久之，竟然对说话产生了恐惧，一想到说话就会害怕，我对说话的恐惧已经深入内心了，一说话就憋得面红耳赤，浑身发抖，根本说不出来，而不仅仅是口吃。”小汪回忆起噩梦般的往昔，眼睛有些湿润，说因为受不了别人的嘲笑，甚至还产生过轻生的念头。

2004年考上大学后被调剂到俄语专业，小汪意识到要直面自身问题。2005年，他开始仿效古希腊雄辩家德摩斯梯尼口，三年内，他坚持口含石子练习说话克服口吃。前两年基本是一天练两个小时，第三年减为每天1个小时，有时候练得满嘴鲜血，但他咬着牙挺下来了。到2008年毕业时，他不仅敢说了，还说得很清晰，虽然还会口吃。之后，小汪没有停步，而是在生活工作中继续培养自己的说话勇气。他曾经辞去了埋头文案但稳定的国企笔译工作，选择了有挑战性的销售工作，从不敢开口到做出不凡业绩，他付出了常人难以想象的努力，也渐渐找回了说话的自信，心理障碍在一点点消除。去年，他又通过了研究生统考，正准备复试。5天前，他又开始在公交车上演讲。

你的启示：________________

____

教师评语：________________

____

【结论】

每一位大学生都希望参加社会实践，与其他同学建立良好的关系。但有些大学生存在闭锁心理，担心自己不善言谈、缺少社交风度与气质。有些同学渴望与人多交往，却因生性内向，存在心理顾虑，从而游离于校园交际圈之外。这种不良心理是可以克服的，好比上面故事中的小汪，只要下定决心去克服，是可以战胜闭锁心理的。

4．情感丰富，但情绪不够稳定

【师生讨论】

大学生因感情不顺抢劫

钦州市中级法院 24 日披露，2013 年 1 月，被告人苏某某被刑事拘留。一审法院审理查明，2013 年 1 月 2 日 23 时许，就读于钦州一所学院的被告人苏某某因与女朋发生感情纠纷，情绪不稳定而选择外出。当他路过该市一处绿化带时，看见一名女子正用一部手机打电话。苏某某因为情绪不佳而无法控制自己，便产生抢劫手机的念头。

在女子第二次打完电话将手机放进衣服口袋时，苏某某上前抱住女子头部并将其压倒在地，女子反抗并大声呼救。苏某某便持刀威胁。女子继续反抗呼喊，并抓住苏某某的水果刀，苏某某抽出水果刀后致女子左手受伤。随后，苏某某逃跑，后在案发现场附近被闻讯赶到的警方抓获。经鉴定，受害女子伤势为轻微伤。此后，被告人苏某某家属分别于案发同月两次代赔偿受害女子医药费 1 万元和 1.3 万元；同年 6 月代赔偿人身损害赔偿金 4.5 万元并取得受害人谅解。

苏某某也因不能控制自己的情绪而付出了代价。

你的启示：________________

____

教师评语：________________

____

【结论】

大学生普遍有较高的智力水平与知识素养，加上社会、家庭、自我的高要求、高期望，因而在日常生活和活动中，具有一定自我控制情绪的能力，一般能用理智约束自己，自觉调节不良情绪。另一方面，大学生的情绪和情感仍有不稳定因素，突出表现在情绪和情感经常在两极之间起伏：有时平静，有时激动，有时积极，有时消极，有时外显，有时内隐，呈现出波动性的特征。

5. 性意识和性心理处于波动期

【师生讨论】

非常日记

2002 年，一本名为《非常日记》的小说打印稿在甘肃兰州地区的不少高校里非常流行，其流行程度被某媒体称为是“疯狂流传”。“读了吗？”成了不少学生见面时互相要问的一句话。

《非常日记》的主人公名叫“林风”，他是从乡下考到“北方大学”，因为早年丧母、家境贫困等原因，形成了自卑、敏感、多疑的性格。由于刻苦学习成绩优异，他考上了研究生，但这并没有带给他健康快乐的生活。面对形形色色的诱惑，他的心理开始失衡，并逐步变得扭曲。“林风”从偷偷浏览黄色网页开始，发展到跟陌生的女性要脚上穿的袜子，到夜深人静时溜进女生宿舍偷女生内衣裤，再到后来夜藏女厕所偷窥女生上厕所……小说以日记体的形式，描述了“林风”一步步陷入心理的泥淖而不能自拔，最后走上自杀之路的过程。

对于读者来说，不少学生认为自己身上好像有“林风”的影子。一位同学说，性是一个敏感话题，而揭示有关大学生性心理和性健康问题的文艺作品，一直是个空白，徐老师有勇气，能站出来替我们大学生说说心里话，我们非常高兴。

一个来自甘肃政法大学的女生说：“初中上生理卫生课，老师根本不讲，只让自己看，而我看的时候被母亲骂了一通。上大学，上网碰到黄色网站，也感觉到面红耳赤，直到今天晚上，对于谈这个问题我依然羞于启齿。”

你的启示：______________________________

____

____

____

____

____

教师评语：______________________________

____

____

____

【结论】

学校教育、家长影响、媒体工具等都从不同的程度对大学生的性观念和性态度产生了影响。性与文明的进程是相联系的。大学生已经是成年人了，必须认识到性是人的正常现象。只要认真严肃对待就可以了。

【自我测试】

大学生自卑心理测试

对下列题目做出“是”或“否”的回答。

1．你觉得像自己这样的年龄应该更高一点吗？
2．你对你自己的容貌满意吗？
3．你是否不喜欢镜子中看到的自己？
4．你觉得你的身体不够强壮吗？
5．别人给你拍照片时，你对拍出的照片满意吗？
6．你觉得自己比别人过得好吗？
7．你相信自己十年后会比别人过得好吗？
8．你是否常常被别人挖苦？
9．是否看上去很多同学不喜欢你？
10．你常常有“又失败”的感觉吗？
11．你的老师对你的学习成绩是否感到失望？
12．你做错了什么事情之后，常常会很快忘掉吗？
13．与同学在一起的时候，你是否常常扮演听众的角色？
14．你经常在心里祈祷吗？
15．你认为自己使父母感到失望吗？
16．你是否经常回想并检讨自己过去的不良行为？
17．当与别人闹矛盾时，你通常总是责怪自己吗？
18．你是否不喜欢自己的性格？
19．别人讲话时，你常打断他们吗？
20．你是否从不主动向别人挑战？
21．做某件事情时，你常常缺乏成功的信心吗？
22．即使不同意对方的观点，你也不习惯当面提出反对意见，对吗？
23．你是否自甘落后？
24．你对未来充满信心吗？
25．在班级里，你对自己的成绩进入前几名不抱希望吗？
26．参加体育活动后，你总是感觉自己不行了吗？
27．遇到困难时，你总是采取逃避的态度吗？
28．当你提出的观点被别人反对时，你是否马上会怀疑自己的正确性？
29．如果别人没有征询你的看法，你会主动发表意见吗？
30．对自己反对做过的各种事情，你总是充满自信吗？

评分规则：第 2、7、12、19、24、29、30 题答“是”记 0 分，否记 1 分。其余各题答“是”记 1 分，答“否”记 0 分。各题得分相加，统计总分。

评价：总分在 0～5 分：你充满了自信，只要注意别自满和自负。总分在 6～10 分：总的来说你并不自卑。但当环境出现变化时，也会感到有些难以适应，对自己的能力有所怀疑。一般情况下，你最终能够恢复自信。总分在 11～20 分：只要一遇到挫折，你就会感到自己不行。你最好降低自己的期望值，调整自己的追求目标，以便从每次小的进步中享受成功的快乐，逐步建立自信。

第三节 心理健康的标准

通常，一个心理健康的人能够善待自己，善待他人，适应环境，情绪正常，人格和谐。心理健康的人也不是没有痛苦和烦恼，而是他们可以适时地从痛苦和烦恼中解脱出来，并且积极地寻求改变不利现状的新途径。他们可以领悟人生冲突的严峻性和不可回避性，也可以深刻体察人性的善恶。他们是那些能够自由、适度地表达、展现自己个性的人，可以与环境和谐地相处。他们长于不断地学习和利用各种资源去不断地充实自己。他们知道如何享受美好人生，同时更明白知足常乐的道理。那么究竟心理健康的标准是什么呢？这是一个值得探讨的问题。

【师生讨论】

你的观点：____

____

____

____

____

____

教师评语：____

____

____

____

【结论】

经过讨论，我们知道了心理健康的标准，如果有意愿成为一个心理健康的人，我们就要严格遵守这些标准，努力做到标准规范，争取以最快的速度达到心理健康的要求，成为一个心理健康的人。

1. 了解自我，悦纳自我

【师生讨论】

认识你自己

漫画家蔡志忠十五岁那年，也是他上初中二年级的时候，就带着投漫画稿赚来的250元稿费到台北画漫画、闯世界。但是他很快就面临学历问题，在他打算到以外制电视节目著名的光启社求职时，看到求才广告上“大学相关科系毕业”一项条件，就立即傻眼了，不过他仍旧相信自己的实力，不理会这项学历限制而参加了应聘行列。结果，他出乎意料地击败了另外29名大学毕业生，成功进入了光启社。

以后他在漫画界的表现有目共睹，尤其是“庄子说”、“老子说”系列被译成世界各国文字向国外输出，他也一度成为全台湾省纳税额最高的一位作家。

在连初中都没念完的情况下，是什么使他能够有勇气踏入这个讲究文凭至上的社会呢？他说：“做人最重要的就是要了解自己。有人适合做总统，有人适合扫地。如果适合扫地的人以做总统为人生目标，那只会一生痛苦不堪，受尽挫折。”而他，不偏不倚，就是适合做一个漫画家。他从小就知道自己能画，所以才十五岁就开始画，不停地画，他相信终究能画出自己的一片天空。蔡志忠的说法也让人想到巴西的世界足球王“黑珍珠”贝利，他自己也曾经说过：“我是天生踢球的，就像贝多芬是天生的音乐家一样。”

你的启示：____

教师评语：____

【结论】

蔡志忠的成功很大因素在于他知道自己适合做什么，能够做什么，正视自己的不足，发挥自己的所长。人能够正确地认识自己，是一件很不容易的事情，也是一件幸运的事情。但是我们要清楚，不只有天才才有正确认识自己，接纳自己的能力，其实我们每一个人都有这个能力，我们不仅要认识与接纳自己人格中的优点与长处，也要认识与接受自己的缺点与不足。在接受缺点与不足的基础上，不断改进自己与完善自己，不能妄自菲薄，丧失信心。

2. 接受他人，善与人处

【师生讨论】

善于接纳他人

李明是一个陋习很多，很自卑的学生，同学们都不愿意与他交朋友。相反，张强的人缘好，在班里是出了名的，同学们都喜欢与他交朋友。

有一天张强坐到李明旁边，看李明写作业，然后自言自语地说：“我真希望写得一手像你这样的好字。”李明抬起头，有点吃惊，但是脸上慢慢露出了笑容，“不如以前那么好啦。”他谦虚地说。张强肯定地对他说：“对你来说是这样，但我仍觉得是极好的。”李明马上高兴起来，与张强愉快地进行了半个小时的交谈，谈他父母如何严格要求，他如何刻苦练字，书法比赛如何获奖，等等。他对张强谈话的最后一句话是："许多人欣赏我的字。"经过这次谈话张强完全相信李明放学回家，走路一定是飘飘然的；回家他一定会对家人说这件事，他还一定会说，所有同学承认我写字漂亮，我不孤独。张强又唤醒了李明那颗冰冷孤独的心，他俩后来成了好朋友。张强把这件事说给同学们听，事后一个同学有点不以为然地问他：“你想从他那里得到什么？得到什么呢？”张强平静地回答说：“如果我们是如此卑鄙自私，当不能从别人那里榨回一点什么便不肯施舍一点点欢乐，给予一点点真诚的赞赏，也就是说我们的心眼还没有针尖儿那么大，那么我们确确实实应该失败了。噢，对了，我确实想从李明身上得到什么，我想得到的是无价之宝，我确实也得到了。我为他做了什么，而他不必给予我任何报答。这种感觉会不断使我接纳别人，获得愉快的人生。”那位同学顿时觉得很惭愧。

你的启示：____

教师评语：

【结论】

在人际交往之中，愉快地接纳各种各样的人是十分重要的。它可以帮助我们处理好人际关系，获得朋友。这个世界上的人不是单一的，他们有的有缺陷，有陋习，有的有优点，有长处，但是不管是什么人，我们都要学会去接触，应当愉快地接纳别人，与之友好相处。

3．热爱生活，乐于工作

【师生讨论】

做一个真正热爱生活的人

契科夫短篇小说集的第一篇小说叫作《打赌》，写了—位法律学家与一位企业家在一次沙龙聚会中在谈到一个新近被判十五年徒刑的囚徒时争执起来。企业家认为在监狱里蹲十五年还不如判死刑的好；法律学家则认为好死不如赖活着，活着就有希望。于是两人争执不休，最后打起赌来，赌注是法律学家让企业家把他关起来，十五年后如果法律学家不违约，企业家的全部财产归法律学家所有。第二天早晨，法律学家便被企业家关进自己后花园的一间小屋，这间小屋只有一个送食物的小小窗口。法律学家蹲在这个与世隔绝的小屋里开始过起监狱生活，企业家每天给他提供所要读的书。时间一天天流逝，法律学家读完了政治、经济、哲学、科学、神学、文学大全，十五年的时间终于到了。这时的企业家因在生意场中失利，他知道时间一到自己便会变成一个穷光蛋，于是他决定在到期的头天夜里杀死法律学家。企业家好容易打开那把十五年来从来没有打开过的生锈的铁锁，发现法律学家正在残烛前伏案熟睡，企业家正欲趁机杀死这形同枯槁的法律学家时，却发现桌上放着一封给他的信。信中说，他感谢企业家，十五年来他读了许多书，这些知识将是他终身用不尽的财富，他还明白了很多道理。他决定不再想要企业家的财产，他将于明天拂晓前破窗而出，自动毁约。企业家看完信决定放弃杀死法律学家的念头。第二天拂晓前法律学家果然毁约破窗而出，既保留了企业家的财产，也保住了自己的生命。

你的启示：

教师评语：

【结论】

热爱生命，活着便是希望！世间一切事物中最可宝贵的唯有生命。热爱生命并不等于贪生怕死。一切正常人都应该珍惜生命、热爱生命。活着就是幸福和希望。整个人类社会的一切都是在为了人类的活着与追求幸福而运作的，如果离开了活着与幸福，人类的一切便将失去意义。作为新时代的大学生应当明白这个道理，将来进入社会之后必然会遭遇很多困难，但是都更要重视生命的珍贵与意义。

4．面对现实，接受现实，适应现实，改变现实

【师生讨论】

面对现实，逃避没有用

一个人在渡海时遇见风浪，他害怕被淹死，于是他跪在甲板上，合上双手，虔诚地向上帝祈求："我英明的神主啊！求求你让我变成一条鱼，可以在海洋里遨游，不用害怕风浪的袭击。"上帝就把他变成一条鱼。变成鱼的他在海里游着，碰见了一条鲨鱼。鲨鱼追得他筋疲力尽，好不容易才逃进珊瑚礁下面躲了起来。他又向上帝祈求让他变成一条鲨鱼，上帝又把他变为鲨鱼。他想变成了鲨鱼应该没事了，可是不久他又遇上渔船，看着身旁的鲨鱼被鱼枪无情地掳杀，他吓坏了，连忙向上帝祈求让他还是变回人吧！他觉得还是人厉害。上帝告诉他这是最后一次机会，就把他变回了人。

他依旧回到了甲板上，"还是做人比较舒服……"他正念叨着，一个大浪打了过来，船翻了，他被淹死了。

你的启示：____________________

教师评语：____________________

【结论】

这则寓言故事很明确地说明了，对于现实不能回避，回避是没有用的。在面对与适应现实的过程中人应该逐步改变现实，最终实现自己的人生。这才是真正的"面对现实，接受现实，适应现实，改变现实"。

5．能协调与控制情绪，心境良好

【师生讨论】

别让情绪左右你的心情

一天，陆军部长斯坦顿来到林肯那里，气呼呼地对他说一位少将用侮辱的话指责他偏袒一些人。林肯建议斯坦顿写一封内容尖刻的信回敬那家伙。

“可以狠狠地骂他一顿。”林肯说。

斯坦顿立刻写了一封措辞强烈的信，然后拿给总统看。

“对了，对了。”林肯高声叫好，“要的就是这个！好好训他一顿，真写绝了，斯坦顿。”

但是当斯坦顿把信叠好装进信封里时，林肯却叫住他，问道：“你干什么？”

“寄出去呀。”斯坦顿有些摸不着头脑了。

“不要胡闹。”林肯大声说，“这封信不能发，快把它扔到炉子里去。凡是生气时写的信，我都是这么处理的。这封信写得好，写的时候你已经解了气，现在感觉好多了吧，那么就请你把它烧掉，再写第二封信吧。”

斯坦顿这时候恍然大悟。

你的启示：____

____

____

____

____

____

教师评语：____

____

____

____

【结论】

控制好自己的情绪，保持良好心境对每一个人都是十分重要的。人的性情大致可以分为两类：理智型与感情用事型。理智型的人情商很高，在所有的事情面前都能保持冷静沉着，三思而后行，他们能够驾驭自己的情绪。而感情用事型的人情商相对较低，在面对外界的影响时，往往随性而为，不计后果。每一个人都要努力控制自己的情绪，都应在至关重要的时刻能够保持理智。即使当时没能左右自己的情绪，也应努力使自己在最短的时间内恢复理智，以免造成不良后果。

6. 人格和谐完整

【师生讨论】

经典卡通形象的“人格”魅力

20 世纪，凭借其经典的形象、有趣的故事，以及带给人们的快乐与智慧，活跃在电视荧屏的两个卡通明星——兔巴哥和崔弟，以及他们周围的一大群卡通形象，影响了近 5 代的欧美家庭，给几代人的童年时光带来了无数欢乐与精神财富。至今他们的粉丝仍然遍布世界，当然也包括如今已大部分为人父母的中国 80 后。兔八哥与崔弟之所以受人喜爱，除了其可爱、好笑的故事情节之外，更重要的是这些卡通形象包含了健全人格所拥有的良好品质。以兔巴哥和崔弟为例，表面上看来，兔巴哥机灵狡猾，对待对手显得残忍，而且不易相处，但他却总会在不经意间演绎出幽默、善良、热情、诚信以及对敌人的恻隐之心等优良品格。而崔弟，虽然看上去非常软弱，毫无杀伤力，但实际上，在与对手傻大猫的较量中，他总会运用自己的智慧，以小搏大，战胜傻大猫，成为赢家。在与主人老奶奶和其他人的相处中，他又会展现出忠诚、乖巧、热情、乐于助人等良好品质。当然，除了兔八哥和崔弟，其他的卡通形象也不是绝对的恶或绝对的善，而是善中有恶、恶中含善，这样的人物性格也可以让人明白世界上没有绝对的善与恶，对人有更进一步的了解，把他们从纯美的童话故事中解放出来，从而使他们的人生观和价值观得到正确的引导。

所以，兔八哥与崔弟这两个卡通形象可以拥有这么强大的魅力，更主要还在于它们令人体会到了人性热情、宽容、诚信、勇敢、机灵等品质，引导人们塑造一个健全人格。

你的启示：____

教师评语：____

【结论】

在“兔八哥和崔弟”的故事中，人们总能看到这些动物的闪光点，尤其对小孩具有很大影响力，从而使他们的性格也日趋阳光与健康。进入大学之后，与人交往的机会明显增多。这时要重视在集体活动之时积极与同学交往。在学习之余要有意识参加集体活动，主动与同学、老师交往，使自己融于集体之中。集体活动很有助于培养组织纪律观念、关心他人、团结合作等精神品质；也有利于培养独立性、创造性、自信心、宽容、热情等人格品质。在广泛的交往活动中，可以汲取他人人格精华，或者借助别人对自己人格的反馈，及时调节自己人格，以健全自己的人格。

【自测评价】

你是否拥有一个健康的生活方式？

1．你吃午饭习惯于：

A．很快吃完　　B．特别慢地吃　　C．以平常速度吃完，然后休息

2．你平时有什么休闲方式：

A．热衷于社交活动　　B．锻炼身体或参加文娱活动　　C．做家务

3．你如何使用假期：

A．喜欢一次性过完　　B．分两次，分别在冬季和夏季　　C．留着有需要时再用

4．你用多长时间回家：

A．在半小时以内　　B．不超过一小时　　C．先在外面玩几个小时再回家

5．如果有事须提前起床，你会：

A．用闹钟定时　　B．让别人叫醒　　C．自然而然会早起

6．早餐你习惯吃：

A．馒头和粥　　B．面包和牛奶　　C．空腹

7．近来你有什么运动：

A．到外面游玩　　B．干过体力活，参加过锻炼　　C．经常散步

8．如果有人来拜访你，你会：

A．殷勤款待，认为很值得　B．纯属浪费　　C．相当反感

9．你一般几点睡觉：

A．按时睡觉　　B．依心情而定　　C．当天的事都完成后

10．你怎样过暑假：

A．呆在家里休息　　B．干适当的体力活　　C．经常进行锻炼

11．你睡醒后的第一件事：

A．马上做家务　　B．从容地晨练后再做家务　C．喜欢赖床，尽量多躺一会儿

12．你工作中出现冲突，你会：

A．辩论到底　　B．不管不顾　　C．鲜明地表达出观点

13．你怎样表现自尊心：

A．只求结果，不问方式　B．相信勤奋终会有成绩　C．希望获得他人认可

14．你每天到单位：

A．都在差不多时间到达　B．误差在半小时内　C．时间不定

15．工作任务很多，但你还是边工作边闲聊：

A．每天都这样　　B．偶尔为之　　C．几乎不会

16．运动对你来说：

A．只看别人做，自己不参与　　B．选做操或打拳　　C．没兴趣

计分标准：

第 1 题，选 A 不得分，选 B 得 10 分，选 C 得 30 分；

第 2 题，选 A 得 10 分，选 B 得 20 分，选 C 得 30 分；

第 3 题，选 A 得 20 分，选 B 得 30 分，选 C 得 10 分；

第 4 题，选 A 得 30 分，选 B 得 10 分，选 C 不得分；

第 5 题，选 A 得 30 分，选 B 得 20 分，选 C 不得分；

第 6 题，选 A 得 20 分，选 B 得 30 分，选 C 不得分；

第 7 题，不论选 A、B 或 C 均得 30 分；

第 8、9 题，选 A 得 30 分，选 B 或 C 不得分；

第 10 题，选 A 不得分，选 B 得 20 分，选 C 得 30 分；

第 11 题，选 A 得 10 分，选 B 得 30 分，选 C 不得分；

第 12 题，选 A 或 B 不得分，选 C 得 30 分；

第 13 题，选 A 不得分，选 B 得 30 分，选 C 得 10 分；

第 14 题，选 A 不得分，选 B 得 30 分，选 C 得 20 分；

第 15 题，选 A 得 30 分，选 B 得 20 分，选 C 不得分；

第 16 题，选 A 或 C 不得分，选 B 得 30 分；

测试结果：

低于 160 分：生活习惯差，生活方式不健康。

160～280 分：生活习惯正常。

280～400 分：生活有规律，生活方式比较健康。

400～480 分：生活习惯非常好，生活方式很健康。

第四节　影响大学生心理健康的因素

当前，从我国高校普遍情况看，大部分大学生的心理是健康的。但是，也有一部分大学生心理健康状况不容乐观。而且只有少部分大学生接受了专业心理咨询的帮助与辅导，绝大部分并没有真正认识心理健康问题，这在一定程度上说明心理健康教育的紧迫性、必要性与艰巨性。人的心理状况是一个很复杂的动态发展过程。影响心理健康的因素又各种各样，既有个体自身素质，也有外界环境因素。因为大学生文化层次比较高，社会对其寄予了较高的期望与要求，大学生对自我的关注与人生目标定位也高于一般人，所以他们所面临的心理压力自然要比一般的社会成员要大得多。就当前我国大学生的具体心理现状而言，影响他们心理健康的因素主要有社会、学校、家庭、自身等。

【师生讨论】

你的观点：____

____

____

教师评语：____

____

【结论】

经过讨论，可以发现除了社会压力、家庭期望以及学生要求等压力之外，当代大学生还承受着学习、感情、工作等多方面的压力，诸多困惑与难题缠绕心间，成为影响大学生心理健康的重要因素。当然，除了上述原因外，还有很多其他因素，例如同学、师生、干群、室友等关系不协调，性格孤僻、内向、失恋、互相攀比等，都很有可能导致大学生产生心理疾病。

1．影响大学生心理健康的因素

（1）环境变迁

【师生讨论】

大学生活适应不良

李娜（化名），女，大连某高校大一新生，抚顺人。2007 年高考由于志愿报考不当，没有考上自己理想的大学。于是进行复读，2008 年参加第二次高考，并顺利考入期望的大学。父亲陪同于 2008 年 9 月 1 日报到，9 月 3 号开始进行军训。当训练还没开始时就出现一系列不适应反应：毫无理由地哭泣，心疼、无力、两天没有进食，并且发烧。2008 年 9 月 6 日，母亲从抚顺赶到大连。2008 年 9 月 7 日，向辅导员老师寻求帮助。

李娜从小跟父母生活在一起，尤其对母亲的感情较深，从小就在家里细心照顾下成长。一切都相当顺利与自然。李娜在大学之前都是走读的，没有长时间住校经历。但由于其英语成绩并不是很好需要去北京新东方补习，因此有过三次短暂住校经历，时间为三个月。2007 年夏天第一次去北京，四个女生在学校附近同租房子。寝室四个人处得还算好，其中有两个女孩特别的好，另外一个跟那两个女孩不是特别的谈得来，于是就跟李娜一起学习。李娜说这段时间还算可以，刚开始时也想家，但基本上还可以进行正常学习、生活。2007 年冬天第二次去辅导，但是一名新同学的到来打破了原有的平衡。李娜说自己被孤立起来。而且经常受到她们的欺负，自己感觉很孤单。李娜自我分析原因是自己不像其他女孩那样开放，因此被疏远。于是开始想家，心情郁闷，经常哭，经常不想学习。为了不耽误学习，母亲从家过来陪她住了几天。可这种做法反而使寝室同学之间的关系更不好，大家更加排斥她。于是母亲决定换个地方住。几天后辅导结束，回家后一切恢复正常。

你的启示：____

教师评语：____

【结论】

李娜自幼与父母一起生活，时刻受到家里人保护，形成了一种独特的适应周围环境的行为方式，遇到问题便向父母求助。在一定范围内，这种生活方式是正常的，人类面对现实可能的威胁和危险时会接近亲人以获得安全感，这是一种本能反应方式。但是，超出一定范围，这种依赖就会影响到其社会功能发展，形成错误依赖。李娜入学适应困难情况就是不能脱离父母依赖，不够独立。

从中学进入大学，对大学生而言是人生一大转折。他们一旦跨入大学校门，所面临的是一个新奇又陌生的环境。这种环境变迁导致很多大学生面临适应与调整的过程。新入学的大学生对新环境不适应是非常明显，也是很正常的现象。新的学习生活要求大学生学习上自主，生活上自立，思想上自律等。由于他们缺乏新的学习生活经验与必要的心理准备，环境的变化很可能给他们带去诸多困难，并产生心理问题与心理困扰。如果不能及时解决问题，将会影响他们今后生活的适应与心理健康。

（2）家庭压力

【师生讨论】

又一大学生悲剧

2002 年 2 月 24 日下午 15 时许，天津医科大学三年级学生马某，砍死疼爱自己的奶奶和爸爸，杀母未遂被劝自首。据报道，在案发前，马某成绩一直不好。放寒假前，他就处于一种特殊心理状态。上大学后，马某成绩一直不好，在两年半的大学时间里，他竟然有 14 门功课不及格，学校将其退学。回家后，他不敢告诉父母实情，与过去一样报喜不报忧。马某向警方表示：父母对他抱有很大希望，他不敢想像，一旦父母知道真实情况，会有什么后果。整个寒假，马某都是在焦虑与惶恐中度过的。他一方面害怕父母知道真相后会伤心难过，另一方面又害怕开学后没法向学校领导交待。眼看着要开学了，马某的压力也一天天增大起来。他不知道自己究竟该如何是好，心情越来越烦躁。万般无奈之下，他决定割脉自杀，一了百了。可就在他准备自杀时，他突然闪过一个念头：父母就他这么一个儿子，而且把全部希望都寄托在他身上，失去了自己，他们活着还有什么意思？而且自己的学业真相会随之而暴露。与其让他们痛苦地活着，还不如将他们一起杀死，再自杀。

家人吃完团圆饭，准备送他去学校报到之前，他先后将父亲和奶奶杀死。本来，马某是准备将母亲刘云一起杀死的，可母亲那慈爱的目光在瞬间使他放弃了罪恶的念头，使母亲侥幸逃过一死。在整个犯罪过程中，当事人马某明显处于压力负荷过重的状态下，在成长过程中家庭的溺爱、教育的不当导致的人格缺失最终酿成了家庭悲剧。

你的启示：____

____

____

____

____

____

教师评语：____

____

____

____

【结论】

现在的大学生大多为独生子女，父母“望子成龙、望女成凤”的心愿使他们承受了很大家庭压力。尤其近几年，随着大学教育消费水平不断提高，很多大学生的压力更大，如果学业不好，就会感觉对不起父母，心里将会更加内疚或者自卑。另一方面，当代大学生生长在相对富足的社会环境，优越的生活条件使他们在生活中遇的困难比较少，因而比较脆弱，这些性格与情感方面的缺陷导致他们遭遇生活困难与挫折之时，往往缺乏足够的勇气与信心去战胜困难，如果没有及时排解这种不良情绪，很容易导致心理疾病。然而家庭往往对大学生寄予了厚望，学校又往往凭学生成绩好坏来评价学生，这给大学生造成了相当大的压力，在期望与现实离得太远时，他们的心理防线很容易崩溃。

（3）人际关系

【师生讨论】

失去的友谊

小周与小张是某艺术院校大四学生，同在一个宿舍生活。入学不久，两个人成了形影不离的好朋友。小周活泼开朗，善于言谈，小张性格内向，沉默寡言。相比之下，小张逐渐觉得自己如同一只丑小鸭，而小周却是一位备受瞩目的公主，心理很不是滋味，她逐渐觉得小周处处都比自己更强，抢尽风头，常常冷眼对待小周。大学三年级，小周参加了学院组织的服装设计大赛，并荣获一等奖，小张得知这一消息先是很生气，然后妒火中烧，趁小周不在宿舍之时，将其的参赛作品撕成碎片，扔在小周的床上。小周发现后，不知道该怎样对待小张，更不知道她为何要这样对待自己。

你的启示：____

____

教师评语：____

____

【结论】

小周与小张的关系由好变坏，其实是源自不能好好看待别人的成功而心生嫉妒。

学生们的生活习惯、性格、兴趣爱好等各不相同，当这些个性迥异的年轻人汇集成一个社会群体聚集到校园的时候，在交往过程中难免会发生一些摩擦与冲突，有些事情可能导致友谊损坏。一旦出现人际关系不和谐或者发生其他冲突，大学生往往容易产生压抑、焦虑、烦躁等不良情绪。有的学生存在异性交往恐惧，有的学生存在性格比较孤僻而不合群，有的学生个人意识比较强烈而难以融入集体等。长期的人际关系不和谐很容易导致心理疾病产生。

2．促进心理健康的途径

（1）积极适应大学校园生活

【师生讨论】

小李是一位刚进校一个多月的本科生。作为家中独生子，小李父母对他期望值很高。父母均为农民，承包很多土地，父亲有手艺，经济条件尚可。他个性有些争强好胜。从小学到高中学习成绩很优秀，老师器重他，同学喜欢他，一直生活在赞扬声中，自尊心很强，应届顺利考上大学。刚入学时，一切新鲜。正式上课后，他以为在这么好的学习环境里，自己会有很好的成绩，可事实不是。他觉得同学都自顾自地学习、生活，宿舍气氛压抑，自尊心迫使他不愿主动与人沟通，他越发怀念高中生活。学习优势不在，现在虽没考试，但从回答问题与作业上就感到自己成绩在班上只是中等，比他优秀的人很多。近十多天小李经常头痛、胸闷、心慌、失眠，学习效率差。最后他还是决定找心理咨询老师，希望能得到帮助。

咨询老师指出了他存在的问题：环境不适应，尤其是学习成绩下滑，自信心受到打击，产生失落感；人际方面尚未建立良好友谊，争强好胜，过分追求完美；情绪问题导致躯体症状，躯体症状反过来又影响学习，加重情绪压力。

于是咨询老师决定给他制定改善目标如下。

近期目标：正确认识自己，发展群体人际关系，消除生理症状。

远期目标：正确对待成长中的挫折，发掘个人潜能，塑造健全人格。

他走后，咨询老师与他父母进行了电话沟通，向他们询问了小李的成长经历与家庭教养方式，指出他的状况只是暂时的，不要苛求孩子，容易导致孩子形成强迫性思维，对其心理健康不利。心理咨询老师又和小李的辅导员进行沟通。希望辅导员平时能够多与小李沟通，多关心其学习生活。

一周以后，小李说他认真反思入学以来的状况，认识到进入新环境有一个适应过程，自己太心急，不愿主动与人沟通。自己曾经太低估自己，没有看到自己的优点。现在学习偶尔会出现不好的状态，但学习效率提高了。有时失眠，但次数减少了。每天抽空去打篮球，认识了几位球友，心情也好多了。心理咨询老师很欣慰，进一步帮他分析自身优势，希望他更加进步。同时，提醒他今后继续关注自己心理健康。经过两次心理咨询与调整之后，他基本恢复了正常的学习与生活状态。

你的启示：____

____

____

____

____

____

教师评语：____

____

____

____

【结论】

很多大学生以前在家里时备受呵护，有独立空间，没经历过集体生活。突然几个人共同生活之后肯定会不一样，出现不适应现象也很正常。在我国，对于未进入大学的学生而言，进入理想的大学是他们迫切的愿望。在应试教育影响之下，学生主要面临学习压力。但是进入大学后，学习压力稍微减弱。但是将会面临更多问题，各种迷茫接踵而至，新的学习环境与学习领域会令学生产生恐惧，产生心理落差等。这时，必须积极适应大学生活，对自己有一种责任感，不再整天将父母期待挂在嘴边，而要仔细思考自己现在的生活与学习目标。

（2）相互理解与沟通

“我相信很多人都会这么做”

最近几天，池州学院大三学生小张在江苏省吴江市成了“名人”，他帮保洁员父母扫马路的事迹被传开，赢得了市民一致称赞。因为母亲眼睛不好，小张没让母亲上班，自己与父亲轮班清扫马路。他每天上午 10 点开始清扫马路，忙到晚上 9 点，午饭通常坐在路边吃。“我没时间上网，也是听别人说网上都在议论我，我挺意外的，压力也很大……”对于网友们对自己的关注，小张说，自己只是帮家人做了一些力所能及的事，尽一份子女的孝心，同时也可以通过劳动实践，磨炼自己的意志。我相信“很多人都会这么做的，那么多关注，反而让我觉得不自在。”开学后小张将上大四，他准备再帮父母扫几天马路，等母亲眼睛好些就回校复习，准备考研。

【师生讨论】

你的启示：____

教师评语：

【结论】

与父母的关系是最好处理的，但也是最重要的关系，大学生离开家庭，离开了父母，独立生活，面对一切事情，因此可以锻炼自己的处事能力。很多人觉得自己上了大学之后确实成长了很多。但是，对于大部分大学生而言，父母可能是最容易被忽视的，父母含辛茹苦虽不常提起但却深深刻在心里，虽然可能大学生经过大学生活之后思想会发生很多变化而与父母产生一些沟通困难，但其实只要相互理解，耐心沟通，障碍是可以跨越的。

（3）建立良好人际关系

【师生讨论】

永远的姐妹

又是一年毕业季，武汉大学四个女生身穿婚纱的毕业照，引起网络轰动，并被多家媒体报道。这个在社交网络人人网上广为流传的毕业婚纱相册，是武汉大学法学院2008级小王上传的。照片中四个女生是一个寝室的。“我们四个姐妹，即将各奔东西，希望留下点美好的回忆”、“就是宿舍想在毕业前留个纪念，其实我们是怀抱着一颗嫁给武大的心，希望以最美好的形式来纪念我们最美好的岁月。”问起拍“婚纱毕业照”的初衷，四个女生如是说。她们之中两个将参加工作，一个读研，一个出国。但她们表示并不担心分开会淡化舍友情谊：“感情在就不怕啦”。

你的启示：

教师评语：

【结论】

大学生舍友关系是自己接触最多的人际关系，随机分配的舍友是一种缘分，需要好好维护。除此之外，大学生要懂得建立各种人际关系。在大学生活中，良好的人际关系可以帮助消除孤独感而获得安全感。拓宽自己朋友圈，与人为善，经常赞美与鼓励他人，不要胡乱怀疑他人，厌恶他人；要尊重与信任他人，倾听对方讲话，不将自己的想法强加于人。乐于助人也接受别人的帮助。实践证明，良好的人际关系可以保证快乐的心情。所以，大学生要培养良好的人际关系，促进自己心理健康。

【自我测试】

大学生人际关系测试

以下为人际关系行为困扰综合诊断量表，一共有 28 题，请根据自己的实际情况，逐一对每个问题做“是”或“否”的回答。计分标准：选择“是”加 1 分，选择“否”给 0 分。

1. 关于自己的烦恼有口难言。
2. 和陌生人见面感觉不自然。
3. 过分羡慕或者嫉妒别人。
4. 与异性交往太少。
5. 对连续不断的会谈感到困难。
6. 在社交场合，感到紧张。
7. 时常伤害别人。
8. 与异性来往感觉不自然。
9. 与一大群朋友在一起，常感到孤寂或失落。
10. 极易受窘。
11. 与别人不能和睦相处。
12. 不知道与异性如何适可而止。
13. 当不熟悉的人对自己倾诉他（她）的生平遭遇以求同情时，自己常感到不自在。
14. 担心别人对自己有什么坏印象。
15. 总是尽力使别人赏识自己。
16. 暗自思慕异性。
17. 时常避免表达自己的感受。
18. 对自己的仪表（容貌）缺乏信心。
19. 讨厌某人或被某人所讨厌。
20. 瞧不起异性。
21. 不能专注地倾听。
22. 自己的烦恼无人可申诉。
23. 受别人排斥，感到冷漠。
24. 被异性瞧不起。
25. 不能广泛地听取各种意见和看法。
26. 自己常因受伤害而暗自伤心。
27. 常被别人谈论、愚弄。
28. 与异性交往不知如何更好地相处。

总分在 0～8 分，说明你在与朋友相处上困扰较少。你善于交谈，性格开朗，主动，关心别人。你对周围的朋友都比较好，愿意和他们在一起，他们也都喜欢你，你们相处得不错。总分在 9～14 分，说明你与朋友相处存在一定程度困扰。你人缘一般，换句话说，你和朋友的关系并不牢固，时好时坏，经常处在一种起伏之中。总分在 15～28 分，表明你同朋友相处的行为困扰比较严重，分数超过 20 分，则表明你的人际关系行为困扰程度很严重，而且在心理上出现较为明显的障碍。你可能不善于交谈，也可能是一个性格孤僻的人，不开朗，或者有明显的自高自大、讨人嫌的行为。

自我评价：____

____

____

____

____

____

教师评语：____

____

____

____

【团体素质拓展训练】

1．活动目的

（1）激发参加者学习心理学的兴趣，并不断挑战自我。

（2）帮助参加者提升由行为分析心理的能力。

2．活动地点

教室或室外。

3．活动内容

（1）指鹿为马

① 主持人挑选 8 名擅长表演的选手上台（最好是 4 男 4 女）。

② 主持人讲解游戏规则：先由助手表演一套动作（有特定寓意，比如背老人过小河）给第 1 位选手看；第 1 位选手根据自己的理解，把动作表演给第 2 位选手看：第 2 位选手再表演给第 3 位看，……最后是第 7 位选手表演给第 8 位选手看。

③ 主持人先问第 8 位选手：你看到的动作寓意什么？再问第 7 位、第 6 位、……第 1 位。

④ 主持人讲解此游戏的寓意，即每个人对事物的观察和认识不同，他的心理对现实事物的反映也会不同。同时，这个游戏也能在一定程度上指出日常交往中，沟通不足经常会导致错误理解对方的意思。所以，要加强沟通技能的学习。

⑤ 注意事项：在助手表演动作给第 1 位选手看时，其他选手需面墙站立；第 1 位表演给第 2 位看时，其他选手仍须面墙站立：直到最后一位。另外，动作每人只准表演一次。

（2）可多选几个游戏

学生可选其中任一游戏，自行组队进行活动，活动完成后用以下格式上交实践报告。

以下为参考模板。

×××学院

拓展训练
课程实习报告书

题目：拓展训练课程实习报告

学院：电信分院

专业：电子商务

班级：电子商务 2013-1

姓名：×××

学号：2012121722

指导教师：××

2012 年 06 月 10 日

目　录

一、活动背景

素质拓展训练起源于第二次世界大战期间的英国，当时大西洋商务船队屡遭德国人的袭击。许多缺乏经验的年轻海员葬身海底，针对这种情况，汉斯等人便创办了“阿伯德威海上学校”，训练年轻海员在海上的生存能力和船触礁后的生存技巧，使他们的身体和意志都得到锻炼。拓展训练课程以培养合作意识与进取精神为宗旨，崇尚自然与环保。利用崇山峻岭、湖海大川等自然环境，通过创意独特的专业户外体验式培训课程，帮助企业和组织激发成员的潜力，增加团队活力、创造力和凝聚力，达到提升团队生产力的目的。第二次世界大战结束后，该学校的训练目的也从最初的军事生存训练逐渐成为现代组织全新的培训方式。今天，拓展训练已经成为世界上最成功、最受欢迎的户外体验式学习方式之一。现代拓展以先进的培训理念及成人体验式学习特点为设计基础，以户外活动的形式，利用自然条件和人工设施，通过各种精心设计的训练项目，在应对挑战、完成任务中，模拟真实的管理环境，对学员的心理和管理两方面进行训练，以训练和提高学员的心理素质和管理技能，激发学员的意志和精神力量。

二、活动目的

（1）激发参加者的责任感、自信心、独立能力，领导才能、团队合作精神以及面对困难和挑战时的应变能力。

（2）突破自我极限、打破旧的思维模式、树立敢于迎接挑战的信心与决心，磨练意志，建立全局观意识。

（3）从容应对压力与挑战，在面对问题时，能够更充分地发挥其领导才能，展现个人魅力。

（4）增加团队人员的有效沟通，形成积极协调的组织氛围；树立互相配合，互相支持的团队精神和意识。

三、活动地点

教室、体育馆或室外。

四、活动时间

5月29日～6月7日。

五、活动组织者和参与者

大一班主任老师和全班学生。

六、拓展活动

（一）第一天

1. 左逃右抓

十人组成一组，坐成一排，每人各自伸出自己的左右手，左手呈尖状，右手呈抓状，自己的左手在左边人右手的上方，同时，自己的右手在右边人左手的下方。保持此种状态，听候老师的暗语，以最快的时间逃出自己的左手，用右手抓住别人的左手。最后统计，被抓住次数最少者获胜。

2．空中飞人

五人坐成一圈，一人坐在另一个人的身上，依次坐下，然后有人撤去凳子，五人保持“空中飞人”姿势时间最长队伍胜出。

3．手指抬人

五人分别用两只手指在相互配合的情况下将一人（目标物）抬离地面至一定高度。

4．数字的传递

十人直线站成一排，老师将数字传给第一个人，其余人不许偷看，然后第一个人用除语言以外的任何方式传递给下一个人，依此类推，最后一个人报出数字，正确的队伍胜出。

（二）第二天

1．水果接力

大家先分五组，每组先起一个水果的名字（如苹果），先由第一组（默认苹果）喊出“苹果蹲，苹果蹲，苹果蹲完**蹲”，依次接力下去，接到口令的那一组不能将其返回给这一组，且组内的声音要一致，否则为输，要接受惩罚。

2．快人快语

每组成员先围成一圈，一人先拍左边人的肩膀，再拍右边人的肩膀，鼓掌，同时喊出“我”，然后继续重复动作，喊“我们”……直到喊出“我们是最棒的”，高举双手。用时最少，声音最齐队伍胜出。

3．解笼

每组成员围成一圈，每人用左手抓住不相邻人的左手，右手抓住不相邻人的右手，中间不能断开，且自己的双手不能抓住同一个人的双手，然后大家散开，最后解开成为一个大圆圈，用时最短队胜出。

（三）第三天

交通阻塞

大家先分成几组，每组再分两队，对立站在笔直的网格内，一人占一格，两队中间空一格。每队成员可以向前走一格，亦可以隔对方成员跳一格，不可后退，依此走下去，双方走到对方位置为游戏结束，用时最短组获胜。

（四）第四天

七巧板拼图

先分小组，每组五块七巧板，一份图，一份任务书，每组可通过交换板块和图纸，在规定时间内完成任务书上指定的任务（交换需由助教完成，其余人不可随意走动）。

（五）第五天

沙漠掘金

大家先自由组队，然后团队内部进行职务分配（队长、财务总监、秘书、骑士。骑士负责交易）。每队各有一张羊皮纸（地图），金币 1000 元，骆驼一只（载重 1000 磅），每队的任务是先选定自己的行军路线，在最短的时间内进军宝山，挖取最多的金块，并且活着回到大本营，且第一个归来者免税 25%，行军途中气候条件恶劣。要经过村庄，沙漠，绿洲，古墓，最终到达宝山。村庄和宝山一直是晴天，沙漠，古墓天气怪异，有时高温，有时风暴，有时二者兼具。晴天时每支队伍每天需消耗 1 份食物 1 份水，高温时 1 份食物 3 份水，且不可避免。风暴时要迷路 3 天，5 份食物 3 份水，但是可以使用帐篷避免迷路，消耗相当于晴天。绿洲可以无限制地补充水源（前提不能超过载重）。村庄可以购买水和食物，只能用金币购买

（不收金块），且价格是大本营的双倍。

七、活动心得体会

第一天的游戏中，我原本以为有些事情根本无法完成，但结果却出人意料。大家互相配合都成功地完成了，可见集体的力量有多大，团队间的合作多么的重要。

第二天的每个项目都是团体项目，不是单凭一个人的智力、体力和能力就能很好地完成的。他们的最大特点就是群策群力，一个人的成功不能代表整个团队的成功，只有各个团队的每个成员相互配合，相互帮助，相互信任，才能共同完成团队的目标。而且我们应该明确在团队管理中应该突出大家一致的目标，突出大家为鼓励为团队做出具体贡献的个人。全身心地投入，当然还要学会大声说出自己的想法。只有充分发挥每个人的智慧，才能挖掘团队最大的活力与竞争力，在过程中寻找到快乐，在感悟中得到提升。

交通阻塞和七巧拼图告诉我这个过程不仅仅是靠集体的才华智慧，有一个很好的领军人物也是非常重要的。他必须肩负团队的组织工作，让每一位成员将自己的才华发挥出来，同时，还要有条不紊地进行实践。所以，这也是考验我们一个团队是否有凝聚力，是否能更快地达成共识，考验我们个人的表现能力。还有，这个游戏不得不让我们重新审视对团队的归属感，有些人没有团队精神，总是只在意自己能通过，却没有顾及其他成员的感受，从而导致有克制不了冲动而完不成任务。所以，在生活中也是一样，当身边的人坚持不下去时，要适时拉他一把。

最后一个游戏过程中虽然我们队第一个覆灭了，但这个结果给我们每个队员一个深刻的教训：要做好一个具体而可行性较强的策划，考虑到各个细节问题，同时，各自之间的分工明确也很重要。在失败时我们没有互相抱怨，而是互相学会感激，学会宽容，只有这样整个团队才会是最团结最优秀的团队。

这学期的素质拓展训练虽然只有短短的几天，但对我们这次参加拓展的训练同学来说是值得纪念的。它不仅仅是一次简简单单的游戏，更是一次有意义的增强团队合作，增进团队友谊的交流活动。整个活动中，我们相互帮助，相互支持，相互信任，努力地完成各项任务。在参与过程中，去完成一种体验，进行自我反思，获得某些感悟。

一个优秀的团队必须有明确的目标。只有设定明确的目标才能使一个团队产生共同的行动方向和行动力，这一点无论是个人还是团队在学习和工作中都必须确立。

一个完美的团队总会以团结为核心思想。在面对各种困难和挑战时，团队的凝聚力、相互关心、激励、包容、建议无形中使团队更加团结。

一个成功的团队必须要有素质过硬的决策者，决策者代表了团队的方向与大局。决策者需要具备良好的分析能力、判断能力、决策能力、大局意识与团队意识。面对目标团队每个成员都会产生自己的方案，这就需要一个领导出来，对大家的方案做决策，以确认最好的解决方案。如若不然，大家在争吵中浪费时间，在各自为政中浪费精力，到最后，可能团队目标没有完成，还会乱成一团。

计划性是一个团队取得成功不可忽视的因素。比如，在沙漠掘金游戏中，考虑行军路线，食物和水，天气状况如何的问题都必须在事先有一个整体的构思，只有这样才会起到事半功倍的效果；相反，很有可能做无用工，浪费时间，重复工作，事倍功半。我们在工作中也是如此，行动之前必须先制定计划，以避免工作的随意性，影响工作的效率。

作为团队的一员，我们首先必须有责任心，明确每个人的责任，明确领导者的责任，明确整个团队的责任。每个人都拥有了强烈的责任心才会将团队的工作作为自己成长的一部分去用心对待；其次我们必须有上进心，无论是专业技能的提高还是各种知识的吸取，通过大量的学习去保持积极的上进心才能使团队一直保持前进的动力；第三必须有感恩的心，实现一个目标不能只靠自己，而是学会互相取长补短，互相帮助，一定要拥有一颗感恩的心。感谢帮助过你的人，感谢你有能力去帮助别人。

在现实社会中，在学习和工作中，我们在提倡个性张扬的同时更多强调地应该是团结与合作，不管是部门内部，还是部门之间，只有精诚团结，每一个人把自己的全部身心交给自己的团队，才会创造 1+1>2 的可能，我们的工作才会一步步跃上更新的台阶。

就像我们班级是一个团体，我们既要发挥各自的优势，又要团结一致，为打造优秀团体而努力奋斗。

成功属于这个团体，更属于这个团体中的每个成员。

为了团体的成功，每个人都必须奋斗。

结 束 语

素质拓展训练不仅拓展了我们的体能和智力，更重要的是改变了我们的某些思维模式和理念，激发了我们早已沉睡的一些潜能。它把深奥的理论融入一个个看似简单的游戏中，让我们自己去思考，去领悟，去提炼。

游戏即人生，但人生不仅仅是游戏。

感谢××老师的带领，感谢全班同学的积极配合，感谢这个学校给予的机会，谢谢。

学生完成实践报告交指导教师，指导教师评分作为学生实践教学得分项目。

第二章

大学生心理咨询

本章提示

核心词：

心理咨询

高校心理咨询历史

心理咨询的概念与功能

心理咨询的内容

重点：

大学生心理咨询的特点与功能

大学生心理咨询的主要内容

实践路径：课前浏览—师生互动—课本记录—自测评价—实践报告

第一节 高校心理咨询的历史回顾

虽然我国心理健康教育思想与萌芽在我国有数千年历史，但是我国高校心理健康教育的历史并不长。教育界自觉重视心理健康教育是从著名学者、心理学先驱人物王国维提出心育才开始的，而高校心理健康教育在我国也属于提高与完善阶段。所以我国高校心理咨询事业可谓任重道远。

【师生讨论】

你的观点：__________

教师评语：__________

【结论】

1．我国高校心理咨询简史

（1）萌芽与初探阶段

【师生讨论】

中国现代心理学先驱——陈大齐

陈大齐是一个鲜为人知的名字，但是他对心理学的贡献是伟大的。

陈大齐 1886 年出生在浙江海盐。1901 年，陈大齐进入浙大的前身——浙江求是大学堂学习。1903 年，他留学日本，专攻心理学。1912 年，他毕业回国，为中国心理学事业鞠躬尽瘁。他于 1917 年在北京大学创建了我国第一个心理学实验室，对我国早期心理学产生开创性影响，他是中国的冯特。

他对中国心理学最大的贡献便在于“引进”与“传播”。“五四”运动时期，他系统介绍了当时西方心理学的主要领域，包括普通心理学、生理心理学、实验心理学、儿童心理学等，为中国现代心理科学奠定了基础。他以心理学为武器，通过《新青年》揭露与批判封建迷信思想。除此之外，他以一名中国人身份做着中国心理学研究，影响最大的是他对人格的研究。他将人格类型分为三种：无检束型——不顾约束敢于为恶；有检束型——因外在或内在约束不敢为恶；无庸检束型——不需要约束也不会为恶，即大善型。

陈大齐在特殊历史环境下担起历史重任，成为中国当之无愧的心理学第一人。

你的观点：____

____

____

____

____

____

教师评语：____

____

____

____

【结论】

正是有这批先驱人物的不懈努力，我国高校心理咨询事业才得以形成雏形。心理咨询与心理健康等现代概念虽来自西方，但在中国悠久丰厚的传统文化中早已蕴含着丰富的有关心理调节、心理治疗、心理素质培养等心理健康思想，如知足常乐、理想人格、身心合一、修身养性等，但是多为零散朴素论断，尚未形成系统严密的理论体系。20 世纪初，王国维提出了心育概念，他在《论教育之宗旨》中指出要以培养完全之人物为教育宗旨，但是并未引起教育界重视。1917 年，北京大学哲学系首次开设了心理学课并建立中国第一个心理学实验室。1918 年，陈大齐著《心理学大纲》，成为我国第一本大学心理学用书。1933 年，沈履著《青年期心理》，这是一本研究青年心理问题专著。随着国外心理学传入我国与我国心理学科不断建立，在国际心理卫生运动影响之下，中国开展了心理卫生活动，并于 1936 年 4 月 19 日在南京成立了中国心理卫生协会。当时的中央大学、浙江大学、云南大学等都开设了心理卫生课程。抗战爆发后，中国心理卫生协会被迫暂停工作。新中国成立之后，我国学校心理健康辅导与教育工作停滞不前。20 世纪 80 年代之后，心理健康教育理论与实践又有了较大发展。1983 年燕国材教授率先提出培养学生非智力因素，这一建议对我国教育产生了深远影响。20 世纪 80 年代初期在北京、上海、广州等少数大城市出现心理门诊，一些医学院校开设医学心理课程，极少数高校开设大学生心理课程，开展了少量心理咨询工作。总之，我国高校心理咨询工作正在不断发展中。

（2）起步与普及阶段

【师生讨论】

朱智贤对心理学的贡献

朱智贤 1908 年出生于江苏赣榆县城，6 岁入小学堂；高小毕业进入海州江苏省第八师范学校，后留在附属小学任教；1930 年保送重庆中央大学教育学院深造。师范学习期间，他在儿童、教育刊物发表文章，由上海商务印书馆出版处女作《小学历史教学法》。在附小任教两年中，他发表了教学论文 20 多篇，出版了《小学课程研究》《儿童自治概论》等书。大学期间，他发表与出版了多种论文与专著，如《教育研究法》、《儿童教养之实际》、《小学行政新论》等。有趣的是在大学四年级《课程论》课堂上，任课教授将朱智贤的《小学课程研究》列为参考书之一，写在黑板上，引得全班哄堂大笑。王教授得知有一本参考书的作者竟是班里学生，高兴得连称“难得”！他的 30 万字的《教育研究法》，直到 20 世纪 90 年代中国台湾省的一些大学教育系仍将其作为教学参考书。

1991 年，3 月 5 日，朱智贤教授突然逝世，心理学界一颗巨星陨落。

我国高校心理学建设的过程中，正是经过了一代又一代像朱智贤这样的心理学家的不懈努力才取得了丰硕的成果。

你的观点：____

____

____

____

____

____

教师评语：____

____

____

____

【结论】

20 世纪 80 年代中期到 20 世纪初是我国高校心理咨询的起步与普及阶段。

1985 年 6 月，北京师范大学成立了全国第一家心理测量与咨询服务中心，这是我国高校心理咨询的先河，标志着我国高校心理健康教育工作开始。后来北京、浙江、上海等地方的高校相继成立各自的心理咨询中心。我国高校心理咨询工作提上日程。另一方面，国家也不断重视高校的心理咨询工作。1994 年 8 月 31 日中共中央颁布《关于进一步加强和改进学校德育工作的若干意见》，首次明确提出“心理健康教育”一词。1995 年 11 月 23 日国家教委颁布《中国普通高等学校德育大纲》（试行），将培养学生具有“健康的心理素质”作为德育目标之一。1999 年 6 月国务院颁布《中共中央国务院关于深化教育改革全面推进素质教育的决定》表明必须加强学生心理健康教育。这些文件的出台，表明大学生心理健康教育已得到国家领导的重视。我国高校心理健康教育迅速普及，实践方面，高校普遍设立心理健康教育部门。21 世纪初，我国大部分高校都设立心理咨询中心、心理健康辅导中心等机构。理论方面，自 1994 年中共中央正式提出心理健康教育，心理学文章与专著逐年增加，高校纷纷召开学术研讨会。观念方面，教育界、学术界等人普遍认识与接受心理健康教育的价值与必要性。

（3）提高与完善阶段

【师生讨论】

第 28 届国际心理学大会在京召开

1995 年 8 月在广州召开亚太地区心理学大会期间，中国心理学会正式决定参与竞争，并向当时也在广州开执委会的国际心理科学联合会提出书面申请，在北京承办第 28 届国际心理学大会。1996 年 5 月中国心里学会撰写和翻译了申请书。1996 年 7 月在加拿大蒙特利尔第 26 届国际心理学大会上，中国心理学会与哥伦比亚、埃及和土耳其分别作申办报告。经各国代表投票表决，我国成功获得第 28 届国际心理学大会（ICP2004）的主办权。

2004 年 8 月 8 日，第 28 届国际心理学大会 8 日在京开幕，全国人大常委会副委员长、中国科学院院长路甬祥宣布大会开幕并致辞。路甬祥表示，此次会议将为心理学如何更好地服务于社会发展提供一个很好的机会。他认为，心理学与其相关领域的发展对中国全面建设小康社会具有积极意义。国际心联主席迈克尔 • 丹尼斯（Michel Denis），2002 年诺贝尔经济学奖得主、美国普林斯顿大学教授丹尼尔 • 卡内曼（Kahneman），中国科协副主席张玉台，中国科学院副院长陈竺，本届大会主席、我国著名心理学家、第三世界科学院院士荆其诚等出席开幕式。大会开幕式由中国心理学会理事长、第 28 届国际心理学大会组委会秘书长张侃主持。将近 6000 多名中外心理学者报名参加了本次大会，是有史以来在我国举办规模最大的一次国际科学学术会议。

你的观点：______________________________

____

____

____

____

____

教师评语：______________________________

____

____

____

【结论】

在提高与完善阶段，我国为高校心理学发展做了更多努力。

2001 年 3 月，教育部出台独立文件《关于加强普通高等学校大学生心理健康教育工作的意见》，表明将对我国高校心理健康教育工作进行明确指导并直接负责。2002 年，教育部颁布了《普通高等学校大学生心理健康教育工作实施纲要》，表明将进一步指导高校大学生心理健康教育工作。这些专门文件对深入开展高校心理健康教育工作具有重要意义。我国高校心理健康教育经过一定范围一定数量和一定程度的普及之后，逐渐进入提高与完善阶段。2002 年上半年，我国劳动与社会保障部推出心理咨询师职业人员专业标准，要求心理咨询从业人员必须经过考核与评审，持证上岗。这表明我国心理咨询不断专业化。同时，不少高校还进行了心理健康教育实践研究，解决工作中的实际问题。

2．国内高校心理咨询发展现状

（1）发展很快，但不平衡

【师生讨论】

高校心理咨询机构形同虚设

7月25日晚8时左右，北京大学一名男生从宿舍阳台坠楼，经抢救无效身亡。据媒体报道，该男生属自杀，之前曾患有抑郁症。北京大学社会学系夏学銮教授针对坠楼事件对原因进行了归纳。他认为，当前社会上对大学生的评价较以前下降，加上工作竞争压力，导致学生心理负荷超重。北京师范大学心理学院许燕教授表示，在高等教育阶段，心理承受能力比较强的学生可以自己调节，但比较脆弱的学生，需要老师给予辅导与帮助。

近年来，大学生心理问题已引起各界高度关注。教育部于2003年下发了《普通高等学校大学生心理健康教育工作实施纲要（试行）》，以推进大学生心理健康教育。高校也纷纷设立心理咨询中心。但是，中国青少年研究中心调查报告显示，大学生有心理问题时，首先选择向朋友倾诉（79.8%），其次向母亲（45.5%）、同学（38.6%）、恋人（30.9%）、父亲（22.5%）、同龄亲属（15.8%）倾诉，向心理咨询师倾诉的仅有3.2%。学生获得心理健康知识途径，首先是心理健康书籍，其次是电视台与电台聊天节目（38.8%），校内心理咨询机构（11.4%）排在第八位。

事实上，现有的高校心理咨询机构处境尴尬。有数据显示，目前北京高校专职心理咨询员不到100人，北京目前共有在校学生100余万人，两者比例不足1∶10 000。根据相关资料显示，国外高校专职心理咨询人员与学生比例约为1∶400。

你的观点：______________________________

____

____

____

____

____

教师评语：______________________________

____

____

____

【结论】

目前，大学生心理咨询工作在各高校进行得不平衡，一些高校对其认识不足，没有将该工作放到应有地位。一些高校虽设心理咨询机构，却缺少优秀心理咨询教师。有的学校将心理咨询事务设在学生处、团委、医院等机构。有个别高校甚至没有心理咨询机构。目前，在高校从事心理咨询的人多数兼职，专职人员少，大部分只经过短期培训，缺乏系统专业训练。所以，必须尽快建设一支专职心理咨询队伍。

（2）多方力量协作，但仍然薄弱

【师生讨论】

高校心理咨询力量薄弱

根据大学生反映，一些高校的心理咨询室建设不够用心，导致部分学校心理咨询室经常空无一人，咨询热线无人接听，甚至有些学院没有心理咨询师。东北网的记者走访了多所大学，发现尽管大学配备心理咨询师，但心理咨询室却很难让学生接受。

2006 年 12 月 12 日，东北网记者在哈尔滨市一所高校内进行随机调查，询问了大一至大四年级 20 名大学生，只有 7 名学生说出了心理咨询室的具体位置。该校心理咨询室是一间旧教室，门口贴着“心理咨询室”五个字，里面一张桌子与一个凳子。该校负责人介绍，心理咨询室不是随时开放，学校根据学生休息时间统一安排咨询日程。一位大四学生说，学校只在开学初宣传，主要针对大一新生，后来的心理咨询活动几乎销声匿迹。哈尔滨市某高校学生处一位负责老师说，现在很多学校的心理咨询老师由老师兼任，尽管他们有从业资格，但多为兼职，很难让学生满意。一些大学生反映，当心理问题出现时，可能正赶上老师休息或有课。一位高校负责人表示，学校也很尴尬，缺乏师资力量使学校很难开展工作。

你的观点：____

____

____

____

____

____

教师评语：____

____

____

____

【结论】

心理教育与心理教师的重要性已经得到了社会的普遍认可，推进高校心理工作是一项长期的工作。这需要各级教育主管部门的政策支持，学校领导的创新意识，学术研究机构心理学、教育学等专业人员的积极参与，更要为学生配备更专业的优秀的心理咨询老师。

第二节　心理咨询的概念与功能

心理咨询即由专业心理咨询师运用心理学科及相关知识，按照心理学原则，通过各种技术与方法，帮助咨询者解决心理问题。心理咨询的目的在于帮助咨询对象在认识、情感与态度上趋向积极健康，解决其在学习、工作、生活中出现的心理障碍，帮助咨询者进行自我调整，从而能够更好地适应环境并保持健康心理。但是现实生活中对于心理咨询还是存在很多误解的，对于心理咨询你知道多少呢？

【师生讨论】

你的观点：____

____

____

____

____

____

教师评语：____

【结论】

经过以上讨论可以知道，心理咨询是指在咨询中心理咨询师运用心理知识帮助咨询者解决心理困惑，提高适应能力，促进身心健康。对于咨询的内容，咨询师必须为咨询者保密；心理咨询是咨询者与咨询师之间的特殊人际关系，彼此信任才能确保咨询顺利进行；心理咨询是解决咨询者的心理困惑，减轻或消除不良心理，以积极态度面对人生。心理咨询是一个心理咨询师协助咨询者解决各类心理问题的过程，它的宗旨在于助人自助。心理咨询师通过启发、引导、支持、鼓励等方式帮助咨询者认识内心冲突，纠正错误认知，做出有效行为，最后解决心理问题、促进人格完善。整个过程都是咨询者主动，咨询师起到一种协助与指导的辅助作用，不主观地支使咨询者一定要怎样做或者不能怎样做，而是与咨询者共同分析、探讨利于解决问题方案，帮助咨询者解决心理困惑，促进心理健康。

1．心理咨询的概念与对象

【师生讨论】

你必须知道的几个误区

心理咨询不意味着有精神病、不光彩。目前，人们对心理咨询虽有所了解，但有不少人将心理疾病看作等同于“精神病”。曾有心理学家统计过，来心理门诊咨询的有26.3%达到重性精神病诊断标准，一些人认为心理咨询是不光彩的，往往偷偷摸摸。而有些国家，人们对心理咨询的理解恰恰相反。例如在美国，小伙子与女友约会前会去见他的心理咨询师，约会时他有可能在其女朋友面前说起这事，他的女友会很感动，她觉得男友对约会很重视，而且注重生活品质。

心理咨询师不等于算命者。有些咨询者会将心理咨询师神化，认为心理咨询师能一眼看穿咨询者心理。有些咨询者羞于表达内心，不愿将心理活动说出来，认为心理咨询师可以猜出。实际上，心理咨询师也是普通人，只是利用心理学，以咨询者提供的问题来了解咨询者。

心理咨询不等于同情与阅历。有些咨询者，特别是电话咨询者要求心理咨询师最好遇到过、处理过他们的问题，认为只有这样才会理解他。要求心理咨询师的阅历深、经验多是可以理解的，但没有必要要求心理咨询师有类似经历，不管有没有这种经历他们都会有同情心。

你还知道哪些对心理咨询的误解？

你的观点：

教师评语：

【结论】

在现代社会，“心理咨询”一词使用的频率越来越高，例如“投资心理咨询”“消费心理咨询”“恋爱心理咨询”“旅游心理咨询”“就业心理咨询”“婚姻心理咨询”“育儿心理咨询”“法律心理咨询”，等等。但是对于心理咨询的真实概念，也存在不少误区。这个心理咨询概念可以帮助大家理解，心理学家帕特森认为：“心理咨询是一种人际关系，在这种关系中心理咨询人员提供一定的心理氛围和条件，使咨询对象发生变化，做出选择，解决自己的问题，并形成一个有责任感的独立的个体，从而成为一个更好的人和更好的社会成员。”

而心理咨询对象，一般可以分为：因后天心理不适而导致的中心行为障碍、心理障碍与身体障碍等。有些心理不适是由其先天素质或身体原因所导致的心理疾病。

2．大学生心理咨询的功能

（1）帮助大学生完善自身并适应各种新环境

【师生讨论】

大学生环境适应问题心理咨询案例

李明是某大学大一学生，出生在偏僻农村，体态瘦弱。他是家里的独子，虽然家境不太富裕，但全家人都非常疼爱他。他性格内向、不善言辞，因成绩优秀，中学阶段并不孤独。但考入大学后，面对陌生环境，中学阶段的优势不在了。他感到不适应，不知该如何与老师、同学交往。自己曾尝试改变孤立状态，但没有效果。他感到在学校生活太累，经常头疼、失眠、孤独、自卑，学习成绩更加下降。这些问题的出现主要是以下原因造成的。

（1）认知偏差，咨询者在人际关系上存在认识误区，因为自幼生长在贫穷、封闭但充满爱的环境中，加上同学与老师的赞扬，无更强竞争对手，从未遇过挫折。所以，步入大学后，面临新环境与众多竞争对手，他失去了自信，也影响了他的同学关系。

（2）性格缺陷，性格是人在现实中的稳定态度与习惯化了的行为方式所表现出来的个性心理特征。咨询者的性格有很大缺陷，如过分内向、孤僻、自我封闭与抑郁，这对他的人际关系产生了非常大的消极作用。

（3）能力欠缺，由于成长环境个性方面的原因，咨询者人际交往能力不足。平常不爱说话，自卑使他很少主动与人交往，不能融入集体。尽管有时也希望与人改善交往关系，但是不知道如何去做，更加自卑与恐惧。

综上原因，咨询者心理问题和其成长经历与个性特点有关，这其中无论情绪变化，还是行为异常，加上家庭环境与学校环境的不利因素影响都同样存在个体社会认知偏差。所以，必须尽快使用操作性、时效性、目标性很强的认知疗法与行为疗法。根据以上的评估和诊断，学校咨询老师与他进行协商，确定以下咨询目标。

（1）具体目标：缓解咨询者不良情绪，改变对自己的认识，克服人际交往障碍。

（2）最终目标：协助咨询者建立良好人际沟通方式，学习有效交往技巧，注重培养自身能力，运用人际交往原则、方法和正确途径，提高交往水平。

你的观点：____

____

____

____

____

教师评语：

【结论】

当今大学生面临着各种压力：沉重的学习任务、快速的生活节奏、复杂的人际关系、激烈的社会竞争等，以及新时期新价值观念未定的思想困惑，因此他们面对新环境时容易出现不适应状况，主要表现在学习计划、环境适应、恋爱、人际交往、就业等方面。如果不能及时得到调整则容易加重心理负担。所以高校提供心理咨询服务，能够为大学生提供解决内心烦恼、苦闷的场所，通过心理咨询老师的指导，使他们走出困境。

（2）帮助大学生正确认识自己，引导他们发现真实自我

【师生讨论】

恋爱困惑

罗同学是某专科院校二年级学生。中学在农村度过，上中学时成绩优秀得到老师喜爱与同学羡慕，而且与同班一女同学有一段恋情。高考时发挥失常没有进入理想的大学。进入大学之后，越来越发现自己没有了之前的优越感，学习成绩一般，尽管很努力，但是计算机、英语等学科依然很一般。不仅如此，其他方面更是处处不如别人，外型不够帅、服饰不够时髦、说话方言很重等，所以产生了自卑感。在人际交往方面也很失败，进校两年了没有一个知心朋友，与中学同学的联系越来越少，那个曾经和他关系很好的女孩失去了联系。这一切令他非常苦闷，不想参加班级集体活动，不想看书，于是沉迷于武侠电影。但是再过一年就要毕业，他心理很焦急，于是他来到心理咨询室，希望能够走出困境。

心理老师分析了罗同学的心理状态与障碍原因。

第一，他的困境在于个人情感与个人前途的双重矛盾。他的个人情感给学习、生活、社交产生很大影响，又有认知误区，如帅与不帅的评价标准。就目前状况而言，他必须解决走出困境。心理老师告诉他：人生路上的挫折与失意是难免的，必须认真面对。

第二，鼓励罗同学在困境中多进行积极自我暗示。他的自卑心理主要在于高考失利与感情失意，大学时期未能真正转变角色。但根本原因在于他的虚荣心没有得到满足，自信心遭到打击后而产生自卑心理。

第三，树立自我形象时，也要学会与他人交往，融入集体。一个人的魅力不仅在于拥有美丽的外表，更需要充实的内心与良好的个人修养。

两个月之后，罗同学找到心理咨询老师，这次他主要是给老师说说自己的进步。这一次他比上次健谈多了，人也更自信了。

你的观点：

教师评语：____

____

____

____

【结论】

大学生正处于思想活跃的时期，对自己的认识不够。高校心理咨询可以帮助大学生认识外部客观世界，也更加清楚地认识自己，这样有利于解决其心理问题，使其采取积极方式解决自己的问题。大学生对自己往往会感到迷惑不解，不知自己是什么样的人。通过心理咨询，可以帮助他们真正认识自己的价值观、态度、动机、长处与短处等，同时根据自己积极的心理状况指导自己的行为。

（3）及时地发现并预防心理疾病

【师生讨论】

大学生自杀心理倾向

重庆一所心理卫生中心去年做了一份抽样调查，发现重庆市大学生中自杀未遂发生率为1.7%，自杀意念发生率为13%，即有13%的大学生曾有自杀念头。大学生跳楼自杀事件令人沉思，一些事件公开了，但更多事件无声无息被遗忘了，但什么原因导致大学生自杀呢？

为爱情？大学生不是小学生，中学生，可以公开恋爱，没人限制你，在恋爱自由的背景下，当然有很多恋爱成功的。同时也有很多为情所困的大学生想不开，最终走向自杀道路。

为工作？辛苦努力考上大学，大学再辛苦四年，豪情壮志要闯世界，结果发现世界是开阔的，但是墙壁更多，好工作难找，不好的工作不想去，家人不断督促自己，找工作不顺利也容易导致自杀。

心理年龄？大学生生理年龄不小，但是心理不一定成熟，不一定能适应新生活。广州某大学一新生入学仅一周就因不能忍受而从学校跳楼身亡。

其他原因，人际关系、学习压力、经济压力等都是令学生头疼的事情。

你的观点：____

____

____

____

____

____

教师评语：____

____

____

____

【结论】

大学生面对生活、学习、工作、感情等的压力，心理负担很重，需要及时进行心理辅导。例如自杀是这几年大学校园最令人担忧的现象。少数大学生在因为承受不了过重心理负担而导致心理疾病甚至萌生自杀念头。而心理咨询能够及时发现大学生的心理疾病，并对他们进行心理治疗，避免自杀事件的发生。总之，高校开展心理咨询工作，对于及时发现并预防大学生的心理疾病是具有重要意义的。

3. 大学生心理咨询的特点

大学生心理咨询是指心理咨询师根据心理学原理，对在学校生活过程中产生的心理问题或有人格障碍的大学生进行心理教育的方式，通过与他们进行交流、相互理解，促使其自我意识发生变化，完善与健全人格。

【师生讨论】

大一到大四的问题

北京同仁医院心理科医生许天红总结出不同年级大学生面临着不同的心理问题。

许医生说，刚进入大学的新生面临最多心理问题，如学习、生活环境等，主要在于不适应。许医生说，进入大学必须面对不一样的学习内容，科目多，课程快。新生往往会感到难以消化这么多知识，学习很吃力。同时新生会参加学生社团，也增加了压力。另外，大学班集体不如高中紧凑，老师对学生管理较松，学生自主空间多。较松散的班级关系令新生难以适应，不习惯“没人管”的环境了。新生要进入新集体，要与不认识的人开始新的关系，这种变化也给新生带来压力。

许医生认为大一是面临心理问题比较多的一年，不适应也很正常，要积极调整，一般需要3个月至半年就会逐渐适应，否则建议进行心理咨询。

大二时学习问题最突出，许医生认为大二是相对平稳的一年，因为大部分人通过一年调整，已能够适应大学生活。这期间大多数学生面临的难题是学习，学生开始思索前途，有的想多考证，有的想出国，有的想考研等。许医生建议大二学生要合理安排自己的学习时间。

大三学生主要面临恋爱困扰，相对于大二，大三学生会主要考虑自己今后的前途，学习压力仍在，但是与前两年不同的在于恋爱矛盾突出了。有些同学可能已经有了异性朋友，但到了大三，有些新鲜劲儿过了，可能产生厌烦；有的可能因为工作原因产生矛盾等，这些都可能导致恋爱关系面临危机。这就影响学生的学习生活。

大四学生面临的未来发展成为最突出的问题，大四与大一都是问题比较多的时候，但大四学生咨询心理医生比大一学生多。大四时最为突出的是学生个人未来发展问题，开始担心找工作的事情，担心出国问题，担心将要换新环境等。另外，恋爱关系面临何去何从的考验。当这些关系都聚到一起时，大四学生必然倍感压力。

你的观点：____

____

____

____

____

____

教师评语：____

____

____

____

【结论】

从这个案例大致可以知道，大学生心理咨询有其自身特点。大学生咨询人数比率低，仍有很多学生面临心理问题时不寻求专业帮助。大学生心理咨询有专业差异，咨询最多的为文科类学生，最少的为艺术类学生。大学生心理咨询有年级差异，每个年级咨询的问题不同，解决的方法也不一样，低年级学生更关注人际关系、学习、个性、人格，大二学生的情感与性方面的问题更多，大三学生的生涯规划问题更多，大四学生就业问题最多。大学生心理咨询有性别差异，女生咨询的问题多于男生。

第三节 大学生心理咨询的主要内容

根据上节内容，可以知道，大学生心理咨询就是咨询师运用心理原理，对在大学校园生活中产生的心理障碍进行指导，引导其心理健康发展。由于大学生面临各种压力，有来自专业学习、校园环境、家庭、社会等的压力，导致大学生容易产生各种心理问题。例如专业学习困扰、恋爱问题、就业困扰等。请问你正面临哪些心理困扰？

【师生讨论】

你的观点：____

____

____

____

____

____

教师评语：____

____

____

____

【结论】

经过讨论可以将大学生心理咨询内容从层次上划分为三类。

（1）发展咨询，这类咨询的学生比较健康，心理冲突不明显，基本适应新环境。咨询目的在于清楚认识自己，开发潜能，提高学习质量，追求全面发展，如处理学习与工作关系，选择职业等。

（2）适应咨询，这类咨询的学生基本健康，有学习与生活的烦恼，有心理矛盾。咨询的目在于排解心理忧虑，减轻压力，如存在人际关系烦恼。

（3）障碍咨询，这类咨询的学生有心理障碍，有心理疾病，影响正常生活与学习。咨询的目的在于通过系统心理辅导，克服障碍，恢复心理平衡，如神经衰弱、焦虑性神经症等。

1．环境适应心理咨询

【师生讨论】

新环境适应困扰

2012 年 9 月 10 日凌晨 4 时 30 分左右，阜新路派出所民警找到温州路 36 号一家旅馆，看到一名女青年坐在旅馆门口，正与旅馆老板娘聊天，老板娘看起来已很疲惫，但强打精神认真听女青年诉说。她们见到民警过来，老板娘向民警使个眼色，执勤民警上前询问，发现这名烦躁的女青年正是他们寻找了一个多小时的小孟。老板娘说，小孟昨天凌晨零时左右独自一人住店，给她登记之后，她立刻躲进房间。老板娘发现女青年神态不正常，担心她是否是被人欺负，于是找女孩聊天。女孩只是念叨生活没意思，不愿透露个人信息，听出女孩有轻生的念头，老板娘不敢怠慢，于是不断开导她，从午夜一直坚持到昨天凌晨4时多。

了解情况之后，民警同志坐下与小孟继续交谈，起初她抵触，后来听说民警也有个与她差不多大的女儿，小孟才想起了自己在聊城的父母，才慢慢说出了自己的心事。

原来小孟是大一新生，高考发挥失常，考的分数远远低于预期，整个暑假情绪一直很低落。填报志愿时，随意填报了济南一所大学，9 月 4 日她在家人陪同下到校报到，安顿之后爸妈返回聊城。从来没有独自在外生活过的她，对就读学校很失望，又因不喜欢与人交流，入学后几乎一周没与室友说过几句话，看到她们有说有笑，她觉得自己很尴尬，生活没有意义。前天她一个人离开学校，乘坐长途车前往青岛想轻生。

昨天清晨6时30分左右，小孟父母委托青岛一名朋友赶到派出所将小孟接回住处。昨天上午，她父母急忙赶到青岛，接小孟回聊城老家。

你的观点：____

____

____

____

____

____

教师评语：____

____

____

____

【结论】

这个问题主要表现在大一新生身上，如今大学生多为独生子女，在家里一般都是“集万千宠爱于一身”，是家里的中心，自我意识比较强。一旦脱离父母进入大学校园要进行独立生活，难免就会出现各种不适应问题。很多大学生新生都遇到过类似问题，大学生对新环境的不适应主要表现在学习成绩下降、情绪低落、人际关系不协调、自卑、孤独等。进入新环境，学生没能在短期内适应，并且重新认识与评价自我。进入大学后，每个学生都面对新环境、新老师、新同学，客观环境变化要求他们做出积极的调整，以适应新生活。虽然环境变化程度与个人适应能力有差异，但只要大学生有三方面转变，就能很快适应大学生活。这三方面就是适应客观环境变化、适应人际关系变化、重新认识自我与评价自我。

2. 就业心理指导

【师生讨论】

大学生就业心理问题

王某是山东聊城人，就读于山东大学电气工程学院，学习成绩优秀。父母下岗经营店铺维持生计，家庭经济条件一般。他选择本科毕业就工作。

在找工作初期他与辅导员谈话，曾谈到以自己的实力可以进山东省电力公司。在应聘初期他先后参加中广核、南瑞继保、三门峡水电站的面试，除三门峡通过笔试外，其他笔试环节就被淘汰。在三门峡面试过程中因对公司情况不了解惨遭淘汰。几次挫折之后他非常痛苦，抱怨笔试题目难，抱怨面试官刁难自己，又怀疑自己能力不行。后来在山东省电力公司的应聘过程中，他非常紧张而答非所问，结果没有被录取。

他非常沮丧，找到辅导员寻求帮助，辅导员帮其分析了其目前的状况，与他面试失败的原因，开导他慢慢努力。在后续应聘中他明显自信增强，最终在山东省电力公司第二轮招聘中被录取。

通过该案例可见该生在就业过程中存在的主要问题有就业焦虑心理、急躁心理、自负心理等。希望谋求理想职业又担心被淘汰，对职业生涯感到没有自信，这导致他在求职过程中有焦虑行为，表现为反应迟钝、手忙脚乱、无所适从等，也因此影响到用人单位对其做出正确评价。

你的观点：____

____

____

____

____

____

教师评语：____

____

____

____

【结论】

就业是大学生人生的重大事情，目前就业压力大给大学生带来很大心理压力，也导致部分大学生产生种种心理障碍。这不利于就业，也影响大学生工作与学习。通过分析大学生在就业中产生的不良心理，进行积极引导，使大学生能拥有一个理想工作岗位。正确分析大学生就业中存在的心理障碍，指导他们客观认识社会与自己，调整就业期待，把握就业机会，这是高校义不容辞的责任。就业是所有人面临的重大抉择，特别是对于大学生而言，也是其人生重大转折，大学生的人生理想与追求比较有目的性，但是面临更多、更大的挑战与机遇，所以也承受着更大的心理压力。大学生在就业过程中，产生心理问题是普遍的，需要学校认真研究，并进行合理的辅导。

3．恋爱心理咨询

【师生讨论】

“恋爱实名制”

2011年福州大学的“恋爱实名制”事件因为一位名为“阳冬不爱我”的网友在猫扑网上爆料而使得该事件引起了很大的社会关注。该网友称：“据说福州大学将率先实行‘恋爱实名登记’，做到‘谁恋爱，谁登记；谁表白，谁负责’，当情侣发生争吵时必须上报，由领导出面进行调解。”该名网友同时上传了一张“恋爱调查表格”照片，表格上要求填写的内容包括“学号”“班级”“是否恋爱”“恋爱对象是否为本省”等。

这一消息立即引发网民广泛关注，而福州大学对引起社会关注的“恋爱实名制”事件做出回应，表示校方没有在全校推行“恋爱实名登记”政策，网上热传的“恋爱调查表”只是该校管理学院某班长制定的，并交由该班同学填写。

对于“恋爱实名制”，大多数学生表示，学校初衷是为了保护学生，但是恋爱涉及自身隐私，所以不会如实填写。有些学生对学校做法表示理解，认为学校出发点是保护学生，但是操作起来比较困难。有些学生认为，发放恋爱调查表并要求实名填写，学生是不会如实际填写的，如此的调查没有参考价值。

福州大学心理健康教育与辅导中心老师认为，该中心很关心学生心理健康，如发现学生情况反常，甚至有对他人或自身造成人身伤害危险时，中心立刻通知学生所在院系，密切关注该生。在学生咨询问题中，人际交往最突出，恋爱问题占比为20%左右。在前来咨询的学生中，女生比例大于男生。近几年来，咨询学生人数不断增加，学生遇到问题时也更为主动，对于心理问题更加重视。

你的观点：

教师评语：

【结论】

大学生恋爱有一个特点，即有人只想恋爱而不考虑结婚，他们选择恋人但不清楚地、自觉地意识到应该选一个终身伴侣，尤其是低年级大学生。大学生恋爱是因为自己需要爱与被爱，但很多大学生还未成熟到考虑将来生活。这并非大学生过错，而是年龄特点。而婚恋心理卫生却因这一点显得格外重要。一般来说，恋爱目的与归宿在于结婚。将恋爱与婚姻结合，是婚恋心理卫生要求，也是成熟恋爱心理特征。

4. 人际关系咨询

【师生讨论】

宿舍暴行

一起内衣丢失小事，结果激化为一桩恶劣校园暴力案件。4 月 13 日晚 11 时，被误认为偷了内衣的小丽邀约 9 名同学，到宿舍内与小雪谈话。随后，10 个人围攻小雪，有人向她头上浇吃剩的方便面汤，有人在她脸上用眉笔写字。

你的观点：

教师评语：

【结论】

大学生宿舍人际关系是大学生人际关系的重要组成部分，也是与大学生关系最密切的关系。小小宿舍是大学生最直接参与的人际交往场所，也是衡量大学生人际交往能力、心理健康与为人处世的小标尺。

沟通交往能力是现代人必须具备的基本素质。大学生无论是在学校学习，还是毕业后的职业生涯，都必须接触人际交往。在大学校园里，同学之间生活上相互关照，学习上相互帮助，活动中相互鼓励，感情上相互交流，师生之间教学相长，都需要良好的思想、行为、情感交流与沟通。如果一个人不善于与人交流沟通，就会在自己与社会、他人之间形成一道心理屏障，将自己与他人、集体隔开。这种障碍必然影响个人全面发展，甚至影响整个人生。所以，在校园人际关系中，要处理好各方面人际关系必须做到以下几点：彼此之间互相尊重，求同存异，和谐共处。不要随意责怪与抱怨他人。严以律己，宽以待人，勇于承认自身错误。互相帮助，以人之长，补己之短。最后，学会正确批评他人，批评从称赞与诚挚感谢入手；批评前先承认自身错误；用暗示方法提醒他人注意错误；顾忌他人自尊心。

【自我测试】

自杀心理倾向测试

这是一份自杀心理倾向测试，请根据自己近一个月内的个人生活状态进行选择。

A．非常不符合　B．不太符合　C．有点符合　D．非常符合

1．最近我总是莫名其妙地失眠

A．非常不符合　B．不太符合　C．有点符合　D．非常符合

2．我觉得非常孤独、悲观或伤感

A．非常不符合　B．不太符合　C．有点符合　D．非常符合

3．人们看起来并不喜欢我

A．非常不符合　B．不太符合　C．有点符合　D．非常符合

4．我缺乏家人或朋友的支持

A．非常不符合　B．不太符合　C．有点符合　D．非常符合

5．我想把以前最珍爱的东西丢掉或送人

A．非常不符合　B．不太符合　C．有点符合　D．非常符合

6．无论如何也无力改变我的生活状况

A．非常不符合　B．不太符合　C．有点符合　D．非常符合

7．我开始怀疑生活的意义

A．非常不符合　B．不太符合　C．有点符合　D．非常符合

8．我无法做到别人要求我做的事情

A．非常不符合　B．不太符合　C．有点符合　D．非常符合

9．我认为不用极端的办法无法改变我的处境

A．非常不符合　B．不太符合　C．有点符合　D．非常符合

10．很多时候我觉得自尊受到伤害

A．非常不符合　B．不太符合　C．有点符合　D．非常符合

评分方法：每题选 1 记 0 分，选 2 记 1 分，选 3 记 2 分，选 4 记 4 分，将 10 题总分加起来得到测试结果。

心理测试结果如下：

0～10 分：幸福者。你是个乐天派，生活幸福，无忧无虑，令人羡慕。

11～17 分：没有自杀倾向。你生活中有些小烦恼，承受了一些压力，有时候觉得压力过大，但大多已过去。只要保持健康、积极的心态，生活一定幸福、美满！

18～24 分：轻微自杀倾向。你面对的压力较大，有时候想过逃避或休息，但效果似乎并不好。总的来说，你的压力需要得到释放，建议你调整心情，休息一段时间，可以找人倾诉，尽快从低落中走出来，保持健康积极心态！

25～32 分：严重自杀倾向。你面临严重的心理危机，压力很大，心情沮丧，对未来感觉渺茫，有逃避想法。需要家人、朋友的关怀和支持，建议走出自我小圈子，积极和他人沟通，寻求他人帮助，可以考虑心理咨询，恢复轻松愉快心情。

33 分以上：你承受巨大的压力，心情极度恶劣，甚至感到消极厌世，心理状况不容乐观，也许需要很好休息、宣泄、调整，甚至需要外界的帮助和支持。多与家人沟通，很有必要做心理咨询缓解压力。

【团体素质拓展训练】

信任背摔

1．活动目的

（1）在心理咨询过程中，建立信任感是其中最重要的一个环节。所以通过此活动，培养学生对于他人的信任感。

（2）使学生克服恐惧心理。

2．活动地点

教室或室外。

3．活动内容

全队每个人轮流上到背摔台上背向队友，双脚脚后跟 1/3 露出台面，身体重心上移尽量垂直水平倒下去，下面的队员安全地把他接住即为完成。在做这个项目的过程中需要注意以下几点。

（1）背摔队员在背摔台只能严格按照动作要领来做才可以保证足够安全，特别要遵守以下几点：不要向后窜跃；倒下时肘关节收紧不要打开；不要垂直向下跳；要控制自己的双脚不要上下摇动并打开；不要在倒下时回头看；不要突换动作以免给下面的队友带来伤害。

（2）搭人床的队员第一组队员的肩膀距背摔台沿约 30 厘米的距离，个子可以不用很高，通常可以安排为女士；第二、三组应用力度最强的四个人，当然，如果背摔者的个子较高受力点应向后调节。每组队员的肩膀应紧密相连勿留空隙；人床形状应保持由低渐高的坡状，剩下的队员要用双掌推住最后一组队友的肩膀处，以保护人床的牢固，所有队员在任何时候都不可以撒手或撤退；当听到背摔队员的询问：准备好了吗时，头要向后仰同时侧向队友的背部，当队友倒下来后一定遵守“先放脚后将身体扶正”的拓展安全第一原则。

（3）做保护的队员不要迅速撒手或鼓掌，以免发生其他意外。最后，第二、三组队员在承接几名队员后要互相交换组位以免疲劳。

4．注意事项

这个项目的危险性大，所以一定要端正自己的态度，保持极高的警觉性，一丝不得懈怠，以保证队友的安全。如身体存有异常的（如脊椎错位等），可告知教师视伤病程度决定参加与否；队员熟记动作要领后，教师检测一下每一组“人床”的力量，必须坚实有力方可通过。队长组织其他队员喊名字及队训给做背摔队员以鼓励；所有队员进行前都要将身上的尖锐物品（如眼镜、发卡、戒指等）放在一边，做完项目后再收回去。

5．填写上交实践报告

第三章

大学生异常心理及心理困惑

本章提示

核心词：

异常心理

异常心理判别

大学生常见心理困惑

大学生常见心理疾病

重点：

大学生常见心理困惑

大学生常见心理疾病

实践路径：课前浏览—师生互动—课本记录—自测评价—实践报告

第一节　异常心理的判别

异常心理俗称“变态心理”，是偏离了正常人心理活动的心理与行为。在谈到异常心理时，我们必须思考一个问题：何种心理才是“异常心理”？异常心理是指偏离了大多数人所说的正常的心理活动与行为。但是，这毕竟是一个相对性概念。因为人类许多东西例如身高、体重、智力等都为正态分布，多数人是接近平均数的，少部分人处于两端。所以，基本上都可视为异常。但是，心理正常没有一个固定的、用之四海皆准的标准，心理正常与异常的界限也会随时代变迁与社会文化差异而变动。因此，正常和异常的界限是不能绝对化的。判定一个人心理是否异常，必须将他的心理状态与行为表现放到当时客观环境、社会文化背景之中加以考虑，通过与社会认可的行为进行比较，以及与其本人一贯心理状态与人格特征加以比较，才能判断有无心理异常，以及心理状态程度如何。那心理异常是否就无法判别了？你知道哪些心理异常判别标准呢？

【师生讨论】

你的观点：____

____

____

教师评语：____

【结论】

心理异常的实质是大脑生理生化功能障碍和人与客观现实关系失调的基础上产生的对客观现实的歪曲反映。所谓功能障碍，在医学上常常是指那些与器质性病变相对的难以用一般的检查方法所证明的障碍，而这些正是心理异常的特征。心理异常与正常之间的划分是相对的，没有绝对界限，受不同社会文化和理论流派的影响。但是这不是说心理异常就无法判断了，依靠先进科学仪器的同时，再加上心理咨询师的认真观察是可以判别的。

1．心理测试

【师生讨论】

强迫症的判别

王某是大学三年级学生，21 岁，身高 158 厘米左右，无重大疾病历史。父亲为某公司负责人，母亲为医院护士，工作三班倒，家庭由父母、外婆和她组成，家庭和睦，父母工作很忙，外婆在生活上照顾她更多一些。外婆原为某校校长，为人要强，在其初中时病逝。

父母在事业上很努力，对王某也要求严格，尤其是考试名次上，总说："你的条件多好啊！"。王某母亲为人谨慎，加之多年的职业习惯，对王某的各方面要求都特别严格，尤其在卫生方面，每次都要求其洗手消毒后才能吃饭。

王某在学校吃午餐都是用酒精棉擦拭餐具。不与同学们共用餐具。中学时有一次同学过生日，王某也去参加，第二天有个同学感冒发烧没上学，母亲知道后立即带王某检查身体，在检查过程中，王某开始呕吐，从此不再参加同学会。

大学时，她睡上铺，有一次一位室友调皮地从另一个床铺跳到她床上。她知道后，马上将床单与被罩全部洗掉。后来，只要别人碰过她的东西，她都必须清洗。结果，和她接触的同学要不就抵触她，要不就敬而远之。看到别人都有好友，自己形单影只，她感觉很苦恼。

最近又面临考试，可她没法专心看书，反复洗东西的行为更加严重，她把从妈妈那拿来的消毒液擦洗桌椅，因为气味过浓，而让同学们无法忍受了，大家提出不和她住在一起。

她自己非常痛苦，曾找辅导员寻求帮助，辅导员老师让她回家修养一阵子。回家后，父母白天忙工作，很晚才回家，但每天回来都发现她在洗衣服洗床单。特别是洗手，只要碰了东西就要洗手，而且还洗很长时间。一天至少要洗 20 遍手，每次至少 8 分钟。

王某自己说讨厌家庭，讨厌同学，厌恶学习。担心不干净东西侵入身体，想找人吵架，明知道不需要洗很多遍，也知道大家讨厌这种行为，可她控制不住。现在，自己什么活动也不敢参加，也不想与别人接触。自己内心很痛苦，想解脱。

她的心理测验结果如下。

1．EPQ（艾森克人格问卷）：E8 分、P10 分、N16 分、L8 分

2. SCL-90（九十项症状清单）：显示有中等程度强迫、焦虑、抑郁

3. SDS（抑郁自评量表）：61 分

4. SAS（焦虑自评量表）：60 分

你的观点：____

____

____

____

____

____

教师评语：____

____

____

____

【结论】

心理测试是判定心理异常的重要手段之一，它是通过一系列科学方法测量被评者的智力水平与个性方面的差异的一种科学方法。心理测试一般使用设计符合信效度的问卷方式进行，一个有用的心理测试必须是有效的，即有证据支持指定解释试验结果，是可靠的，即内部一致的或给予时间，一致的结果，等等。心理异常可以通过各种心理测验量表进行判别，例如，明尼苏达多相人格量表、抑郁自评量表、SCL-90 等进行测验等，可对个人心理状态进行比较客观的评估。但是需要注意的是，心理测验并不能代替医生针对性地观察与诊断。

2. 社会适应标准

【师生讨论】

大学生厌世心理

张家港某高职学生符某因为悲观厌世，产生了先去杀人然后让警察枪毙自己的念头，随后他在校内用刀捅伤一名男子。2013 年 12 月 8 日，张家港法院对这起高校杀人案公开宣判，以故意杀人罪判处符某有期徒刑五年。

符某是江苏盐城人。去年 9 月，他考入张家港某高职学院，进修会计专业。他父亲下岗，家庭经济条件不好。由于高考未能进入本科学校，使他觉得周围同学、朋友都看不起他，认为社会太现实，上天对自己很不公平，因此厌世心理十分严重。今年 3、4 月份，符某多次打电话回家，说自己不想读书了，想回到高中，重新参加高考。符某父亲不同意。之后，符某从学校回到老家，再次向家人提出不想回去上学，并表示如果父母非要让他回学校读书，他要自杀。由于儿子经常将“自杀”挂在嘴上，父母便带儿子先后去了两家医院诊断。经过初诊，医生认为符某人格出现问题，建议符某父亲带符去上海大医院进行诊治。但是家属认为没有必要，于是让孩子在老家休息几天，又送回学校读书。但是符某内心依然抑郁，厌世心理并未改变。

今年 4 月 17 日晚上 8 时 32 分，张家港市公安局接到 110 报案，说该市沙洲职业工学院学生宿舍楼有人被捅伤。而几分钟之后，110 指挥中心再次接到电话，报警人自称自己在大学城用刀捅了一个人，而这个报警人正是符某。

据符某自己交代，当天下午 5 点左右，他独自在大学城的湖边回想自己从小到大的经历，

倍感生活无意义，当时自己口袋里装了一把水果刀，他想用这把刀割腕自杀，但是犹豫了一个多小时。随后他回到宿舍独自一人睡到晚上 7 点左右，心里依然想自杀。

随后，符某拿水果刀在宿舍楼里寻找作案目标，最后，他来到二楼最东侧宿舍，看到里面仅一男生在玩计算机，于是他走进去，狠下心将刀捅向男生脖子。随后，符某再次捅了一刀，男生便倒在地上，之后，符某又捅三刀。符某离开作案现场后，将水果刀扔掉，再到学校门口用手机拨打了 110。由于救治及时，受害人脱离生命危险。

除了因家庭经济条件不好、没能考上理想大学而导致悲观厌世情心理之外，符某向办案人员分析了作案动机，追求女生失败、相貌不佳、朋友很少、小时候身体受伤引发心理阴影等，导致他内心极度自卑，厌恶生活，最终选择极端手段来结束生命。当天晚上作案前，他在自己手机里编辑的“遗书”也表明了他的厌世心理。这种抑郁情绪一直徘徊在他内心。

庭审中，符某对自己的犯罪事实供认不讳。经精神医学鉴定，他被确定为患有抑郁症，属于限制刑事责任能力人。法院在审理中，经过调解，符某家属赔偿给受害人人民币 5 万元，并取得了曾某对符某的谅解。法院认为，符某故意非法剥夺他人生命，其行为已构成故意杀人罪。考虑到符某是犯罪未遂、是限制刑事责任能力人、犯罪后自首、其家属积极代为赔偿被害人经济损失取得被害人谅解等情节，法院对其减轻处罚，判处有期徒刑五年。宣判之后，承办法官讲述了自己办理此案的感受。说近年来，频繁发生高校伤害案，折射出了当下大学生心理健康方面出现的问题。与其他校园伤害案不同，本案被告人符某在案发前与同学之间并无直接的矛盾与冲突，他伤害的也是一名不相识的校友，而其产生杀人的念头并最终发生，是由于其长期积压在内心的抑郁厌世情绪得不到正常的排解。他的父母、亲人在发现符某内心存在很多负面情绪之后，也未能采取有效措施帮助其进行正确的引导。即使曾经看过心理医生，也没有采取有针对性的心理治疗。心理健康问题逐渐成为大学生面临的新问题，这需要家长、学校、政府及社会对我们当前教育模式、教育政策、教育模式进行深刻反思。

长期以来，家长与学校在对子女教育上都急功近利，却忽视学生心理健康，即使在教育过程中发现学生心理异常时，也没有及时采取措施帮助学生进行疏导，结果导致一起又一起的悲剧。

你的观点：____

教师评语：____

【结论】

心理异常还可以通过社会适应标准来判别。人体要维持生理与心理平衡，人必须依照社会生活需要而适应环境与改造环境。所以，正常人的行为符合社会准则，能根据社会要求与道德规范进行活动，即其行为是符合社会常理的，属于适应性行为。如果由于个体能力受损，而不能按照社会方式行事，使其行为后果本人不适应社会，则认为此人有心理异常。

3. 自我评估

【师生讨论】

焦虑心理与自我评估

赵某是某普通大学的大四学生。他相貌一般，精神状态良好。经过询问，自幼身体健康，没有重大疾病史，父母也无人格障碍或其他神经症性障碍，家族也无精神病史。但是赵某自小性格比较内向，作为家中独子，一直与父母同住，很受父母疼爱。父母均为重点中学老师，从小对儿子严格要求。赵某小学与初中成绩很优异，高中时成绩在班里名列前茅，但是高考成绩一般并未进入理想大学。大学将要毕业之时，他却陷入了焦虑烦躁之中。

个人陈述与自我评估

（一）个人陈述：近一个月格外焦虑烦躁，入睡困难，常做噩梦，状态很差。马上面临毕业，应聘了几家大公司，均未被公司录用。自己每天都想为什么找不到一份自己满意的工作，怀疑是否因为自己的学校不起眼，不是名牌大学。这时容易认为只有名牌大学毕业生才能找到很好的工作。导致自己越发觉得自己找不到好工作就是因为当初没有考上名牌大学，如今很后悔。现在心情极度烦躁与焦虑，没法专心看书，经常走神，食欲下降，自己总担心今后找不到好工作。找工作的压力十分沉重，自己又不愿意与其他同学沟通，有时上网和人聊天，感觉很放松。

（二）他在咨询师的建议下进行了自我评估。一是身体会经常感觉紧张，总觉得无法放松，全身紧张，长吁短叹，没有安全感，存在紧张不安与忧虑心境。二是会感觉眩晕，呼吸急促，心跳过快，手脚易冰凉或发热，喉头有阻塞感。三是担心未来，担心自己的职位、工作、亲人、财产与健康，等等。四是过分机警，对周围环境的每个细微变化与人们言行都很敏感。五是发作性惊恐，运动性不安，小动作多，坐立不安，心跳加快、胸闷、头痛、厌食等。

心理咨询师诊断结果为一般心理问题。

你的观点：____

教师评语：____

【结论】

对自身异常心理进行判别也是一个重要标准，心理基本正常的人是有自我判断能力的，大部分人是可以察觉自己心理活动状态与他人差别的。根据咨询者的主观体验，觉得自己有焦虑、抑郁等不适感，或自己不能很好控制自己的行为，所以寻求他人支持与帮助。但在某些情况下，不能察觉这种不舒适感反而可能心理异常，如学业不合格被退学，如果没有悲伤反应，也属于心理异常。但是自我评估时需要结合心理咨询师的判别，咨询师根据自身经验做出心理正常或异常判断。虽然这种判断有很大主观性，其标准也因人而异，不同咨询者有不同评定标准，但是咨询师接受过专业教育并通过临床实践积累了丰富经验，所以，他们也形成了相近评判标准，故对大多数心理异常可得出一致看法。由此，才能更好地判定自己的心理情况。

第二节　大学生常见的心理困惑

目前我国大学生存在各种心理问题。由于人们习惯认识上存在一定偏差，认为只有表现出很明显的精神症状才是心理问题或心理困惑，所以忽略了大学生一些心理困惑的早期表现，没有进行正确的指导。从现代心理学角度看，目前我国大学生的心理状况是令人堪忧的。最近心理健康调查表明，大学生已经成为了心理弱势群体，心理不健康或亚健康的学生的占比约为50%。大学生自闭、抑郁、焦虑、偏执、强迫、厌世、自杀等方面心理问题令人触目惊心。除了这些，你还知道大学生存在哪些心理困惑？

【师生讨论】

你的观点：____

____

____

____

____

____

教师评语：____

____

____

____

【结论】

经过讨论可以发现，大学生存在很多心理困惑，有的是关于人生前途、有的是关于专业学习、有的是于个人感情、有的是关于人际关系等。

现代社会充满了机遇与挑战，不仅需要竞争力、应变力、创新力等，更要有强大的心理承受能力。随着我国市场经济发展，人们的生活观、价值观、人际关系等都发生了巨大变化，在复杂的社会环境中，人们的心理也受到极大影响。面对这些压力与挑战必须具备良好心理状态，这是每个大学生必须认真思考的问题，也是教育者应当关注的问题。正确认知大学生的心理困惑来源，有利于帮助大学生摆脱心理困惑。

1. 认知失调

【师生讨论】

认知失调实验

实验招募了一些大学生，先让他们完成一个十分枯燥的实验任务：他们需要将一排排螺丝钉旋进去1/4，然后再旋出来，然后再旋进去1/4，再旋出来，如此重复此动作一个小时。然后，实验者请求已经完成实验的被试者对另一个还没参加实验而在等待的被试者说，这个实验非常有趣。被试者答应了实验者请求，绘声绘色地告诉下一个被试者说，你将要进行一个非常有趣的实验。之后，这些完成实验的被试者被分别给予了 1 元钱或 20 元钱作为报酬，并让他们评价他们有多喜欢这个实验。

这时问题出现了：大家可以预测一下，得到 1 元钱与得到 20 元钱的大学生，谁会报告更喜欢刚才做过的实验呢？

实际的研究发现，得到 1 元钱的大学生会报告说更喜欢这个实验。这个研究结果出乎很多人预料，因为这似乎与常识不符：为什么得到钱少的被试者反而觉得实验更有意思？

事实上，上文的研究是美国着名社会心理学家利昂·费斯廷格（Leon Festinger）在 1959 年的经典实验，用来证明他著名的认知失调理论（cognitive dissonance theory），而且研究结果恰好符合他之前的预期。认知失调是指人们有两种认知，这两种认知是相互矛盾的，被试根据其中一种态度采取行动就会引起心理上的不适感或紧张感。

实验之中，被试者花一个小时完成一个简单重复枯燥的实验任务，他们心里的真实想法是“这个实验好无聊”。上一个被试者答应告诉下一个被试者“这个实验很有意义”。这时候，被试者的心里会感觉很不舒服，即被试者的认知已经失调了。

被试者体验到了这种不舒感又会怎么做呢？费斯廷格认为，体验到这种不适感之后，被试者会努力为自己的行为寻找理由减少认知的失调，即我为什么要告诉另一个同学这个实验很有趣。得到 20 元钱的被试者，他们的心理是“看在钱的份儿上，偶尔撒小谎不算什么”。但是只得到 1 元钱的被试者，钱是不能说服自己的，于是他们不得不认为这个实验有点意思。

这就是著名的社会心理学家利昂·费斯廷格的认知失调心理实验。

你的观点：____

____

____

____

____

____

教师评语：____

____

____

____

【结论】

利昂·费斯廷格的认知失调理论可以用来预测与解释大量现实中的行为现象，这一理论的提出建立在他对现实现象观察与思考之上。认知失调理论着重探讨个体的态度与行为不一致问题。“失调”指当个体行为和态度不一致时出现的一种令人不愉快的状态。当相互失调的态度与行为对自我而言有重要意义之时，似乎最能激起失调状态。认知失调是指一个人的行为与自己之前一贯的对自我的认知产生了分歧，从一个认知推断出另一个对立认知时而产生的不愉快情绪。而大学生自我认知失调是指由于大学生内心构想的自己与现实中的真实自我表现存在一定的甚至较大差异之时所引起的心理困惑、心理危机。当大学生从高中进入大学，这个转变对于他们而言是巨大的，他要适应一个新的环境，有的学生高中时是班里的佼佼者，但是进入大学后会发现优势不在，有的大学生对自己的期望与自己的现实表现又不一致等，这些都是大学生自我认知失调的情况，由此产生了心理困惑。

2．学习心理障碍

【师生讨论】

因作弊大学生被勒令退学

2005 年 7 月 25 日、26 日，某大学 2004 级学生在参加了《高等数学》与《经济数学》的补考中出现代考现象，学校教师在评卷时发现舞弊现象。9 月 19 日，24 对考试作弊“搭档”被学校认定为作弊，学校做出初步处理意见，勒令这 48 名学生退学。9 月 21 日，因为对学校做出的处分存在异议，于是 20 多名学生向校方提出书面申诉。10 月 13 日，某大学对学生申诉进行了复查并召开复查专题会议讨论，认为原处分恰当，维持原处理决定。今日，12 名被勒令退学的学生将向四川省教育厅申请行政复议，如果复议结果维持了学校处分决定，他们将起诉学校。教育部新颁布的《普通高等学校管理规定》自今年 9 月 1 日施行，如果这 12 名学生提出起诉，这将是新规定施行以来，四川省高校中因学生作弊而引发的首例学生状告母校案。当事人表明态度：“我们知道错了”。14 日下午 3 时许，来自辽宁的曹某背着行囊，含泪离开了某大学。“拿到申诉结果，我脑子里一片空白！大一上学期，我的成绩在学院排名前三，拿的是一等奖学金呀！”因考试作弊而被勒令退学的山东籍学生陈某与另外 11 名聘请了律师的同学仍徘徊在校园里，“要不是出了这个事情，我们和他们一样正在教室上课。”王某看着教学楼外进进出出的同学，靠在门口的树下，一脸茫然，“我们知道错了，希望学校能再给我们一次机会，回学校读书”。

关于处分学生出现了种种说法。有人在申诉书中称，学校对他们勒令退学的处分违反今年 3 月 29 日教育部颁发的《普通高等学校管理规定》，认为学校处罚过重。这个《规定》中规定，对学生的纪律处分只有 5 种：警告、严重警告、记过、留校察看、开除学籍，并没有勒令退学的处分，而《某大学学生违纪处理实施细则》规定对考试作弊的学生最高可以进行留校察看处分。而他们还称，部分补考生是靠拿助学金、贷学金上学的，压力很大，他们害怕补考不及格又要交重修费，又担心丧失读书机会，所以不得不请人代考。代考者也是出于同情之心，但是以错误方式帮助了补考学生，并未考虑后果与收取任何费用。他们动机单纯，认错态度较好，学校应该给他们改过自新的机会。

10 月 13 日，某大学对学生申诉进行了复查并召开了复查专题会议讨论，认为原处分证据充分，定性准确，处罚得当，决定维持原处理决定。

你的观点：____

____

____

____

____

____

教师评语：____

____

____

____

【结论】

学习问题引发的心理健康问题因为其内隐性、自我影响性与潜在危害性至今尚未引起心理健康教育工作者的应该有的重视。其实，由于学习引起的心理障碍不仅会对学生专业学习产生直接的影响，还会对学生身心健康产生负面影响。所以，了解大学生的学习心理障碍产生的原因与危害，制定相应的心理健康教育措施不仅有利于强化大学生的学习心理素质，更有利于完善大学生整体心理品质。

3．大学生人际交往谨慎与敏感

【师生讨论】

谨慎与敏感的室友关系

李强（化名）某大学的一名学生，有件事困扰他已经很久了了，他一直也想不通。他们宿舍有八个人，大家关系一直很好，他与王风关系最好。王风现游戏着迷，有时饭都顾不上，更别提学习了。李强经常催他按时吃饭，考试前王风也经常找李强给他复习功课。

大二的一次考试之前，李强正辛苦地在复习功课，突然收到王风的短信："你在哪儿？"李强知道他又找自己帮他考前进行突击复习。当时李强自顾不暇，于是回复他："现在特忙，自己都顾不过来了。"发完这个短信之后，李强当时没有在乎这事情，继续自己复习。晚上回宿舍后，他依然像往常一样与大家有说有笑。可当自己与王风打招呼的时候，王风不理睬，如同没听到。李强当时认为可能他心情不太好，就没有当回事。等自己洗漱回来之后，准备在他床边跟他聊天，但是王风转向一边拨弄收音机，当李强不存在。李强顿时想到他真生气了吗？

后来几天李强一直主动与他搭讪，想私下问他是否真生气。但是王风依然不理李强。有时候李强问多了，王风就不耐烦地回一句："别磨叽了行不行？我啥事没有。"后来，他们之间一直如此，王风当李强不存在。李强很困惑，这几年的兄弟情义就因这件小事给毁坏了？其他室友见李强很苦恼，就安慰他："没事的，他就那样，别跟他一般见识。"

本来很好的关系就因为这件小事而变得格外尴尬。只要王风一回宿舍，李强就会感觉堵得慌。他与其他室友兴高采烈聊天的时候，李强从来不参与。时间久了，李强有一种被孤立的感觉。

王风过生日那天，请室友出去吃饭。王风对其他室友说："大家一起走啊……"当时李强也在宿舍，可当作没看见他。其他室友拽李强一起去，李强说"吃过了"，但是大家一定要李强去，实在拗不过就去了。但是王风自始至终也都不与自己说话。李强感觉自己很尴尬。

从那之后，李强经常失眠，总在思考是不是自己哪里做错了，可是一直想不明白。毕竟之前他和王风的交情是很深的。但是从这件事情之后，他们的关系一直形同路人。

你的观点：____

____

____

____

____

____

教师评语：____

____

____

____

【结论】

大学生正处于人生成长的特殊阶段，心理发展正走向成熟但是没有达到真正成熟。这一时期，大学生特有的心理现象例如理想化、情绪化、独立与依附并存、孤独与亲密同在，等等，都强烈地影响着他们的人际交往动机、方式与结果。总之，大学生人际关系交往具有谨慎与敏感的特点，因为大学阶段正是价值观、人生观形成的过程，当与他人交往时，既单纯，也有成熟倾向，所以人际交往会比成人更加谨慎与敏感。

4．大学生网络依恋心理

【师生讨论】

沉迷网络导致的悲剧

日前，在广西桂林一起大学生持刀抢窃案件又引起了人们的关注。据媒体报道，一名大学生因为沉迷网络而欠下很多债务，被迫持刀抢劫一辆轿车，谁料抢劫不成反被车撞，并且被周围群众一起抓获。目前，广西桂林市象山区检察院依法批准逮捕涉嫌抢劫罪的犯罪嫌疑人廖某。

据了解，廖某，今年21岁，是桂林市某大学在校学生，因为沉迷于网络游戏欠下很多债务，走投无路之下，决定抢劫以解“燃眉之急”。

2013年5月2日凌晨，廖某准备好了鸭舌帽、口罩、手套、刀等作案工具，窜至桂林市象山区安新南区漓江边，发现一轿车上的被害人徐某（男，28岁）、肖某（女，26岁）在谈恋爱，且驾驶座上的肖某没有关闭车窗。廖某犹豫很久，但是不敢动手，当肖某发动车子准备离开时，廖某持刀冲上去威胁肖某，徐某急忙将身上1700元钱拿出来，但廖某不罢休，威胁徐某去附近的银行取钱，并要肖某停车熄火。这时候，徐某灵机一动，突然挂挡加大油门向前一冲，将车撞上停在路边的中巴车尾部，抓住车门的廖某被摔在地，这时周围的群众赶来将其抓获。

检察官在办案过程中了解到廖某因为长期沉溺于网络游戏，接触游戏中的大量暴力血腥行为，导致自己耽误专业学习，自己的行为逐渐偏离正轨，最终抢劫触犯刑法。寒窗苦读十余年，终于成为一名大学生，却做出持刀抢劫的事情，令人难以置信。

你的观点：____

____

____

____

____

____

教师评语：____

____

____

____

【结论】

信息时代，网络作为一种新兴的媒介，以其丰富性、虚拟性、高速性、互动性等特征而很快深入人们的生活，现在已经成为大学生越来越依赖的一种沟通与娱乐方式。但是由于网络是隐秘性与虚拟性的，如果长期沉迷于网络，网络也很可能成为诱发人们心理问题的重要根源之一。现在，大学生是使用网络的重要群体，大学生因沉溺网络而影响正常的学习、工作与生活的例子俯拾皆是。互联网确实为大学生的生活带来了很大的便利，有了网络，可以交友聊天，打网络游戏，看电影电视，浏览新闻，查阅资料，等等，网络已经是当代大学生生活的重要组成部分。很多大学生对网络形成了很强依赖性，整天沉迷于网络的虚幻世界而难以自拔，导致荒废专业学习、淡漠身边的友情与亲情等。面对当前大学生沉迷于网络世界的现象，学校必须积极引导他们合理使用网络，预防他们沉迷于网络而导致不良后果，这是当前高校面临的重要问题之一。

第三节　大学生常见心理疾病

现在的青年一代承受着来自各方面的压力，表面上看起来阳光的大学生，可能内心世界远没有外界想象的那么坚强与乐观，他们的内心世界更需要人们的关注。当大学生自己已经无力解决心理问题之时，又不及时寻找心理咨询老师或者家长帮忙，负面情绪就容易被沉积。总之不断沉积不良情绪，不去疏导，最终会变为心理疾病。大学生常见神经症有强迫症、抑郁症、恐惧症、焦虑症、神经衰弱等；大学生精神疾病有精神分裂症、躁郁症、歇斯底里等。当看见大学生面临如此多的心理疾病时，人们不禁要问，是什么原因导致了这些心理疾病？

【师生讨论】

你的观点：____

____

____

____

____

____

教师评语：____

____

____

____

【结论】

大学生心理疾病的产生原因可以从生理、心理、社会等三方面进行分析。

（1）生理方面：根据上海市 1961 年对精神病患者家属普查发现，亲属由远到近，其发病率为由少到多，精神病人亲属中得精神病的几率可能是正常人亲属发病率的 6 倍。

（2）心理方面：当代大学生有很多是独生子女，成长过程都是被百般呵护的，心理抗震能力比较差，表现为个性孤僻、不合群、偏执等。

（3）社会方面：首先因为大学生理想生活与现实的反差过大。当大学生步入高校，面对新环境时，面对的并非一个轻松、愉快的象牙塔，而是紧张的学习生活，激烈的竞争等，使得很多学生难以接受这个现实，很可能导致种种心理障碍。同时，随着人生阅历增长，学生看到很多社会生活中的消极、丑恶的社会现象，与他们心中真善美的理想社会产生差距，这也易造成大学生心理疾病。

1．何为神经症

【师生讨论】

恐怖性神经症

王某，19 岁，本科院校学生。她告诉心理咨询师自己有心理异常，需要进行咨询与治疗。她主动向心理咨询老师诉说了自己的情况，说自己 10 岁那年，在外曾被一男子恐吓，强迫女子去触摸该男子。但是王某坚决不想，结果遭到男子辱骂。又有一次，王某去上厕所，发现有人探头从墙外向厕所里看，那人刚好与王某打了个照面。那人见状不妙，于是赶紧溜走。王某当时没有声张与喊叫。但是到了晚上，脑子里却总是浮现出爬墙头的人，总感觉这个人就是以前辱骂自己的人。为此，她感觉非常心烦意乱，晚上一直做噩梦，梦见窗外有两张怪脸。她被噩梦吓醒之后，不敢再睡。于是父亲陪着她，熬过了一夜之后。王某看见父母这么辛苦，心里感觉愧疚。父母也追问女儿到底遇到了什么事情，王某怕父母担心就说自己肚子疼，没有将真情告诉父母。后来，每当父母给自己买新衣服时，她竟然觉得不配。她 12 岁时，月经初潮，她害怕得喘不过气。

随着年龄的增长，王某说自己就感觉更加痛苦、耻辱、厌恶。她觉得自己很肮脏、有罪过、整天发愣走神，注意力不集中。后来父母搬到新家，王某说自己感觉心情好多了。很长一段时间之内自己过得很开心，不再去想不愉快往事。但是快中考的时候，表哥说担心自己以后的任课老师，这让自己很紧张，结果导致中考不理想。上职业高中后，她说自己的自责心理与恐惧情绪不断加重。于是自己去烧香，拜佛，希望让自己幸运一些。这些年来，她说自己养成了一个习惯，只要下雪都要去抓一把雪握在手中很久，祈祷白雪可以净化自己。

读高中时，王某说自己曾经遇到过有裸露癖的男青年，导致自己更加讨厌男性，只要单独与男性在一起，就觉得不自在不安全。

她说自己感觉特别苦恼，害怕男性。甚至如果上课是男教师，她也感到害怕。与此同时，又夹杂着自卑、自责等情感，唯恐别人发现自己的秘密。后来，王某说自己经常失眠，脱发，生活没有生气。她说自己很希望摆脱这样的日子，希望通过心理咨询与治疗，开始新生活。

你的观点：____

____

____

____

____

____

教师评语：____

____

____

____

【结论】

神经症也称为神经官能症，是指非器质性的、大脑神经机能轻度失调的一类心理疾病。它与神经病最大的区别在于没有器质性的、病理的情况。患者不存在思维障碍，有自知力，会对自身心理异常情况感到痛苦。根据相关数据统计，我国大学生中有一定比例的人患有不同种类、不同程度的神经症，影响他们的正常学习、生活与健康。

上述案例中的王某因为少女时期的遭遇，导致她产生恐怖性神经症，恐惧异性，而且程度很高，但是不意味着不能治疗，只是需要花费很大的精力进行治疗。

（1）神经衰弱

【师生讨论】

大学生神经衰弱

余浩（化名）是 2014 级大一学生。2013 年因为母亲病故，而开始变得呆滞，郁郁寡欢。

在校期间，每日每夜躲在宿舍玩游戏，因为过度沉迷网络游戏，最后患上神经衰弱症。于2014年2月送入青岛失眠医院神经内科就诊，经医生检查，余浩病情状况大致表现为孤僻离群，独卧于床，精力不足、萎靡不振，脑子反映迟钝、肢体无力，困倦瞌睡。尤其是只要学习时间稍久，注意力就不能集中，思考困难，学习效率降低。这些症状表明余浩患有的神经衰弱症状。后接受两个疗程治疗，上课注意力逐渐能够集中，思考也开始恢复正常，学习效率也逐渐提高。

你的观点：____

____

____

____

____

____

教师评语：____

____

____

____

【结论】

神经衰弱是指在长期处于紧张和压力下，出现精神易兴奋与脑力易疲乏等现象，同时伴有情绪烦躁、睡眠困难、肌肉疼痛等。但是这些症状不能归于脑、躯体疾病及其他精神疾病等。神经衰弱症状时轻时重，波动与心理、社会因素等有关，病程多迁延。大学生是国家的希望，家庭的企盼，但是现在很多大学生患有神经衰弱，极大地影响他们的学习与生活，影响他们的认知与心境，对他们的未来产生不利影响，所以一旦发现有这个症状，必须及时就诊。

（2）疑病症

【师生讨论】

女大学生自觉“异味大”

2008年，20岁的四川女大学生晓晨总觉得“异味大”，这个问题困扰她很久了。

晓晨家住安县，她说自己从小就爱出汗，尤其是手板儿、脚板儿，鞋袜必须一天一换，这种现象在高二高三的时候很严重，“我脚上的味道从鞋子里散发出来，满教室都是，曾经冤枉了身边很多的男生。”

“5 • 12”地震之后，晓晨与父母到重庆幺爸家暂住，幺爸家住15楼，她一进电梯，人人都要么掩鼻，要么咳嗽，要么看自己的脚，晓晨心里很难受，所以上下楼基本不坐电梯。后来，晓晨越发觉得自己脚上的臭味更大，连教室也不敢去，寝室也令让她很尴尬。

在晓晨寝室，大家都不知道她身上有特殊气味。大家以为“她很内向，不合群。”凡是人多的地方，晓晨都比较排斥不敢去，早上吃饭她总是等食堂人少了或基本没人了才敢去，有时大家招呼晓晨一起吃饭，晓晨总是摇头拒绝。久而久之，大家以为她就是个独来独往的人，渐渐地就习惯了。

后来，晓晨去了绵阳市一区人民医院，皮肤科主治医师杨林仔细检查了她的脚，医生说发育正常，很健康，无异常，但是晓晨觉得杨大夫的说法跟其他医院的诊断大同小异，她坚持认为自己的脚有问题。针对晓晨的情况，绵阳市从事精神卫生方面研究的专家诊断，认为是“疑病症”在作祟。她建议晓晨去医院心理卫生科检查，进一步确诊。晓晨的幺爸与班主任表示已经注意到晓晨的情况，正在积极想办法帮她走出心理困惑。

你的观点：______

教师评语：______

【结论】

疑病症是指以担心或者相信患严重躯体疾病的持久性优势观念为主的神经症。患者往往过分关注自身健康状况或者身体某一部分功能，而怀疑自己患了疾病，但与实际情况不符。医生对疾病的解释或者客观检查只能确诊该类疾病，但是不能消除患者对自身健康的固有成见。患有疑病症的人最关键的在于调整心态，转移注意力。多做自己感兴趣的事，多与朋友交往，多参加社交活动，保持乐观开朗心态，如此有助于走出心理阴影。

2．重型精神疾病

【师生讨论】

大学生精神分裂症

21 岁的阿军刚刚考上大学，但是不久不幸就降临。2010 年 11 月 11 日，阿军出现流涕与咳嗽不适，但是这些没有影响他的学习和生活。可是 17 日晚上，阿军突然一个人外出直到 18 日凌晨 4 时才回到家中，之后他彻夜失眠，第二天上午还一切正常。当天下午，阿军突然哭泣、不肯吃饭，言行怪异，逢人便说“对不起”。父母发现儿子情况不对，由他姐夫带到公园散步，在公园里阿军突然说“我想结婚，但我没有钱”，说自己对不起姐夫，自己怀疑姐夫与一个表姐破坏了他初恋。回到家中后，听到开门声音就会感觉恐惧、紧张，想关门，还说有人要杀父亲。

无奈之下，家人将阿军送到广东三九脑科医院心理行为医学科。经过精神检查发现阿军的意识是清晰的，但是接触被动，思维散漫，面部表情平淡，情感反应与周围环境不协调，患者阿军在病房对治疗与护理是被动合作，对自身情况无批判能力。根据详细问诊与检查诊断阿军患有分裂样精神病。

根据阿军的情况，心理行为医学科专家们为其制定了一套治疗计划。在用药物控制症状的同时辅以物理、心理治疗。住院第十天，阿军心情明显好转，吃、睡都要比以前好多了。经过 25 天精心治疗与细心护理，阿军康复出院。随着现代生活节奏加快，社会竞争不断加剧，人们面临越来越大的压力，精神卫生问题不断出现。精神分裂症病因尚未完全阐明，多见于青壮年。根调查显示，多数精神分裂症在 20 岁前后起病，男性出现的高发年龄在 17～27 岁，女性在 17～37 岁。

你的观点：______

教师评语：

【结论】

精神疾病又名精神疾患，指各种精神障碍，包括轻度性质的神经症、人格障碍、身心疾病与重度精神病等。重性精神疾病是指精神活动严重受损，导致不能完全辨认健康状况或客观现实，无法控制自身行为的精神疾病。患者因为大脑功能失调导致认知、情感、意志和行为等障碍，表现为妄想、思维障碍、行动紊乱等，并且损害其社会生活能力。大学生常见的重型精神疾病除了精神分裂症之外，还有躁狂抑郁症，简称为躁郁症；癔症，又称歇斯底里。

（1）躁狂抑郁症

【师生讨论】

女大学生太想成功患躁狂抑郁症

在小敏心中，爸爸是成功楷模。小敏说以前她成绩一直很好，是班级佼佼者。每次考试她都将成绩告诉爸妈，父亲总是平静地说“尽力就好”。但这句简单话让小敏陷入了苦恼——“我真的尽力了吗？”“父亲对我越好，我就想用更好的表现来回报。”小敏说，她不断给自己施压，如果浪费一点时间就会感到痛苦。导致恶性循环，最终精神崩溃，被诊断为躁狂抑郁症。

“以前我看见湖就想跳。”小敏说，由于心理压力过重，总是出现轻生念头。为此，她还编辑“密码短信”暗示父母要自杀。“我觉得一般的文字无法表达出心里的话，就改发‘密码’。”小敏说，这些密码都很简单，比如说“我想离开”，便发送“9955”。“我”拼音中的第一个字母为“W”，在手机上的按键是“9”，那么“9”就代表“我”字，依此类推，“我想离开”便用“9955”表示。但是爸妈每次都无法“破解”小敏的神秘密码，打电话又不接，不得不去学校看望女儿，但又被拒绝。

2007 年，小敏上大二，家人就发觉小敏变得很郁闷，经常说要死。他爸爸说，“那时我就把女儿的状况记录在本子里，两年来写了满满一本。”小敏爸爸拿出笔记本，重新翻看，满脸惆怅。自己也没发现无意中说的话会给女儿带来如此大的挫折。

他翻开 2013 年 9 月 23 日的日记，上面记录着小敏发给他的短信，小敏说“我的生活就是这么麻木，生不如死，我要找个方式结束这种生活。”发送时间是下午 5 点 33 分。次日凌晨零点父亲就赶到了女儿就读的大学，并努力开导女儿，却换回女儿的一句“你必须离开杭州！”他不得不妥协。“转过身便落下了泪……”

最后，父女找到了一位心理咨询师，经过 3 个月治疗才解开女儿的心结，让女儿重获新生。

你的观点：

教师评语：

【结论】

躁狂抑郁症是以情感高涨、活动增多、联想加快、极度兴奋、情绪低落、意志消沉等交替出现的一系列精神障碍。患者表现出躁狂状态与抑郁状态两个极端。如果仅有抑郁症状为抑郁症，仅有躁狂症状则为躁狂症。躁狂状态表现出情绪高涨，强烈而持久兴奋，思维奔放，联想快，口若悬河；行为活动增多，爱交往，爱热闹，好管闲事，整天忙碌而不知疲倦；自我感觉良好，夸夸其谈；脾气很差，易怒易激惹等。抑郁状态表现出情绪低落、无精打采、沮丧忧郁，思维迟钝，行动减少，动作僵硬，兴趣减退，信心下降等，常有自杀念头。大学生因为学习、人际关系、就业等压力，也是躁郁症的高发人群，特别需要注意。

（2）癔症

【师生讨论】

大学生因癔症导致失声

陆惠（化名）是南京某高校大学生，朱亮（化名）是上海某高校大学生，两位都就读于名牌大学的大学生通过网络认识了，并且还谈起了恋爱，两人关系不断升温。

不久，陆惠父母得知女儿的事情，他们的女儿网恋了，于是责令女儿与朱亮分手。在母亲的眼泪与父亲的训斥之下，陆惠不得不与朱亮分手，给朱亮打电话说明了情况。而朱亮根本不能接受失去恋人这个事实，于是他坐火车赶到南京，来到陆惠身边，想挽回自己的恋情。

在陆惠宿舍，朱亮不停地与陆惠诉说以前的“美好时光”，陆惠沉默不语，朱亮更加着急，语速加快，滔滔不绝，但是说着说着，朱亮突然发不出声音了，他居然变成了哑巴！

来到南京鼓楼医院之后，朱亮还是说不出话，他只能用笔与医生交流。诊断后发现，朱亮声带、喉咙、口腔等没有问题，他失声与器质性病变无关。最终该院医学心理科医生诊断他是由癔症导致的失声。为此医生给他开了“药”，嘱咐他按时服下，同时叮嘱他回上海之后要继续去当地医院进行治疗。

你的观点：

教师评语：

【结论】

癔症又名歇斯底里，是指患者在精神因素刺激下，出现各种具有鲜明情感色彩的精神障碍或者躯体功能症状，但缺乏持久精神病性症状与相应器质性疾病的基础。癔症的发生与个人心理因素有关，是可以通过恰当心理治疗与心理护理恢复健康的。癔症病因与精神因素有关，各种不愉快、愤怒、惊恐、委屈等精神因素是初次发病诱因，以后因联想或者重新体验初次发病情感也可再次导致发病，这多是由自我暗示引起的。据典型临床的症状显示，癔症没有相应器质性病变，发病过程中患者无自知力，病程较短，恢复很快，但是容易复发。当代大学生中，癔症多以女大学生居多。治疗癔症多用心理暗示疗法，以应用理疗、针灸或者药物注射为主，同时以言语暗示治疗为辅。帮助病人认识自己性格的缺陷与弱点，有针对性地完善其性格，帮助他们正确对待生活中的问题，防止再次复发，以完全恢复健康。

【自我测试】

抑郁症心理测试

近年来，人们对抑郁症越来越关注，但是仍然有很多人无法正确判定自己是否患有抑郁症，自己的抑郁症程度如何。所以，为了了解抑郁症的真实情况，需要一份专业的抑郁症心理测试题帮助人们进行诊断，以判定抑郁症情况。进行抑郁症心理测试时，建议测试者选择一个安静、不受打扰的环境，保持头脑冷静，回想近两周情绪状态，然后选择为符合您情绪的项目打分：没有 0，轻度 1，中度 2，严重 3。

1．你是否感到食欲不振？或情不自禁地暴饮暴食？

2．你是否患有失眠症？或整天感到体力不支，昏昏欲睡？

3．你是否丧失了对异性的兴趣？

4．你是否经常担心自己的健康？

5．你是否认为生存没有价值，甚至生不如死？

6．你是否一直感到伤心或悲哀？

7．你是否感到前景渺茫？

8．你是否觉得自己没有价值或自以为是一个失败者？

9．你是否觉得力不从心或自叹比不上别人？

10．你是否对任何事都自责？

11．你是否在做决定时犹豫不决？

12．这段时间你是否一直处于愤怒和不满状态？

13．你对事业、家庭、爱好或朋友是否丧失了兴趣？

14．你是否感到一蹶不振，做事情毫无动力？

15．你是否以为自己已衰老或失去魅力？

抑郁症心理测试题评分标准：

0～4 分：没有抑郁

5～10 分：偶尔有抑郁情绪

11～20 分：有轻度抑郁症

21～30 分：有中度抑郁症

31～45 分：有严重抑郁症并需要立即治疗

【团队素质拓展训练】

对视训练和60秒PR法（心理暗示法）

1．活动目的

（1）通过对视训练，目光交流，使学生了解自己的心理承受能力，培养交流的自信。

（2）以自我暗示的方式走出心理困扰，树立自信。

（3）通过每天的不断坚持，也能够暗示训练者自己是一个有毅力的人。

2．活动地点

教室和家里。

3．活动内容

本章活动分为两部分，对视训练由学生集体完成，60秒PR法（心理暗示法）则由学生单独完成。

（1）对视训练

① 学生成两列横队，相向而立，中间不超过半臂距离。

② 要求对面的学生互相直视对方的眼睛，站立不动5分钟。

③ 教师讲解活动规则，并鼓励学生拉近彼此间的距离。

④ 第一轮时间到，休息数分钟后，再做一次对视，改为男生与女生对视。老师可以施加“干扰”，时间为5分钟。

⑤ 对视过程中，如有发出笑声者，或低头回避者，双方都必须立即出列，绕着队伍跑一圈，再回到原地继续对视。

（2）60秒PR法（心理暗示法）

美国的一位心理学家设计了一种被称为“60秒PR法”的放松方法。它要求一个人每天花60秒钟以讲演的形式简洁地描述自己的天赋和能力以及自己应该达到的目标。这种方法的实质就是做积极的自我暗示。根据行为科学的理论，一个人对自己失去信心，垂头丧气，沮丧忧郁，必然会产生一种厌恶和否定自己的自卑情绪。要克服这种不良情绪，就要时常赞美自己的优点和长处，鼓励自己在人生道路上勇敢奋进，对未来充满信心和希望，以塑造出全新的自我形象。该项训练的具体步骤如下。

① 每天早起后和晚睡前，各用一分钟左右的时间进行积极的自我暗示。在自我暗示的前半部分，要选择一些积极，肯定并富有激励性的语言，并固定下来。天天背诵做到反复强化，例如以下几点。

我正在进行自信训练，我一定会越来越有自信的。

- 我是有能力的。
- 我在各方面都会越来越好。
- 我是生命的主人。
- 活着，我感到充实与快乐。
- 重要的是不断行动。
- 自信，勇敢，乐观，实践是我人生的宗旨。

② 完成了前半部分固定内容的背诵以后，后半部分可即兴发挥。比如在讲演过程中，还应多提到自己过去成功的例子。当然未来的目标也是必不可少的。这可分为长期目标和短期目标。长期目标要富于想像和激发性，短期目标则应切实可行、具体明确。

第一步，现在先请你把自己的优点写下来。

第二步，安静得坐下来，背板挺直但身体放松。

第三步，深呼吸两次，然后大声将自己写的字句说出来。

第四步，说这些句子时，一定要全神贯注，没有一丝杂念。

第五步，每次说 2～3 句，一个句子重复说 3～4 遍。

第六步，每天练习两次自我暗示，早上起床后及晚上睡觉之前各一次。

4．注意事项

（1）对视训练，教师注意要“干扰”对视学生，如此才能锻炼学生的心理“抗干扰”能力。

（2）心理暗示法重在每天坚持。

5．填写并上交实践报告

第四章

大学生自我意识与培养

本章提示

核心词：

自我意识

认识自己

大学生自我意识的特征

重点：

本我、自我、超我

第一节 自我意识概述

在心理学中，“自我”也称为“自我意识”或“自我概念”，它是指个体对当前人的主观状态的一种确认。在繁华世间中生活的我们，每天都需要与形形色色的各种人打交道。那么协调我们与其他人或物之间关系的就是“自我”。自我，它是一种存在意识，它的存在告诉我们每个人并不是虚无缥缈的。自我也是一种同一意识，也就是在大千世界中，提醒着我们是一个独立的人。自我还是一种界限意识，即提醒我们自己和其他人或物同时存在的不同个体。可以说，每个人的自我意识都是有差异的，它能影响一个人为人处世的心境。那么，你所知道的自我，是一种什么样的东西呢？

【师生讨论】

你的观点：

教师评语：

1. 自我认识

【师生讨论】

认识自己

一个雨夜，赛艾姆坐在书房的书架前，开始翻阅起旧书。他叼着一支土耳其大雪茄，厚厚的嘴唇不时喷涌出一阵烟雾。柏拉图记录的他的老师苏格拉底关于“认识自我”的一段对话引起了赛艾姆的注意……赛艾姆掩卷深思，心中油然漾起一种对东西方哲人圣贤敬佩的感情。

“认识你自己。”他嘟囔着苏格拉底这句名言，猛地从座椅上站了起来，展开双臂大声叹道，“对！我必须要认识自我，洞察自己那秘密的心灵，这样我就抛脱了一切疑惧和不安，从我物质的人中找出我精神的人，从我血与肉的具体存在中找出我的抽象实质，这就是生命赋予我的至高无上的神圣使命！”赛艾姆像害了场热病，眼中闪烁着酷爱“认识自我”的狂热光芒。

他踱到邻屋，像座塑像一样伫立在穿衣镜前，凝视着镜子里鬼一般可怕的自我，并默默地估量着自己的头形、面庞、躯干和四肢。

赛艾姆的这种塑像神态持续了半小时，空灵缥缈的“认识自我”，仿佛给他灌注了一套足以揭示自我灵魂秘密的奇异、升华了的思想，并使他心里充满了理性之光。他平静地启动双唇，自言自语地说：“嗯！，从身材上看，我是矮小的，但拿破仑、维克多？雨果两位不也是这般吗？我的前额不宽，天庭欠圆，可苏格拉底和斯宾诺莎也是如此；我承认我是秃顶，这并不寒碜，因为有大名鼎鼎的莎士比亚与我为伴；我的鹰鼻弯长，如同伏尔泰和乔治•华盛顿的一样；我的双眼凹陷，使徒保罗和哲人尼采亦是这般；我那肥厚嘴唇足以同路易十四媲美，而我那粗胖的脖子堪与汉尼拔和马克•安东尼齐肩。

不错，我的身体是有缺陷，但要注意，这是伟大的思想家们的共同特点。更奇怪的是，我与巴尔扎克一样，阅读写作时，咖啡壶一定要放在身旁；我同托尔斯泰一样，愿意与粗俗的民众交际攀谈；有时我三四天不洗手脸，贝多芬、惠特曼亦有这一习惯；我的嗜酒如命，足令马娄和诺亚自愧弗如；我的暴食暴饮使巴夏酋长和亚力山大王也要大出冷汗。”

又沉默了片刻，赛艾姆用肮脏的指尖点了点脑门，继续发言：“这就是我！这就是真实的我！我拥有这迄今为止人类历史上的伟人们的种种品质。一位拥有这么多伟大品质的青年是一定能干一番惊天动地的事业的。”

“睿智的实质是认识自我。伟人们把宇宙的这一伟大思想根植于我心灵深处，并激励我开始去干伟大的工作。从诺亚到苏格拉底，从薄伽丘到雪莱，我伴随着伟人们一起度过了历史的风风雨雨。我不知道我会以什么样的伟大行动开始，不过一个兼备在白昼的劳作和夜晚的幻梦中所形成的神秘自我和真正本性的人，无疑是可以开创伟业的……是的，我已经认识了自己，而神灵也已洞鉴了我。啊！我的灵魂万岁！自我万岁！愿天长地久，诸事如愿！”

赛艾姆在屋里踱来踱去，他那丑陋的脸上荡漾着欢乐的光泽，嘴里不时发出一阵像猫啃骨头时的欢快叫声。他反复吟哦着阿比•阿拉的一段诗文：尽管我是这个时代的晚辈，创业祖先的未竟之业，总会历史地压在我的肩背。

过了一会儿，我们的这位赛艾姆穿着他那肮脏的衣服倒卧在乱七八糟的床上，进入了鼾声如雷的梦乡。

故事中的赛艾姆是否真的认识了自己？说出你的理由。

你的启示：____

____

____

教师评语：____

____

【结论】

自我认识，或者叫认识自我，这从来都不是一个简单的问题。其难点在于人很难客观的去认识和评价自己。把自己看作低人一等，没有价值，那他就会产生自卑心理，做事缺乏自信。相反，如果一个人只看到自己的长处，那么，他就会盲目的自信自负，自我欣赏，其结果往往是令人敬而远之。所以说，自我认识是一个比较复杂的过程。

自我认识通常包括对自己的外貌、品德、能力、行为等多方面的客观情况进行评价。就像故事里的赛乃姆一样，你可以说他在对自己的容貌进行评价时，以古人自比为自己脸上贴金，但是最终他接受了自己的容貌长相的现实。所以他对自己容貌的认知也是客观的。这是一个很好的开始，试想如果他能坚持这种客观评价自己的态度，对自己的品德、能力和行为进行评价，那这肯定是一个重新认识和接纳自己的愉悦过程。也许他会因为自己的某些方面的评价不高，但是他会获得一个敢于正视一切的心境。

2. 自我体验

【师生讨论】

《禁闭岛》里的本我、自我和超我

2010 年，由莱昂纳多·迪卡普里奥主演的电影《禁闭岛》上映播出。该电影一经上映，不仅赢得了票房上的巨大成功，而且其极具心理思考性的故事情节更是赢得了广大影迷的上佳口碑。

该剧讲述的故事发生于 1954 年，联邦警官泰迪（莱昂纳多饰）和搭档查克乘船来到波士顿附近的禁闭岛精神病犯监狱调查一桩离奇失踪案。手刃亲生骨肉的女犯蕾切尔从戒备森严的牢室神秘逃脱，藏匿于孤岛深处。泰迪怀疑监狱的主治精神病医师约翰·考利有意隐瞒内情，并向查克透露他上岛的真实目的其实是寻找当年纵火烧死他妻子德洛丽丝的管理员，并揭露美国政府利用精神病犯人进行人体科学实验的罪行。

故事情节紧凑、环环相扣，令人窒息，当联邦探员泰迪自以为无限接近于真相时，结果却大出所有人的意料。原来泰迪本人也是这家精神病院的一名病人，他曾经有一份非常体面的工作、一个幸福的家庭，这是他的自我状态（弗洛伊德将人格分为本我、自我和超我三个结构，自我是人格的中间一层，它是从本我中分化出来的受现实陶冶而渐识时务的一部分。它按照“现实原则”行动，既要获得满足，又要避免痛苦）。后来因为精神异常的妻子杀死了他们的三个孩子，精神崩溃的泰迪又亲手杀死了自己的妻子，这是他的本我状态（本我是人格结构最基本的层次，它处于心灵最底层，是一种与生俱来的动物性的本能冲动，特别是性冲动和暴力冲动。它是混乱的、毫无理性的，只知按照自己的情绪行事，盲目地追求满足和释放）进入这家医院后，泰迪忘记了自己的真实身份，每天将自己想象成是一名破案高手联邦警官，这是他的超我状态（超我是人格里的最高层次，即能进行自我批判和道德控制的理想化了的自我。它主要包括两个方面：一方面是平常人们所说的良心，代表着社会道德对个人的惩罚和规范作用，另一方面是理想自我，确定道德行为的标准。超我的主要职责是指导自我以道德良心自居，去限制、压抑本我的本能冲动，而按至善原则活动）。

在禁闭岛上，泰迪陷入了超我的境界，体验着超我的美妙感觉。这家精神病医院的院长以及他的主治医师，用角色带入法，也就是常说的角色扮演，创造了一个泰迪所臆想出的空间，让泰迪变身联邦警官，调查一个病人逃跑事件。泰迪在这段幻想中苦苦找寻真相，而他最终发现真相却是他自己就是一名精神病患者！

（1）组织学生观看电影《禁闭岛》。

（2）讨论电影里的主人公为什么会出现超我状态。

你的启示：____

____

____

____

____

____

教师评语：____

____

____

____

【结论】

自我体验是个体对自己怀有的一种情绪体验，即主观的我对客观的我所持有的一种态度。自尊心、自信心是自我体验的具体内容。自尊心是指个体在社会比较过程中所获得的有关自我价值的积极的评价与体验，它是一种内驱力，激励着个体尽可能地努力获得别人的尊重。自信心是对自己的能力是否适合所承担的任务而产生的自我体验，它使个体遇难而进，走向成功。自信心与自尊心都是和自我评价紧密联系在一起的。

在自我体验的过程中，有成功就必然伴随着失败。成功和失败并不是绝对的，它是由自我认知与自我期望水平而确定的。比如当一个人完成某项任务后，外人看着结果是失败的，但是完成的结果达到了自我的心理预期，那么他就会认为自己是成功的。所以说自我体验还是建立在自我认识的基础之上。本我、自我和超我就是在自我认识中进行的自我体验的不同选择。本我是原生态的自己，不受理性到道义的约束。自我就是现实生活里的自己，有欲望但是会将个人欲望限制于道德规范之内。超我就是升华了的你，理想中的你，完美的你，就像禁闭岛的泰迪一样，每个人都希望向人展现超我的一面，但是大多数人又都做不到。本我的一面又是邪恶的、低俗的，自己会加以隐藏和控制。于是，我们绝大多数人你都是以自我的面目示人。

3. 自我调节

【师生讨论】

你的启示：____

____

教师评语：

【结论】

第二节　大学生自我意识发展的特点

当代大学生身上一个显著的特征就是具有强烈的自我意识，它是决定大学生在学习生活中的态度和行为取向的重要因素。大学生的心理走向成熟但又未真正成熟，大学是他们自我意识转化和发展的关键时期。因此，大学生应该了解处于大学时期的自我意识的发展特点，从而引导自己形成积极的自我意识。那么，请根据你自己的心理体验情况，你觉得你的自我意识的发展具有哪些明显的特征？

【师生讨论】

你的观点：

教师评语：

【结论】

通过讨论，相信大家都对自己以及同学之间关于自我意识有了更加丰富的认识。意志就如同一颗种子，它会在人的心理生根发芽，并茁壮成长，根深蒂固。自我意识更是如此，一个人的自我意识如何，将会影响他人生中的每一个选择。

1. 自我意识开始分化，自我矛盾开始出现

【师生讨论】

一个女大学生的矛盾自我

梦婷（化名）是一名大一学生。一个星期六的晚上她来到了心理咨询室，表情显得不很自然。

她说自己近一个星期，情绪很不稳定，几乎不能控制自己，而且还有很多的自己都认为可笑的想法。别人不能理解自己，自己也觉得做什么都做不下去，因此，需要心理医生的帮助。梦婷的童年是快乐的，小学也没有什么特别的，到初中，觉得自己很多想法别人都没有，也觉得自己因为有了这些想法才与其他同学不同，比如做事情，总是与同学做的不一样。为了表现与同学们的不一样，到了高中，梦婷与同学的交往不是很积极，她认为学习是一件轻松的事。所以在高中，语文和英语都在班里第一名的，对理科因为不感兴趣所以成绩不管好坏。她的很多古怪的想法始终在自己脑海里。总是向两个矛盾的方向去想，不管干什么事，总想我为什么要这样干呢？比如看书，就会问自己为什么要这样看书，接着对这种想法一直想下去，有时想到很烦，才能放弃。很苦恼自己为什么自己会有这种想法。在洗衣服时，总觉得洗不干净，反复好几次。有时想自己是不是人啊。还有对各种事物想它们为什么会那样呢。高三曾有过自杀的念头，是因为自己被冷落后。现在情绪不稳定，在烦躁的时候什么都做下去，害怕自己有什么精神病。认为自己的这种的想法是别人都没有的。紧张、焦虑和恐惧都向她袭来，自己快要承受不了。

梦婷来心理门诊之前，在自己的日记里写出了下面这段话：

"困惑无休止的疑虑，生命太痛苦了，有多一天我就多一天精神折磨，我对所有一切排斥感太严重，只是目前还没有到达完全崩溃的地步，为什么我的大脑会这样？我觉得我的承受力已达到极限，我对自己已无能为力了，现在我怀疑和排斥一切外来的东西，对它们有很大的不确定感，而自己已有很大的不安感，时时处处都似乎是这样，上学期还曾有过'我自己到底是不是人'这个问题的想法，精神很苦痛，我忧虑害怕一切的东西。事实上我有意识我写这段话都显得语无伦次了。但我没办法控制。还有另外一个事实是：我脑海里甚至连心理咨询都怀疑上了，我怕它会不会强制将我脑子里的原有的信息删去。那将是一件怎样难以想象的事情？我太忧虑了……"

"我的担忧无休无止，任何事都可能成为我担忧顾虑的对手。我太累了……我不是没有担心过终有一天我会疯掉或自己解决掉自己的……我根本没办法用常理分析自己，更没法解决问题，自己太荒谬，是不是我的人格出了问题？不知道不知道……"

"心理医生会不会看不起我？不知道不知道……"

"体力似乎已透支，身心很疲惫……累！这世界是还有如我一样荒谬想法的人吗？"

梦婷的那些忧虑，是否也在你的身上出现过？

你的观点：____

____

____

____

____

____

教师评语：____

____

____

____

【结论】

在自我意识的分化过程中，自我会逐渐分成主观我和客观我两部分。英语中的 I 和 Me 能很好地区分这一含义：I 就是主观我，用来表示我是什么，我想怎么做；Me 作宾语使用，表示他人怎么看待我，给我什么。主观我和客观我应该是统一的，这种统一是个体对客体的认识与个人愿望的统一。但是由于每个人所处的社会环境存在差异，主观我和客观我又并不总是统一的，这种矛盾性在大学生身上表现得会格外突出。

大学生作为同龄人中能接受高等教育的人，他们会对自己有着较高的积极评价。但是由于大学生长期浸染于文化和学术氛围浓厚的环境中成长，缺乏社会经验，对社会的了解缺乏切肤的实际和客观的目光。这种对社会的迷失又会使他们产生失落感。因此在自我意识的塑造中就出现了这种矛盾现象。

2. 自我意识的矛盾不断分化，出现混论

【师生讨论】

和尚在，我去哪了？

有个叫张三的解差，押送一名生性狡猾的和尚服役，途中解差为避免出现闪失，就每天早晨把所有重要的东西全部清点一遍。他先摸摸包袱，自言自语地说："包袱在。"又摸摸押解和尚的官府文书，告诉自己说："文书在。"然后他再摸摸和尚的光头和系在和尚身上的绳子，又说道："和尚在。"，最后他摸摸自己的脑袋说："我也在。"

张三跟和尚在路上走了好几天了，每天早晨都这样清点一遍，不缺什么才放心上路，没有一天漏掉过。和尚对张三的一举一动都看在眼里。一天，和尚灵机一动，想出了一个逃跑的好办法。

一天晚上，他们俩照例在一家客栈里住了下来。吃晚饭的时候，和尚一个劲儿地给张三劝酒："长官，多喝几杯，没有关系的，顶多再有一两天，我们就该到了。您回去以后，因为押送我有功，一定会被上级提拔，这不是值得庆贺的事吗？不是值得多喝几杯吗？"张三听得心花怒放，喝了一杯又一杯，慢慢地，手脚不听使唤了，最后终于酩酊大醉，躺在床上鼾声如雷。

和尚赶快去找了一把剃刀来，三两下把张三的头发剃得干干净净，又解下自己身上的绳子系在张三身上，然后连夜逃跑了。

第二天早晨，张三酒醒了，他迷迷糊糊地睁开眼睛，就开始例行公事地清点。他先摸摸包袱说："包袱在。"又摸摸文书说："文书在。""和尚……咦，和尚呢？"张三大惊失色。忽然，他瞅见面前的一面镜子，看见了自己的光头，再摸摸身上系的绳子，就高兴了："嗯，和尚在。"不过，他马上又迷惑不解了："和尚在，那么我跑哪儿去了？"

自我，对每个人来说都是一个"最熟悉的陌生人"。你既觉得对他熟悉，又常常令你陷入困惑。他是你"自己手里的东西"，但是我们常常对他熟视无睹、神秘飘渺。故事里的张三的行为就是对自我的不认识，才产生了心理认知混乱。试问你心里曾产生过哪些认知上的混乱？

你的观点：____

____

____

____

____

____

教师评语：____

____

____

____

【结论】

自我意识的分化是自我意识开始走向成熟的标志，它使人主动迅速地关注自己的内心世界和行为，新的认识、体验和控制。由此而来的种种激动不安、焦虑、喜悦和自我沉思也增多了，他们要求有属于自己的一片空间和世界，渴望能够得到别人的理解和关注，以满足其要求。

在自我意识分化时期，如果没有积极的心理引导，自我意识就会出现极度混乱的情况，行为特征表现出极端的自私和不负责任等特点。例如有的大学生爱慕虚荣，过分地追求物质愿望；大学恋爱只图一时的满足，缺少对两个人未来的展望和计划等。严重者甚至就会向故事里的张三一样，由自我意识的混乱带来神经质的认识扭曲。

3. 自我意识的矛盾转化并逐渐稳定

【师生讨论】

乔哈里窗口理论

美国心理学家Jone和Hary提出关于人自我认识的窗口理论，被称为“乔哈里窗口理论”。他们认为人对自己的认识是一个不断探索的过程，因为每个人的自我都有四部分：

公开的自我：透明真实的自我，这部分自己很了解，别人也很了解；

盲目的自我：别人看得很清楚，自己却不了解；

秘密的自我：自己了解但别人不了解的部分；

未知的自我：别人和自己都不了解的潜在部分，通过一些契机可以激发出来。

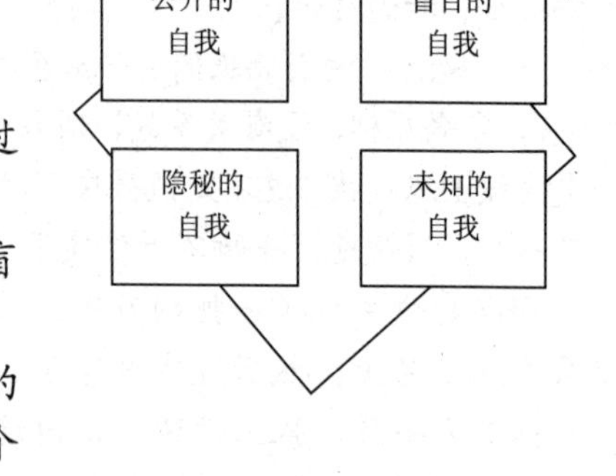

通过与他人分享秘密的自我，通过他人的反馈减少盲目的自我，人对自己的了解就会更多更客观。

找一个安静的地方，闭上眼，深呼吸，尽量放松自己的身体，抛开自己心里的一切杂念。然后想象着自己沿着一个楼梯向下走，在楼梯的拐角处有一面很大的镜子。想象在你经过镜子的那一瞬间，从镜子里你看到了四个不同的你，你会作何感想？

你的观点：____

____

____

____

____

____

教师评语：____

____

____

____

【结论】

自我意识的矛盾、分化所带来的痛苦不断促使人寻求自我意识，统一的方法即自我统一性。主要指主体我与客观我的统一，自我与客观环境的统一，理想我与现实我的统一，也表现为自我认识，自我体验，自我控制的和谐统一。由于个人的社会背景、生活经验、智力水平、追求目标等方面的差异，因此自我意识分化和统一的途径不同，其结果和类型也不同，包括：自我肯定型——积极的统一；自我否定和自我膨胀型——消极的统一；自我萎缩型——难以统一。

第三节　大学生自我意识的偏差及调适

个体自我意识的形成和发展要经过一个漫长的发展过程：婴儿时开始能够认识自己身体的各个部位，并学会用“我”来表达自己的意愿与要求；幼儿时能够意识到自己是游戏活动的主体，并能对自己的某些具体行为进行评价；小学中学时代我们的自我意识的范围扩大，开始认识到自己是班级、学校、社会的一员，是学习、活动的主体；大学时代由于身心有生活学习环境都发生了剧变，自我意识迅速增强，他们迫切希望了解自己，自觉塑造自己的形象。但由于缺乏社会经验，思维较片面、偏激，其自我意识的发展还不够完善。

【师生讨论】

你的观点：____

____

____

____

____

____

教师评语：____

____

____

____

【结论】

相信在讨论的过程中，有不少学生会发现自己有偏激、以偏概全的问题。这也实属正常。进入大学的我们“自由”了，眼界也较之过去开阔了。所以不少人都会有点那么“自以为是”的觉得自己能够说明所见到的一切生活现象。这只是大学生自我意识偏差的一种情况，下面将会逐一介绍其他大学生自我意识偏差情况。

1. 大学生自我意识的偏差

（1）以自我为中心

【师生讨论】

辨字识人

法国大作家巴尔扎克，自称能根据一个人的字迹判断其性格并推测其前途。

一天，住在巴尔扎克寓所附近的一位老太太，拿了一本小学生的笔记本来请他判断。巴尔扎克翻了翻，便皱着眉，问老太太：“这个孩子是您家中的人吗？”

老太太回答：“没关系，您只管直说好了。”

巴尔扎克一本正经地说：“嗯，这个孩子浮躁而任性，很不爱学习，如果家长不严加管教，他的前途是不堪设想的。”

没等巴尔扎克说完，老太太便笑了起来：“巴尔扎克先生，这笔记本是您做学生时用过的啊！”

巴尔扎克满脸通红，结结巴巴地说不出话来。

何在成功，唯真唯诚

那一年深秋，刚大学毕业的王明拿着自己公开发表的几十万小说作品满街寻找工作，因为没有文凭，不断地碰壁。庆幸的是，一家广告公司让他去复试。笔试过程中他从几十名应聘者中脱颖而出。最后总经理面试，在等待的过程中，窗外的天灰蒙蒙的，偶尔几声闷雷，让人心颤，他不由得自卑起来，终于小姐叫了王明的名字。

总经理并非想象的那么严肃，挺年轻的三十多岁，友善的笑容让王明心里踏实多了。总经理递给了王明一张名片，让他坐下问道："如果你进入广告圈，该从何做起呢？""做人。"王明不假思索地回答。"以前看过一些广告方面的书吗？""看过。""广告界前辈丹尼·卫斯的作品如何？"王明从脑海中苦苦地思索，大卫·奥格威·李奥？贝拉……就是没有卫斯这个前辈的印象（后来王明才知道这个前辈是老总随意杜撰的），王明只回答："这个前辈的作品我没能读过。"接下的许多问题王明都有种似曾相识的印象，却不知怎么具体回答，只好千篇一律地回答："不知道。"

次日，王明打点行囊准备到远方浪迹天涯，他甚至开始怀疑自己的智商，在离去的一瞬间，邮递员送上一份快件："你已经被公司正式聘用，请你三日之内到公司报到。"泪水在脸庞无声滑落……

一次周末，当王明和同事们在一起闲聊时，问起老总："当初面试时，你问我的许多问题我都回答不上来，还录用我？"老总微笑着对他说："你的才华从笔试中我已充分感触到，但你的品性我却不了解，我问的许多问题都是假的，我期望最好的答案是不知道，这就是真诚。我不需要不切实际、夸夸其谈的人在我身边。"

讨论：对比以上两个故事，从以自我为中心角度分析，这两个故事的主人公有何区别？

你的观点：____

____

____

____

____

____

教师评语：____

____

____

____

【结论】

大学生是自我意识发展十分强烈的时期，也是人生观、价值观形成的重要时期，他们强烈地关注自我，常常从自我的角度去认识、评价世界和人生并做出行动，形成自己的观念，追求自己的理想和抱负，实现自身价值。这些是青少年自我意识日渐完善的表现。但有些青少年表现出了过分的自我中心，一切以自我为中心，常以老大自居，目空一切，颐指气使，喜欢把个人的意志强加于人，追逐名利。这类人容易引起别人的讨厌，陷入人际矛盾冲突之中，容易遭遇挫折。

（2）自负或自卑心理并存

【师生讨论】

希特勒的心理缺陷

1943 年年底，第二次世界大战欧洲战场上的形势逐渐变得对同盟国有利，美、英、苏三国便商定在欧洲登陆作战，开辟第二战场。但美方上层人物对何时登陆作战意见不一。一派主张及早登陆，以便让纳粹尽早陷入东西两线作战；另一派则认为提早登陆如不足以给希特勒造成心理压力，使其军事指挥进一步混乱，就应推迟，等到东线苏军对德军进行强有力的打击之后进行。

争辩至此，罗斯福总统下令情报机构尽快搞出一份关于希特勒性格分析的有说服力的报告。一个月后，一份详尽的《希特勒性格特征及其分析报告》摆上了罗斯福总统的办公桌。

报告提供的最令人意外的事实是，希特勒这位留着一撮小胡子，终日一脸正经的"元首"，在他当权后曾多次做过隆鼻手术，而且就在德军在苏德战场上节节败退之时，他的鼻子还在不断加高。他的这项"偏好"来自他的种族理论：作为一个日耳曼人，有一个高挺的鼻子会给人以"刚毅自信，勇敢无畏"的感觉。

另一个事实是，希特勒在下令毒死几十万犹太人的同时，对动物反倒怜悯有加。他有一个庞大的鸟类养殖场，有时死一只鸟他也会伤心落泪。

他对自己和别人的手指都特别着迷，如果他和一个人交谈时突然莫名其妙地转身走开，那多半只有一个原因——他不喜欢对方的手指。

他对会议用的长桌有特别的兴趣。德国一些最优秀的木匠常常被召进总理府制作长桌。他的一张最长的桌子达 15.25 米。

希特勒一生没有驾驶过汽车，但他却有一个秘密爱好，就是在夜深人静之际，让司机载着他以超过 100 千米的时速在柏林大街上飞驰，以当时的技术水平开如此的快车实在相当危险。结果他有两名司机最后都因过度紧张而精神失常。

他的肌肉原本不发达，50 岁以后更是日渐萎缩，因此即使在夏天他也不穿短袖衣服，而给他洗澡的仆人则必须对他的身体绝对保密，否则就有杀身之祸。

他一生都对女人没有好感，但也曾在年轻时狂热地爱上他的亲外甥女。然而这场"刻骨铭心"的爱，却以心上人的自杀悲剧而收场。

心理分析专家依据这些资料，得出了希特勒有严重的心理问题的结论。其根据：

一是高度压抑。希特勒占有重要职位却选择"午夜飞车"的危险方式来排解心理压力，说明他内心的压抑十分严重；

二是心理变态。在当时德国，与亲外甥女恋爱绝对是不正常的恋情，这说明希特勒多少有些心理变态，而这场恋情以悲剧告终，肯定给他留下了一生都难以消除的心理阴影；

三是畸形虚荣、自负。希特勒不厌其烦隆鼻说明他强烈的自负，有一种畸形的虚荣心；

四是"女性化"倾向。他对动物的反常"柔情"及喜欢注意别人的手指，说明他有一种女性的心理特征；

五是自卑心理沉重。肌肉不发达对于一名国家领导人来说并不是什么重要的缺陷，但他却"讳莫如深"、"严格保密"，除说明他的虚荣心重外，也表明他的掩饰以及与外界的隔膜，而这会大大加重他的自卑心理；

六是非常脆弱。他酷爱长桌，实际上是一种对权威的渴望，既要形成高高在上的感觉，又能离与会者尽量远一些，这说明他对自己信心不足，而对其他人心存疑虑，甚至有一种恐惧感。这实际上是一种心理脆弱的表现。

这份报告分析的结果使美国军方认为，不必等待苏军在东线上取得更大战果，尽早在西线登陆，开辟第二战场。不管军事上的效果如何，对希特勒的心理打击都将是巨大的。

另外英美空军加强对柏林的昼夜轰炸，使希特勒无法“午夜飞车”以排解内心压力，这对他来说无疑是“雪上加霜”，在这重重压力之下，他的军事指挥将陷入一种混乱和冲动之中，这将有利于盟军的迅速胜利。

罗斯福将这份报告仔细阅读了几遍，最终同意提早开辟第二战场，英美军队1944年上半年在西线登陆作战，并在一年后彻底打败了法西斯，而希特勒也从压力重重到万念俱焚，最后自杀身亡。

自负与自卑的双重心理同时存在，对此你怎么理解这种心理现象？

你的观点：______________________________

____

____

____

____

____

教师评语：______________________________

____

____

____

【结论】

也许在你的同学和朋友圈儿中，总不免有这样一号人物——见面时，他们总是一副自信满满的样子，甚至有点盛气凌人，或者对别人不屑一顾。这些人讲起话来，往往喜欢高谈阔论，云山雾罩，让听众乍听之下都觉得他很牛、很在行，似乎成功在望、不可限量；然而相识久了，却又发现他总还距离理想“一步之遥”，越发觉得他说话言过其实，不可尽信。久而久之，熟人圈儿中都会知道，×××是个“自我膨胀”的家伙，对他的信任度大打折扣。“自我膨胀”就是非常典型的自负与自卑共同造成的现象。

一般大学生都有着很强的自尊心，但是由于缺乏社会经验，一些大学生在人际交往方面就有产生自卑心理。于是为了给予自我一种补偿，他们所表现出的自信心就会超出他本人的实际情况，从而演变为自大和自负。换句话说，他的内心是自卑的，但是他所变现出来的状态是自负的，自负是对自卑的一种不成熟的心理防御。要改善这一问题，获得更成熟的心理状态，需要一个人对自己有更多的了解和认识，意识到自己的优势和长处，也了解并接纳自己在某些方面弱小和不足。只有对自我和环境拥有较为客观的认识，才能获得稳定而适切的自信与自尊。

（3）虚荣心抬头

【师生讨论】

虚荣心决定谁是哥谁是弟

哥哥比弟弟大10分钟，哥弟俩双胞胎。那时，哥哥12岁，弟弟也12岁。

在一次割草回家的路上，弟弟对喊了12年的哥哥有些不满，对哥哥说：“你也喊我一回哥哥吧？”

哥哥说："行，咱得讲个条件。"

弟弟问："什么条件？"

哥哥说："看谁把草篮子挎得更远？"

弟弟让哥哥先挎。哥哥挎起草篮子，让弟弟查着步数，一、二、三……哥哥仅走了100步。

弟弟接过草篮子，让哥哥查着步数，一、二、三……弟弟竭尽全力，努力坚持再坚持，一直走了300步。

于是，哥哥喊了弟弟一声哥哥，弟弟答应了。

歇罢，哥哥说："我再喊你一声哥哥，你把草篮子挎到家行吗？"

弟弟答应了，说行。就又挎起了草篮子。

可弟弟越走越累，那草篮子也越觉得沉，实在走不动的时候，他才终于想明白了，那声"哥哥"多轻巧，他挨这么多的累不值得。弟弟想反悔，可哥哥不同意。

弟弟说："你不挎拉倒，反正我也不挎了。"于是，把草篮子丢在了路边上。

哥哥说："你不挎拉倒，我是坚决不挎的，回到家看娘揍谁。"

哥哥在前头走，弟弟在后面跟，俩人谁都没挎草篮子。

越走越远，眼看瞅不着草篮子了，弟弟怕哥哥真的不会去挎，丢了草篮子，弟弟的决心动摇了，最终含着眼泪回过头，又去挎那个草篮子。

多少年过去了，哥哥现在是某公司的老总，弟弟是哥哥手下的员工，弟弟不如哥哥的原因，从那件事情上也能说明：弟弟想当"哥哥"是虚荣心太重。虚荣心重了，使你受苦受累，甚至永远也达不到你应该达到的目的。而最终又去挎那个草篮子，是弟弟的心态急躁，忍耐性太差，要想成功一件事情，沉不住气，没忍耐性是不行的。

为什么说虚荣心太重，就可能永远也到不到你应该达到的目的？

你的观点：____

____

____

____

____

____

教师评语：____

____

____

____

【结论】

虚荣心这种东西，很少有人没有。世上芸芸众生，多多少少都有点虚荣心，就算出了家的和尚，人家叫他一声"大师"，他也会喜笑颜开，那么既然这是一个全人类的现象，那就只能从人类的层面来分析。

我们知道，有些是大家公认的优点，比如友善、聪明等。这些特点有的可以帮助我们交到朋友，有的可以帮助我们获得赏识。但是如果一个人赤条条地站在这里，很多优点你无法直接观测到。也就是说，优点存在于人身上，但需要表现出来，让人发现，才是大家认为你所具有的"优点"，你才具有竞争优势。

有鉴于此，心理学家杰弗里·米勒就提出，每个个体与他人竞争，不仅在内在实力上的竞争，也在通过向周围人发出自己“很棒”的信号来竞争。一些大学生只知道购买苹果手机、奢侈品，有的甚至可以几天不吃饭，也得把钱省出来为自己的女朋友买一个“拿得出手”的情人节礼物，这些都是虚荣的表现。就当下来看，这种现象绝不是什么个案，而是普遍存在的。

（4）从众心理突出

【师生讨论】

大学校园流行“随大流”

学习上从众。高校常有这样一种现象，入校时随意安排的学生班级之间、宿舍之间，一年左右时间，便在各个方面显示出不同层次，出现明显的“不同步”现象。优等生、英语过级、研究生录取等相对来说，班级、宿舍都比较集中。宿舍成员集体出动参加各种证书培训班，已是大学校园蔚然流行的风景，一男生直言：哥儿几个都在拼命学，我不上进，岂不丢人？

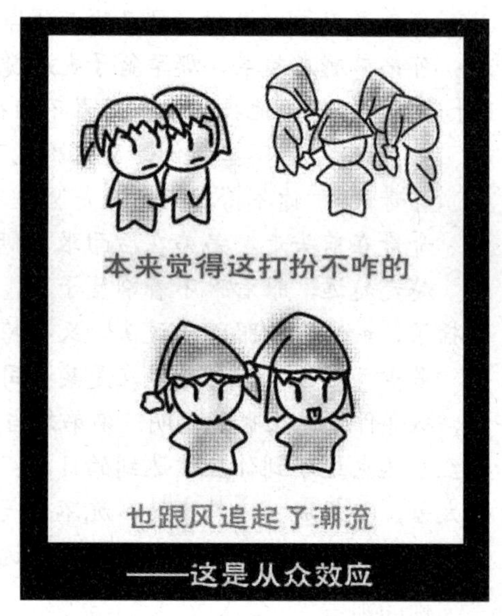

消费上从众。进入高等学府，可谓是“大开眼界”，校园里不乏“穿衣戴帽各有一套，抽烟喝酒各有所好”、“吃的高档、穿戴时髦、玩的够派、抽烟名牌”之辈。有些大学生下餐馆、赶舞场、览名胜、春游、秋游、过生日、会朋友、吃奖金、喝补助，名目繁多，五花八门，大学生纷纷搭上宿舍、班级、朋友、老乡的班车，无视自己的经济基础，钞票大把大把地花。有当局者一语道破天机：无可奈何，为了面子，只好不顾底子喽。

恋爱上从众。众目睽睽之下，情男靓女同读一本书、同吃一碗饭，在时下的大学校园里已是公开风景。“现在凡我认识的老乡、同学、朋友不少在谈恋爱，没办法，我只好也找一个做做样子。”一男生幽默地对笔者说。校园恋爱极富感染性，有的班级一阶段没有几人谈，而另一阶段则出现了一群谈恋爱的；有的寝室无人问“爱”，有的寝室全在“爱中”。不谈恋爱者，众人拾柴，不消几日，就会被彻底“点化”。

考试作弊从众。近几年，当社会上流行“撑死胆大的，饿死胆小的”时，校园里便兴起考试“不看白不看”的哲学，“学不在深，作弊则灵”，考场上作弊方式发挥得淋漓尽致，以至考试不作弊的学生反而被讥笑为“傻瓜”，“大家都作弊，我为什么不作呢？”一作弊被抓的男生振振有词地为自己辩解。

此外，赌博从众、入党从众、择业从众在大学校园也有相当的市场。

同学，你准备好了吗？你做好心理准备了吗？

你的观点：____

教师评语：____

____

【结论】

从众心理是一种比较普遍的社会心理现象。所谓从众，就是在群体的影响和压力下，个体放弃自己的意见而采取与大多数人相一致的行为，即通常所说的"随大流"。在大学校园中，从众现象也很普遍。处于青春期的大学生一方面自我意识不断增强，充满热情，勇于创新，常常以标新立异的装束和独特的言谈举止显示自己的与众不同；另一方面，他们的独立性、自制力、意志力及分辨是非的能力都不是很强，往往会陷入焦虑、困惑和迷茫之中，导致行动上随波逐流，思想上迷失自我。

一个社会需要共同语言、共同的价值与道德观、共同的行为方式，大学校园更是如此。对于大学生个体而言，如果不能在很多方面与班级体里同学保持一致，那他就会被群体视作异类。反之，为了融入到群体中去，采取从众行为便可以减少心理冲突，获取心理上的平衡。有很多大一新生就存在这样的情况，由于刚踏入大学校园，离开家庭贴身的照顾，时感孤独寂寞，于是为了和同学打成一片便采取从众行为。而同时这也为后期的大学四年生活是积极还是消极埋下了伏笔。

2．大学生自我意识偏差的调适

（1）客观认识评价自己

【师生讨论】

诗歌——我就是我

维琴尼亚·萨提尔女士（Virginia Satir，1916—1988）是美国非常具有影响力的心理治疗大师，在她的《尊重自己》（朱丽文译）一书中收录了这样一首诗：

我就是我，
我就是我。
以天下之大，却无任何一人像我一样。
有一些人某些部分像我，
但没有一个人完全和我一模一样。
所以，一切出自于我的都真真实实属于我，
因为那是我个人的选择。

我拥有一切属于我的。
我的身体，以及一切它的举动；
我的思想，以及所有的想法和意念；
我的眼睛，以及一切所看到的影像；
我的感觉不论是什么，
愤怒、喜乐、挫折、爱、失望、兴奋；
我的口，和一切从口中所出的话语，
温文有礼的，甜蜜的或粗鲁的，

对的或不对的；
我的声音，喧闹的或轻柔的；
还有我所有的行为，
不管是对别人的或是对自己的。

我拥有我的幻想，我的梦想，
我的希望，我的恐惧。
我拥有我所有的胜利和成功，
我所有的失败和错误。
因为我拥有我自己的一切，
我可以和自己成为亲密熟悉的朋友。
这样，
我可以爱自己并且能够和我的每一部分友善相处。
那么，
我可以使我的全人顺利运作，
带给自己最大的福祉……

请以“我是一个×××的人”为例，迅速在纸上写下10个这样的句子。

你的观点：____

____

____

____

____

____

教师评语：____

____

____

____

【结论】

客观正确地认识自我是建立健全自我意识和修养自我意识的基础。德国著名作家约翰·保罗曾说过：“一个人真正伟大之处，就在于他能够认识自己。”我国也有一句古话：“人贵有自知之明。”如果一个人对自己的智力、能力、个性以及在社会、在他人心目中的地位有一个较全面、客观的认识和评价，就能扬长避短、取长补短、发展自己、完善自己，就能协调自己与他人的交往，提高自己参与社会活动的积极性。

客观地认识自己，首先要全面深刻地了解自我。大学生不但要了解自己的外表，更重要的是要了解自己所扮演的社会角色，自己的才能、理想、人生观、价值观等。这就需要大学生努力拓宽生活范围，增加生活经验，以适当的参照系来了解自己。这种了解，一是通过将自己与社会上其他人，尤其是与自己条件相类似的人作比较来了解自己，如大学生之间的相互比较；二是通过社会上其他人对自己的态度来了解自己；三是通过对自己活动成果的社会效应来了解自己，如大学生的学业成绩、综合考评成绩等。

（2）欣然接受自我

【师生讨论】

美国侏儒家庭演绎的现实版“七个小矮人”

来自美国乔治亚州斯维尔市的安布尔和特雷·约翰逊和他们的5个孩子组成了一个最大的侏儒家庭，他们都患有软骨发育不全症，这种侏儒症可影响四肢末端正常发育。他们称自己是“现实版七个小矮人”，在这个独特家庭里彼此之间包容着他们的侏儒身材。他们表示，将尽全力抚育这些孩子，让他们在这个“不属于”他们的世界中生存下来。用他们的话来说，“除了身高矮点，我们跟其他人没有什么不同”。

现实版七个小矮人的身高都不足4英尺高，约翰逊夫妇鼓励他们的孩子克服生活上的困难，例如：放置梯凳来帮助孩子们能够接触到碗橱，用小棍去启动关闭电灯开关。

约翰逊和安布尔交往近4年才结婚，5个月之后安布尔怀孕，据悉，约翰逊来自一个侏儒家庭，但安布尔却出生在一个正常身高的家庭。他们知道这将有可能生育的第一胎孩子将拥有正常人的身高，但是31个星期之后，他们发现出生的乔纳也患有软骨发育不全症。

然而，约翰逊夫妇称，当看到孩子和我们一样时，非常高兴。当安布尔怀孕第二个孩子伊丽莎白时，她的身体承受了很大的负担，在怀孕期间身高仅48英寸，而腰围曾一度却达到了51英寸。

他们希望组建一个更大的侏儒家庭，但是妻子安布尔怀孕会带来一定的危险，最终他们决定收养侏儒儿童来扩充他们的侏儒家族。

在其他国家常有一些侏儒儿童被收养，但由于他们的身体异常，其生活处境并不好。约翰逊夫妇最终决定收养来自三个不同地区的侏儒儿童——安娜来自西伯利亚、亚历克斯来自韩国、艾玛来自中国。

约翰逊夫妇在接受英国广播公司采访时称，朋友们称我们是“小精灵版”的布拉德和安吉莉娜，这是因为我们对于培养孩子存在着相似之处。

尽管他们的这种侏儒症被视为一种身体残疾，约翰逊为了维持5个侏儒孩子的生活，并没有借款，也没有接收政府任何财政援助，帮助他抚养这些孩子。只是依赖各种津贴补助维持生计。

约翰逊说：“我们自食其力，自己试着做每一件事情。”安布尔强调，我相信一些侏儒群体是真实身体残疾，但我们家庭成员都十分健康。

安布尔是一位全职母亲，有时参加学校活动。约翰逊平日制作汽车延长脚踏板，帮助侏儒人群能够驾驶汽车。他的主要工作是在当地一所大学担当庭院管理员。虽然人们对这个侏儒家庭充满了好奇的眼光，但约翰逊视而不见，继续着七个小矮人的生活。

安布尔称，一些人甚至驻足用相机拍摄我们，对于我们的孩子而言，身材矮小是不好的，时常会遭受同学们的欺负。当伊丽莎白上小学三年级时，欺凌弱小的同学称她是侏儒，她仅是简单地回复：“这是上帝塑造了我的身体，这是上帝对我的眷顾和宠爱。”

你的身上是否也有一些小缺陷或者“小阴暗面”？你是否能愉快坦然的接受它呢？

你的观点：____

____

____

____

教师评语：____

____

【结论】

在纷繁复杂的人情世故里，有太多的不公平、不公正。若你不能随波逐流，也没有必要杞人忧天，怨天尤人，以至于变得焦躁不安，还易发火，既伤人又伤己。既然改变不了，那就欣然接受。

或许偶尔你会为自己的外表不出众而自惭形秽，或许你会为你笨拙的嘴而变得不善言辞，或许你还会因为自己的学习成绩平庸而自暴自弃。但是你有没有想过，外表的不出众那是天生的老天赐予的，既然天生如此，那就该相信自有他的道理；不善言辞的你内心必定想的比说的多，这会培养你成为一个感情细腻的人；而平庸的学习成绩也不应该成为你自暴自弃的借口。因为我们来到大学的目的不只是学习知识，另一个重要使命是对自己心性的修行，使自己成为一个独立地，有自己的思想的，有是非判断能力的人。

（3）不断完善超越自我

【师生讨论】

自我设障实验

自我设障，又名自我设限、自我妨碍，是低自我概念者表现出的一种心理障碍。心理上的自我设障表现为思考问题负面多，经常由于失败唤起消极的情绪，对自己进行惩罚或批评，自我贬抑和自我否定。行为上的自我设障表现为怯于表达与展示自己，行为退缩，通过身体不适或其他方式使自己处于不利地位。

毛宁今年30多岁，却已拥有一个不小的公司，事业有成。可是，他却有一个奇怪的毛病。在进行心理咨询中，他说："做事的时候，我总是不能当机立断，总把事往后拖。比如，一次我们和一家公司谈某个项目，人家都说对方是个很难搞定的人，但是我们的第一轮谈判很成功，对方也很赏识我。可是该第二轮谈判了，我却开始拖延，找好多理由迟迟不采取行动，不和对方联系，最后还是对方主动联系我们。经过第二轮谈判，终于合作成功。可是，这种情况经常发生，每次遇到一些重要事情我总会找理由拖延。我这是怎么了？"

毛宁为什么遇事总拖延呢？心理学上称拖延为"自我设障"。所谓自我设障，就是面临被评价时，为了维护或提高自尊而做出的对成功不利的行为或言辞，给成功预先设置了一个障碍。比如，临近考试了，有些学生不是努力学习而是四处游玩，或者说自己身体不舒服。这都是自我设障的表现。

心理学实验也证实了这一点。研究者把被试分为两组，通过暗示让第一组被测试者相信他们在测验中很有可能会成功，让第二组被测试者相信他们成功的可能性不大。然后，两组被测试者同时被告知，实验是为了测试两种新药物在测验成绩上所起的作用，一种药物被认为能促进测验成绩，另一种药物可能会削弱测验成绩。然后，实验者让被测试者自由选择服用哪一种药物。结果，第二组比第一组更愿意服用可能削弱测验成绩的药物。为什么出现这样的结果？就是第二组被试认为成功的可能性不大，宁可服用削弱成绩的药物来自我设障，给可能的失败预备一个“借口”。

你有没有自我设障的心理现象？都有哪些具体表现？

你的观点：____

教师评语：____

【结论】

人自我意识的发展是一个动态可变的过程。当代大学生的自我意识发展也不例外。因此，自我意识在经过正确认识和评价自我并欣然接受自我之后，还需要不断地完善和超越自我，为未来进入知识经济时代打下坚实的基础。

不断完善超越自我，首先需要确立达到的目标。人的行为需要目标作为指引和最终的评定标准。正确的目标能激发人的动机，指导人的行为，促使其向预定的目标前进。其次，要培养自控力。人在实现目标的过程中，不仅有自身欲望的干扰，还会有外界刺激的诱惑。自身的欲望会让人背弃理想，贪图安逸。外界刺激的诱惑，更容易使人偏离正确的前进方向，从而放弃对先前树立目标的追求。因此，一个人如果想要达到既定目标，成就事业，就必须具备很强的自控力，这样才能让自己抵制诱惑，约束自己的情感，把握自己的行为。

【自我测试】

自我意识测试

本心理测试是由中国现代心理研究所以著名的美国兰德公司（战略研究所）拟制的一套经典心理测试题为蓝本，根据中国人心理特点加以适当改造后形成的心理测试题。

注意：每题只能选择一个答案，应为你第一印象的答案，把相应答案的分值加在一起即为你的得分。

1．你更喜欢吃那种水果？

A．草莓 2 分　B．苹果 3 分　C．西瓜 5 分　D．菠萝 10 分

E．橘子 15 分

2．你平时休闲经常去的地方：

A．郊外 2 分　B．电影院 3 分　C．公园 5 分　D．商场 10 分

E．酒吧 15 分　F．练歌房 20 分

3．你认为容易吸引你的人是？

A．有才气的人 2 分　B．依赖你的人 3 分　C．优雅的人 5 分　D．善良的人 10 分

E．性情豪放的人 15 分

4．如果你可以成为一种动物，你希望自己是哪种？

A．猫 2 分　B．马 3 分　C．大象 5 分　D．猴子 10 分

E．狗 15 分　F．狮子 20 分

5．天气很热，你更愿意选择什么方式解暑？

A．游泳 5 分　B．喝冷饮 10 分　C．开空调 15 分

6．如果必须与一个你讨厌的动物或昆虫在一起生活，你能容忍哪一个？

A．蛇 2 分　B．猪 5 分　C．老鼠 10 分　D．苍蝇 15 分

7．你喜欢看哪类电影、电视剧？

A．悬疑推理类 2 分　B．童话神话类 3 分　C．自然科学类 5 分

D．伦理道德类 10 分　E．战争枪战类 15 分

8．以下哪个是你身边必带的物品？

A．打火机 2 分　B．口红 2 分　C．记事本 3 分　D．纸巾 5 分

E．手机 10 分

9．你出行时喜欢坐什么交通工具？

A．火车 2 分　B．自行车 3 分　C．汽车 5 分　D．飞机 10 分

E．步行 15 分

10．以下颜色你更喜欢哪种？

A．紫 2 分　B．黑 3 分　C．蓝 5 分　D．白 8 分

E．黄 12 分　F．红 15 分

11．下列运动中挑选一个你最喜欢的（不一定擅长）？

A．瑜珈 2 分　B．自行车 3 分　C．乒乓球 5 分　D．拳击 8 分

E．足球 10 分　F．蹦极 15 分

12．如果你拥有一座别墅，你认为它应当建立在哪里？

A．湖边 2 分　B．草原 3 分　C．海边 5 分　D．森林 10 分

E．城中区 15 分

13．你更喜欢以下哪种天气现象？

A．雪 2 分　B．风 3 分　C．雨 5 分　D．雾 10 分

E．雷电 15 分

14．你希望自己的窗口在一座 30 层大楼的第几层？

A．七层 2 分　B．一层 3 分　C．二十三层 5 分　D．十八层 10 分

E．三十层 15 分

15．你认为自己更喜欢在以下哪一个城市中生活？

A．丽江 1 分　B．拉萨 3 分　C．昆明 5 分　D．西安 8 分

E．杭州 10 分　F．北京 15 分

答案如下。

180 分以上：意志力强，头脑冷静，有较强的领导欲，事业心强，不达目的不罢休。外表和善，内心自傲，对有利于自己的人际关系比较看重，有时显得性格急噪，咄咄逼人，得理不饶人，不利于自己时顽强抗争，不轻易认输。思维理性，对爱情和婚姻的看法很现实，对金钱的欲望一般。

140～179 分：聪明，性格活泼，人缘好，善于交朋友，心机较深。事业心强，渴望

成功。思维较理性，崇尚爱情，但当爱情与婚姻发生冲突时会选择有利于自己的婚姻。金钱欲望强烈。

100～139 分：爱幻想，思维较感性，以是否与自己投缘为标准来选择朋友。性格显得较孤傲，有时较急噪，有时优柔寡断。事业心较强，喜欢有创造性的工作，不喜欢按常规办事。性格倔强，言语犀利，不善于妥协。崇尚浪漫的爱情，但想法往往不切合实际。金钱欲望一般。

70～99 分：好奇心强，喜欢冒险，人缘较好。事业心一般，对待工作，随遇而安，善于妥协。善于发现有趣的事情，但耐心较差，敢于冒险，但有时较胆小。渴望浪漫的爱情，但对婚姻的要求比较现实。不善理财。

40～69 分：性情温良，重友谊，性格踏实稳重，但有时也比较狡黠。事业心一般，对本职工作能认真对待，但对自己专业以外事物没有太大兴趣，喜欢有规律的工作和生活，不喜欢冒险，家庭观念强，比较善于理财。

40 分以下：散漫，爱玩，富于幻想。聪明机灵，待人热情，爱交朋友，但对朋友没有严格的选择标准。事业心较差，更善于享受生活，意志力和耐心都较差，我行我素。有较好的异性缘，但对爱情不够坚持认真，容易妥协。没有财产观念。

自我评价：____

____

____

____

____

____

教师评语：____

____

____

____

【团体素质拓展训练】

心理自画像

1．活动目的

（1）通过画自画像，使学生进一步认识自己，展示一个“内心的我”。

（2）通过交流，使学生彼此之间更加了解。

2．活动地点

教室

3．活动内容

（1）主持人发给每位参与者一张 16 开大小的白纸，把彩色笔放于场地中央，供需求者自由取用。

（2）在 8～10 分钟内，每人在白纸上画一幅“自画像”。

（3）小组内交流“自画像”的含义，同组成员可以提出质疑。

（4）主持人发现典型的案例做全班分享。

4．注意事项

（1）主持人可以暗示大家，“自画像”可以是形象的肖像画，也可以是抽象的比喻画；可以是一色笔画成，也可以是多色笔画成。

（2）有的学生会因为自己的绘画技能差而感到为难，主持人要提醒大家本游戏不是绘画比赛，只要求大家画的内容、形式等形象的反映对自我的认识。

（3）主持人寻找典型案例时，可以关注“自画像”的大小、位置、色彩和内容等，还可以关注在画“自画像”和交流时的神情。

5．填写上交活动实践报告

第五章

大学生的人格心理

本章提示

核心词：

人格

人格特征

大学生人格问题与调适

大学生人格完善途径

重点：

大学生人格问题与调适

大学生人格完善途径

实践路径：课前浏览—师生互动—课本记录—自测评价—实践报告

第一节　人格概述

日常生活中，我们经常会使用“人格”一词，我们经常可以听见“某某有良好的人格”“他人格不健全”“这个人人格有问题”等，但是这些往往是指这个人与他人和谐相处的情况，是否给人留下好印象；有些选美比赛中，往往可以听到主考官说“不仅要看美貌，更要看人格魅力”，而这里所说的人格是指选手受欢迎的程度与成熟老练水平。有时候也有人议论“人格”，例如说“某人很虚伪，人格很卑鄙”，“某某其貌不扬，但是人格高尚”等，这里所说的人格是一个人的品德。那么，究竟什么是人格呢？

【师生讨论】

你的观点：____

____

____

____

____

____

____

教师评语：____

____

____

____

【结论】

经过讨论之后，可以知道，所谓人格就是指一个人与社会环境相互作用过程中表现出来的一种独特的行为模式、思想模式以及情绪反应等的特征，这也是一个人区别于他人的重要特征之一。人格主要包括两方面：性格和气质。性格即一个人稳定个性的心理特征，表现在个人对现实的一种态度与之相应的行为方式。性格是从本质上体现人特征的，但是气质就如同给人格打上了某种色彩或者标记，性格包括天生的共同的人性与个体在后天环境中形成的独特个性。气质即人的心理活动与行为模式的特点。气质与性格共同构成了一个人的人格。

1. 人格的整体性

【师生讨论】

人格不完整的天才

不管从什么角度看，乔布斯都是个不太讨人喜欢，是个典型的“刺头”，他孤傲、自大，而且爱耍奸使滑、拉帮结派，甚至将别人的成果占为己有。他的传记中随处可见他如何让好友，也是最重要合作伙伴、同是苹果创始人的沃兹帮他干活，而他又如何耍小聪明私吞奖金的。

他的人格缺陷其实在他未出生时就早已注定了。1955 年他的单身母亲在怀孕时就决定将孩子送人。他的养父母是典型美国蓝领，只能尽可能让他接受完整教育，但没有能力为之塑造健康人格。乔布斯童年在“野种”的叫骂声中度过，少年时代在打群架中度过。

17 岁，上了半年大学的乔布斯就退学了，因为他厌恶读书。退学之后，他的生活没有着落，在朋友房间的地板上睡觉，靠捡 5 美分一个的可乐瓶子维持自己的生活，他甚至要走 7 英里路到教堂去吃一顿免费午餐。

乔布斯在雅达利公司打工的时候，因为不合群，主管就安排他上夜班，不让他与其他“冤家聚头”。由于长时间独处，他的吝啬与占小便宜的本性被纵容被放大。

掌管苹果之后，他依然偏执、不合群，但是要求别人绝对服从。

苹果公司曾流传一个笑话：成为亿万富翁的乔布斯买了一辆蓝色的奔驰轿车，而他却不敢把车子停在公司停车场，而是停放在公司门前的障碍场——在他目光之内，因为如果乔布斯将奔驰停靠在大楼的侧面或者后面的话，丽莎团队对他不满的员工会用钥匙使劲地“亲吻”他的爱车，留下道道伤痕。

事物都有两面性，他一面是人格缺陷，另一面却是杰出的奋斗精神，这成就了乔布斯的“苹果神话”。1976 年 4 月 1 日，乔布斯、沃兹和韦恩三个人在养父家的车库里成立了苹果公司。成立不到两周，韦恩成了逃兵，只剩两人。但这并未影响乔布斯的创业激情。

后来被斯卡利赶出苹果后，乔布斯沉寂了数月，与一位诺贝尔奖得主聊天时，突然产生了创办下一家公司的念头，这个公司就是 NeXT。为了让设计师保罗·兰德设计 NeXT 公司标志，就花费了 10 万美元。

为了追求完美，他甚至到了苛刻地步。他希望 NeXT 电脑不能忽视任何细节，他甚至提出隐藏在电脑里面的电路板都必须有一个聪明而且吸引人的设计。“谁会真的去看计算机的内部呢？”NeXT 的一位设计师问。“我会。”乔布斯回答。这是他对 NeXT 研发团队所强调的理念。

尽管 NeXT 公司最终失败了，但乔布斯在离开苹果的 12 年中，世界为他打开了另一扇门，接触了更广阔世界。这对于乔布斯与苹果而言，都是十分珍贵的。甚至人们相信，如果他不被斯卡利驱逐，将永远是个狭隘、狂妄、目光短浅的人，可能终身无成就。

当苹果向乔布斯抛出橄榄枝时，他又挺身而出，临危受命，这不仅需要承受骂名的勇气，还要让企业转危为安的决心。

乔布斯就是这样一个人格不完整的天才。但是不是每一个人格有缺陷的人都会像他那么优秀，对于普罗大众而言，一个完整的人格是十分重要的。那么，何谓人格的完整性呢？

你的观点：____

____

____

教师评语：____

____

____

【结论】

人格完整对一个人的人生具有重大影响。人格的完整性是众说纷纭的，马期洛认为完整人格的人应当是可以自我实现的人，而奥尔坡特认为完整人格的人是一个成熟的人，罗王杰期则认为完整人格的人应当是一个充分发挥机能的人等。综合各学派观点，可以发现，具有以下几方面的特征：具备客观自我认识与积极自我的态度，具备客观社会知觉与建立和谐人际关系的能力，具备生活热情与有效解决问题的能力，个性结构具有协调性。人格中的各种部分如能力、气质、性格、情感、意志、需要、动机、态度价值观、行为习惯等是相互关联的，并非孤立存在，而是密切联系并形成一个有机整体。

2. 人格的独特性

【师生讨论】

世界上没有两片完全相同的树叶

某家有一对十分可爱的双胞胎，但是他们的外表、性格与想法等却迥然不同。一个是极端的乐观主义者，但另一个却是十足的悲观主义者。

父亲为了试探这对双胞胎儿子们的反应，父亲在他们生日那天，在悲观儿子房里堆满了各种各样的新奇玩具以及电子游戏机，而在乐观的儿子的房里则堆满了马粪便。晚上他们的父亲经过悲观儿子的房间，发现儿子正坐在一大堆新玩具中间伤心地哭泣。

父亲问儿子：“儿子呀，你为什么哭呢？”

他回答：“因为我的朋友都会妒忌我，我还要读那么多使用说明才能够玩。另外，这些玩具总是不停地要更换电池，而且最后全都会坏掉的！”

父亲走过乐观儿子房间，发现儿子正竟然在马粪堆里快活地手舞足蹈。

于是父亲问他：“噢，你高兴什么呢？”

这位乐观的儿子回答道：“我能不高兴吗？这附近肯定有一匹小马，快告诉我小马在哪里？”

“世界上没有两片完全相同的树叶”正是莱布尼茨的著名论断。以上的故事说明，人的性格是独一无二的，即使是双胞胎，也会出现性格迥异的情况。但这就意味着人格没有共同之处了吗？

你的观点：____

____

____

____

____

____

教师评语：____

____

____

____

【结论】

“人心不同，各有其面”，说的就是人格的独特性。由于人格结构组合多样性，使得每个人的人格都有其自自身特点。在日常生活中，我们可以随时随地观察每个人的行动都是异于他人的，每个人都自己的需要、爱好、情绪、意志与价值观等。

虽然强调人格独特性，但是也不排除人们之间在心理与行为上的共同性。人类文化造就了人性，同一民族、同一群体的人在人格上还是具有相似之处的。文化人类学家将同一种文化陶冶出的共同人格特征称为群体人格。例如，受传统儒家文化熏陶，世界各地华人的人格都有共同之处。人格心理学家重视人格的独特性，也研究人格的共同性。

3. 人格的稳定性

【师生讨论】

江山易改，本性难移

古代有一位久战沙场的将军，他已厌倦了战争，于是来到大慧宗杲禅师所在的寺庙要求出家，他向宗杲说道：“禅师！我现在已看破红尘，请禅师慈悲收留我出家，让我做您的弟子吧！”宗杲禅师说：“你有家庭，有太重的社会习气，你还不能出家，慢慢再说吧！”将军坚持说：“禅师！我现在什么都放得下，妻子、儿女、家庭都不是问题，请您即刻为我剃度吧！”宗杲拒绝道：“慢慢再说吧！”将军于是离开寺庙。有一天他起个大早，就到寺里礼佛，大慧宗杲禅师一见到他就问：“将军为什么起得那么早就来拜佛呢？”将军学习用偈语回答说：“为除心头火，起早礼师尊”。谁料，禅师竟然开玩笑地也用偈语回道：“起得那么早，不怕妻偷人？”将军一听，十分生气骂道：“你这老怪物，讲话太伤人！”这时候，大慧宗杲禅师哈哈一笑道：“轻轻一拨煽，性火又燃烧，如此暴躁气，怎算放得下？”将军顿时羞愧万分。要学会克制自己、保持平和之心的功夫可不是一朝一夕能够修炼成的，需要长时间的忍耐与磨练。

故事除了说明了修炼平和之心不是一朝一夕的事情之外，也表明了一个的人格一旦形成就具有稳定性了，所谓“江山易改，本性难移”就是指人格的稳定性。人格虽有稳定性的一面，但是是否就真的“本性难移”了呢？

你的观点：____

____

____

教师评语：

【结论】

人格稳定性主要体现在两方面：一是人格跨时间的持续性，不同的人生阶段，一个人的人格特征是可以持续的。昨天的"我"还是今天的"我"，也将会是明天的"我"；二是人格跨情境的一致性，是指一个人在很多情境之下其人格特征经常表现出一定的稳定心理与行为特征。

但是人格稳定性并不排除其也会发展与变化，人格的稳定性并不意味人格一成不变。人格特征会随着人的年龄增长而有不同的表现方式，也会随着环境因素的变化而改变。但是要注意，人格改变不同于行为改变，行为改变往往只是表面变化，可以由不同情境引起，不能说明就是人格改变。较之行为改变，人格改变是更深层内在本质的变化。

4. 人格的社会性

【师生讨论】

组织部来了个年轻人（节选）

林震从去麻袋厂说起："……我走到厂长室，正看见王清泉同志……"

"下棋呢还是打扑克？"刘世吾微笑着问。

"您怎么知道？"林震惊骇了。

"他老兄什么时候干什么我都算得出来，"刘世吾慢慢地说，"这个老兄棋瘾很大，有一次在咱这儿开了半截会，他出去上厕所，半天不回来，我出去一找，原来他看见老吕和区委书记的儿子下棋，他在旁边'支'上'招儿'了。"

林震把魏鹤鸣对他的控告讲了一遍。

刘世吾关上窗户，拉一把椅子坐下，用两个手扶着膝头支持着身体，轻轻地摆动着头

"魏鹤鸣是个直性子，他一来就和王清泉吵得面红耳赤……你知道，王清泉也是个特殊人物，不太简单。抗日胜利以后，王清泉被派到国民党军队里工作，他作过国民党军的副团长，是个呱呱叫的情报人员。一九四七年以后他与我们的联系中断，直到解放以后才接上线。他是去瓦解敌人的，但是他自己也染上国民党军官的一些习气，改不过来，其实是个英勇的老同志。"

"这样……"

"是啊。"刘世吾严肃地点点头，接着说："当然，这不能为他辩护，党是派他去战胜敌人而不是与敌人同流合污，所以他的错误是应该纠正的。"

"怎么去解决呢？魏鹤鸣说，这个问题已经拖了好久。他到处写过信……"

"是啊。"刘世吾又干咳了一会，作着手势说，"现在下边支部里各类问题很多，你如果一一地用手工业的方法去解决，那是事倍功半的。而且，上级布置的任务追着屁股，完成这些任务已经感到很吃力。作为领导，必须掌握一种把个别问题与一般问题结合起来，把上级分配的任务与基层存在的问题结合起来的艺术。再者，王清泉工作不努力是事实，但还没有发

展到消极怠工的地步；作风有些生硬，也不是什么违法乱纪；显然，这不是组织处理问题而是经常教育的问题。从各方面看，解决这个问题的时机目前还不成熟。”

林震沉默着，他判断不清究竟哪样对；是娜斯嘉的“对坏事绝不容忍”对呢，还是刘世吾的“条件成熟论”对。他一想起王清泉那样的厂长就觉得难受，但是，他驳不倒刘世吾的“领导艺术”。刘世吾又告诉他：“其实，有类似毛病的干部也不只一个……”这更加使得林震睁大了眼睛，觉得这跟他在小学时所听的党课的内容不是一个味儿。

后来，林震又把看到的韩常新如何了解情况与写简报的事说了说，他说，他觉得这样整理简报不太真实。

刘世吾大笑起来，说：“老韩……这家伙……真高明……”笑完了，又长出一口气，告诉林震：“对，我把你的意见告诉他。”

林震犹豫着，刘世吾问：“还有别的意见吗？”

于是林震勇敢地提出：“我不知道为什么，来了区委会以后发现了许多许多缺点，过去我想象的党的领导机关不是这样的……”

刘世吾把茶杯一放：“当然，想象总是好的，实际呢，就那么回事。问题不在于有没有缺点，而在于什么是主导的。我们区委的工作，包括组织部的工作，成绩是基本的呢，还是缺点是基本的？显然成绩是基本的，缺点是前进中的缺点。我们伟大的事业，正是由这些有缺点的组织和党员完成着的。”

走出办公室以后，林震有一种奇怪的感觉；和刘世吾谈话似乎可以消食化气，而他自己的那些肯定的判断，明确的意见，却变得模糊不清了。他更加惶惑了。

……

王蒙笔下的刘世吾，在这个故事中，他是北京市某区委组织部副部长，年轻时曾在北大当过自治会主席，参加过五·二零游行。可是，随着时代变化，他的青春热情逐渐被消磨掉了，他开始习惯“就那么回事”，成了“对错误采取冷漠麻木态度的官僚主义者”。他的变化体现了人格的哪一方面特征？

你的观点：____________________

教师评语：____________________

【结论】

人格社会性是指社会化将人变成社会成员，人格是社会中的人所特有的。人格在个体遗传与生物基础上逐渐形成，受这两方面因素制约。从这层意义上说，人格是个体自然属性与社会属性的结合。但人的本质并非所有属性简单相加的混合物。人之为人的最本质的东西，失去它人就不能成为人的因素，这种因素正是人的社会性。即使人的生物需要与本能，也必须受社会性制约。而且人格的社会性也是指人格会随着社会变迁而变化，在变化中不断塑造自己的人格。

第二节　大学生的人格特征

2006 年，心理研究人员尹国华采用卡特尔 16PF 人格调查问卷对重庆市重庆交通学院、重庆大学、西南师范大学、重庆电子职业技术学院等高校一、二年级的 449 名高职学生进行了随机抽样调查，通过仔细分析发现，大学生的人格总体上来说是积极的、健康向上的。大学生处于人生青年时期，青年期人格发展的特点是渴望了解自己、把握自己并发展自己，产生“自我角色认同”心理。他们已能够进行较稳定的独立思考，并设想自己未来的角色。他们往往会问自己一些问题：我究竟是什么人？过去是怎么样的？将来要成为怎样的人？

【师生讨论】

你的观点：____

____

____

____

____

____

教师评语：____

____

____

____

【结论】

这些都是问题，是大学生对自己人格的关心，大学生迫切希望了解自己与身外之物，也希望通过外物来对照自己、认识自己、表现自己、设计自己、实现自己。经过讨论，可以发现，处于青年期的大学生的人格普遍具有谦让、克己、忍耐、谨慎、顺从、稳健、慈善、坚毅、积极进取等特征。

1．智能结构健全而合理

【师生讨论】

90 后大学生实习思维灵活受表扬

2014 年暑假，山东科技大学大二学生王泽南、于保、李家峰通过选拔参加了“青春在社区闪光”社会实践活动。三位 90 后大学生走进社区当起了“小巷总理”，书生意气会与社区基层工作擦出什么火花呢？

“穿针引线、螃蟹运球……”一项项社区趣味活动让社区运动会充满乐趣。完成一个社区趣味运动会的策划工作是三位大学生的首个任务。社区主任说，社区文体活动可以丰富社区的内涵，还将融洽居民感情，所以把这个任务交给三位大学生，让他们自由发挥思维活跃的优势。

过了两天，一个简单策划方案就制作好了。王泽南曾在学校体育部任职，做过体育策划，三个人经仔细思考，交出了答卷。但是，毕竟是理论，还是要进行实践的。“根据学校活动经验，我们分为一个个团队进行比赛，却被告知社区是家庭和个体为单位，应该设计些适合个人的活动。”李家峰说，将方案与工作人员对接以后，大家又修改了方案，“定向思维误事，实践出真知啊。”他感慨地说。社区工作人员则表示，三位大学生设计的运动会活动生动有趣且不拘一格，他们思维灵活，后期修改后更符合社区居民需要，总体表现很好。

三个大学生凭借活跃的思维，为实习交出了一份满意的答卷。

正处于青年期的大学生正是思维相当活跃的时期，但是除思维能力之外，大学生还有哪些认知能力正在趋向成熟？

你的观点：____

____

____

____

____

____

教师评语：____

____

____

____

【结论】

经过讨论，可知大学生的观察力，记忆力，思维力，注意力、想象力等都是比较成熟，不存在认知障碍，各种认识能力有机结合并发挥其应有的作用。一般而言，智能包括智力与能力。智力属于认识范畴，涉及观察力、记忆力、想象力、注意力等。智能是掌握知识的必要条件，智能又可以通过学习知识与社会实践过程中得到提高。能力建立在智力基础之上的实践活动，指人运用自己的知识与能力进行实践活动的一种本领。智能结构是由人的内在智力与外在能力构成的动态综合系统。大学生合理的智能结构正是成就事业、实现自我价值的重要前提。

2．富有挑战精神

【师生讨论】

大学生独自骑车进藏

海口经济学院艺术学院环境艺术设计专业二年级学生王凯想在暑假骑单车去西藏旅游。2011 年 7 月 15 日，他从贵州的遵义出发，辗转云南，历时 32 天，行程 4000 公里，经过生死考验，8 月 16 日到达了西藏的“日光城”——拉萨。

他的行程如下:（贵州）遵义～金沙县～大方县～毕节市～赫章县～威宁县→（云南）宣威市～曲靖市～昆明市～楚雄彝族自治州～大理白族自治州～洱源县～丽江市～香格里拉～德钦县→(西藏)芒康县～左贡县～八宿县～波密县～林芝地区～工布江达县～墨竹工卡县～达孜县～拉萨。

今年 22 岁的王凯是贵州省金沙县人，神秘的西藏一直是他神往的人间天堂。王凯利用一天时间购买了去西藏旅行的所需装备：自行车、背包、睡袋、头灯、手套、头盔、登山鞋、水壶和食物、必备药物等，花了 4000 多元。在这之前，王凯还曾经锻炼了比较强的野外生存能力。

7 月 15 日，在贵州遵义会议会址前，他与好朋友——西安外事学院学生吴俊生，利用暑假结伴一同前往西藏。

终于进入藏区，王凯发现眼前突然变得空旷起来，路上行人也少了很多。

8 月 9 日，到了八宿县然乌镇。川藏公路是然乌小镇的唯一街道，街边可以看见一些小店。当他敲开一家私宅的时候，藏族少年罗布微笑着迎接他。罗布是全镇惟一的高中生，现在昆明上学。晚上，罗布的爸爸用自酿的青稞酒盛情款待了王凯。王凯豪饮 8 碗酒后开始大声喘气，罗布一家人将他放在火炉旁边休息，铺上崭新藏毯，盖上藏被。罗布与他的爸爸一直守在他身边。第二天早晨，罗布亲自为王凯制作糌粑与酥油茶。吃饭早饭之后，罗布为客人跳起了奔放的藏族舞蹈，王凯也跟着跳起来。

旅行中，王凯的生活基本上是在自行车上度过的。饿了就吃干粮，渴了就喝水，累了就放慢骑车速度。他平时很少吃热食，主要是为了尽快赶路，有时候从早上 8 点骑行，一直到翌日凌晨 2 点。夜间休息时搭个帐篷，或者找个旅馆住宿，或者到藏胞家借宿。

不过因为长途跋涉导致体力透支，他每天骑行里程从最初 220 千米降到 180 千米、170 千米、160 千米。之后，每天保持在 100 千米以上。王凯说，他旅途中最难忘的事就是与死神擦肩而过，幸好有 3 位好心人搭救他。

王凯回忆，一直以来旅行都非常兴奋，从未想过自己竟会与死神擦肩而过。8 月 12 日，西藏自治区东南部的林芝地区，这里平均海拔 3100 米，有世界上最深的峡谷——雅鲁藏布江大峡谷。林芝地区八一镇位于尼洋河畔，是西藏新兴城镇。在前往八一镇途中，他突然拉肚子，又因为高原反应，他大口地喘气。他很想去马路边躺着睡觉，但是担心自己一睡下就再也起不来了。大约过 1 个多小时，突然感觉脚下有风，睁眼一看，原来自己已经行至峡谷边缘！

途中，他一直自言自语，为自己加油，封自己为“龙骑士”，将自行车称为“龙神号”，不停地说“龙神号，你要加油哦”。后来他说自己再也骑不动了，他咬牙推着“龙神号”，一步一步向前挪。他渐渐陷入绝望之中，真想将自行车与行囊全部扔掉算了，可是一想到当初的计划，又不甘心，只得继续徒步向前！

眼前渐渐出现了幻觉，如同进入了另一个世界。就在他陷入极端绝望的之时，一辆载满砖头的农用四轮车出现在他身旁。四轮车驾驶室内坐着 3 个年轻小伙，急切地问：“怎么啦？”他有气无力地说：“拉肚子，高原反应。”

3 个人连忙下车将他的自行车放到砖头上面。他上了车，也许是因为突然从死亡边缘走出，顿时心情放松了很多。拉砖的农用车小心地向前行驶，而他也渐渐进入梦乡了。当他梦醒的时候，他的伙伴已经在前方住宿点等候他了。

都说读万卷书不如行万里路，骑车进藏的大学生是需要很大勇气的，除了冒险精神之外，他们还必须具备什么精神呢？

你的观点：____

____

____

教师评语：____

____

【结论】

西方有句名言：“一个人的思想决定他的命运。”大学生如果不敢挑战人生中的高难度事情，是不容易发掘自己的潜能的，才能使自己的无限创造力化为现实的成就。勇于向“不可能完成”

的事情挑战，是获取成功的关键所在。一个缺乏挑战精神的人，即使他有出色的才华与能力，也难以有大作为。当代大学生正处于青春年华，充满热情，富于挑战精神正是他们人格的特征之一。

3. 富有创造性

【师生讨论】

大学生热衷发明

2006 年 6 月 17 日电　何基同学设计了一款儿童运动车，旨在培养 6～10 岁之间的孩子对运动的兴趣，使他们远离电视、电脑等电子产品，注重保持健康身体。

做出一项发明可能不是很难，但是一个 50 人的班级就拥有 30 项发明专利就不简单了。而浙江大学计算机学院工业设计系 06 届毕业班就是这样一个热衷于发明创造的创新团队。在昨天的“06 智造”的一场毕业设计展览中，他们将自己的创新思想通过一项项充满智慧与激情的物品诠释出来。在毕业设计作品展上，像卷筒纸一样随撕随用的拖鞋、放进米能流出酒的家庭酿酒器、不烫手的家用电熨斗、避免儿童肥胖运动车……48 位毕业生的 50 余件毕业设计作品让紫金港校区学生活动中心展厅充满了创新灵感与智慧的光辉。

在展厅里，一件由四个女生合作的设计展品前吸引了很多参观者。这项名为“杭州轨道交通系统”的设计主要是围绕着杭州正在建设中的地铁系统，在建筑框架基本确定的前提之下，大胆构思了地铁站指示灯箱、通道美观度、车票、地表指示标志等导乘系统设施等，着重突出了杭州的文化底蕴与特色。

毕业展的这 50 余件毕业设计之中，其中 30 项已经获得国家实用新型专利授权。还有不少是有一定“身价”的获奖作品：一件荣获了 2005 伊莱克斯全球冰箱概念设计大赛银奖，一件入围 2005 大阪国际设计大赛，五件入围 2006IF 全球材料概念设计竞赛，四件入围 2006 意大利 Designboom 全球手推车设计大赛。

浙江大学一直在努力营造良好的创新氛围，为学生提供更多机会与空间去进行发明创造。近几年来，越来越多学生投入创新发明。

发明创造并非是科学家的专利，但是现在为何越来越多的大学生投入发明创造中了呢？

你的观点：____

____

____

____

____

____

教师评语：____

____

____

____

【结论】

发明创造就是指运用现有科学知识与科学技术，创造出先进的、新特的具有社会意义的事物与方法，用以解决某一实际需要，以造福人类。由于大学生思维活跃、敢想敢做、勇于尝试等，有具有专业理论知识，大学期间又有大量自由支配的时间，再加上对新事物的好奇心使他们更加热衷于发明创造。富于创造性也是大学生人格的重要特征。

4．乐于服务社会

【师生讨论】

大学生献血撑起“半边天”，两年多已献血 21 次

在一般人印象之中，献血是必须小心的，而且不是频繁会发生的事情，很多人甚至在各种心理作祟之下，整个一生从未献过一次血。可是河北工业大学机械学院测控专业大三学生周宗才却在两年多时间内，已经献了 21 次成分血。

周宗才来自河北邢台，让他至今印象深刻并获得极大鼓励的是，自从他很小的时候开始，父亲就已经是单位献血积极分子。父亲常对他说的一句话就是，献血对自己没什么身体伤害，但是却可以挽救别人，这种助人为乐的事情何乐而不为呢？正是有了父亲的教育，周宗才从 2005 年刚入学后不久之后，便来到血液中心献成分血。回到学校之后，他广为游说，在同学中争取献血者，但大家对此并不以为然，反而有人怀疑他的动机。“这样吧，等下次我去献血的时候，你们跟我一起去看看，保证会和现在的想法不同！”在周宗才的拍胸脯担保中，果然有 8 位男同学在一个月后与他一起来到血液中心，结果除了两位化验不合格的同学，其余 6 人都献了血。最让大家转变想法的是采血医生的一句话：“献一次成分血，相当于挽救了一条生命！”

从那时起，除非遇到特殊的情况下，周宗才几乎每个月都会去献成分血。不仅如此，他还不遗余力地争取身边更多的献血者。每周四、周五，他便会在学校的宿舍区摆出一块展牌，上面是一幅用百余张献血者照片组成的一个大大“心”形。“献成分血不影响学习、不影响休息，只要一个月就可恢复，甚至在某种程度上还有益于人的健康！”在他耐心细致的讲解中，报名者一个个多了起来，慢慢地竟然到每周都会有数十名甚至上百位该校大学生集体到血液中心去献血。从 2006 年 3 月至 2007 年 7 月，血液中心每周六、日都会派车到河北工业大学接上这些大学生去采血。除此之外，周宗才还参加了由市政府、市高教委和血液中心一起组织的“天津市高校大学生无偿献血宣讲团”，到本市各高校努力进行演讲、宣传活动。

天津市血液中心机采科的主任刘军在接受记者的采访时很是感动地说：“像周宗才这样充满爱心的青年学子，在本市高校中还有不少，他们真是了不起！”他说，目前本市已经有三十多个大专院校的学子去血液中心献成分血，除了河北工业大学外，师范大学、外国语学院、理工大学、天津工业大学、对外经济贸易学院、冶金技术学院等都表现得很积极。目前，每个月到血液中心献成分血的总计在 1500 人次左右，高校学子便占去一半，可谓撑起了“爱心半边天”。他还特别举例说，有一次，一天时间内就有超过百位大学生来到该中心献血，因为人数过多了，结伴而来的 5 位对外经济贸易学院的女学生最终没能献血。刘军还说，过去高校学子在适龄献血人群中所占比例很有限，但是现在却占到很大的比重。大学生们无私奉献爱心的精神，服务社会的精神，获得了全社会的认同与赞许。

对于大学积极献血的行为，也有很多人不以为然甚至是嘲笑态度，对此，你做何感想？

你的观点：____

____

____

____

____

____

教师评语：____

____

____

____

【结论】

经过讨论，发现大学生积极献血是一种服务社会的奉献精神，并非人们眼中的“傻子”行为，而是其人格中服务社会精神的体现。大学生作为国家未来的希望与接班人，肩负着中华民族复兴的重任，理应更加关心社会、服务社会、奉献社会。在服务社会的过程中，大学生可以了解国家基本国情、社会情况，也可以锻炼其综合素质。大学生服务社会的活动与专业特点结合，与个人成长需求结合，与人民群众利益结合，不仅检验所学专业知识，也提升思想意识、人生价值观等，更能完善自己的人格。

第三节　大学生人格问题与调适

在我们的现实生活之中，有一部分大学生表现出“无目标、无兴趣、无动力、无意志、无追求”等萎靡状态，一些同学经过高考的紧张冲击而进入大学之后，反而失去了自己的目标，一下子变得无所事事，做什么事情都打不起精神，没有兴趣与热情，萎靡不振，慵惰怠情，没有一点大学生的青春活力。“无聊、没劲、乏味、郁闷、无语”等成了这些人的口头禅，偏激、自卑、孤僻、妒忌、依赖、冷漠、自我中心等不良人格倾向逐渐影响大学生的心理健康，这也是困扰着大学生的正常生活，自杀现象或者暴力行为在大学校园里频频发生，这必须引起高校的足够重视。我们不禁要问：大学生心理到底出了什么问题？

【师生讨论】

你的观点：____

____

____

____

____

____

教师评语：____

____

____

____

【结论】

经过谈论，可以确定是大学生出现了人格障碍，所谓人格障碍，也俗称病态人格，是一种人格发展的内在不协调，是在没有认知过程障碍或没有智力障碍的情况下出现的情绪反应、动机与行为活异常。大学生作为同龄人中受教育最多的群体，人格健全与否，直接关系到他们的未来人生。所以，了解他们现在存在的人格障碍，有利于更好地塑造他们健全的人格，这也是心理咨询与心理教育的一项重要任务。

1. 反社会型人格障碍

【师生讨论】

大学生因私愤报复社会

2013 年，一河北籍大学生张某因为发泄个人私愤而故意将饮料倒入银行自动存取款机的插卡口与出钞口内，导致该机毁损，毁损价值人民币 6 万余元，达到数额巨大标准，最后被江苏省宜兴市人民法院以故意毁坏财物罪判处有期徒刑三年，缓刑四年。

大学生张某到底因为什么事情而迁怒于银行的自动存取款机呢？事情要从今年的 5 月 11 日说起。那一天，张某趁放假来到宜兴游玩，当晚出来买东西，顺便到银行的 ATM 机上取款。可是当他将银行卡插入 ATM 机时却插不进去，仔细一看，原来里面还有一张银行卡，余额显示卡内还有 800 多元现金。张某随即将 ATM 机中的张银行取出并立即报了警。

没过多久，失主赶了过来。可令张某万万没有想到的是失主不但没有感谢张某的拾金不昧精神，反而一口咬定自己的卡里原本还剩 2800 多元，一定是张某趁机取走了自己的 2000 元。做了好事还被他冤枉，张某顿时气不打一处来，两个人随即激烈争执起来。最终，在民警的调查下失主才承认了自己的错误。

这次风波虽然平息了，但张某内心依然气愤难平。他径直走到一家小店买了一瓶酒与一瓶饮料，一口气就灌下了整瓶酒。当他拎着饮料准备回旅馆的时候，经过了一家商业银行的 24 小时自动取款机，这才想起自己原本是要取钱的，于是就走了进去。

面对着 ATM 机，张某又想起了自己被人冤枉的事情，愤怒借着酒性再次爆发了。他毫不犹豫地打开手中的饮料瓶，倒进了自动存取款机的插卡口与出钞口内，导致该机内的智能读卡机、传送通道等 4 块模块损坏，财物毁损达到 60258.18 元。银行的摄像头清楚地记录下张某的行为，很快警察就找到了他。

经审理，宜兴法院认为张某为了泄私愤，故意毁坏他人财物，其行为已经构成故意毁坏财物罪，而且毁损价值巨大，依法判处其有期徒刑三年，缓刑四年。想到原本美好的大学生活却在自己的愤怒之下毁于一旦，被告席上的张某不由得悔恨交加。

都说一失足成千古恨，这件事情反映了张某人格的上存在什么问题？

你的观点：____

____

____

____

____

____

教师评语：____

____

____

____

【结论】

张某因为个人私愤而报复社会，这是典型的反社会型人格的体现。

反社会型人格障碍表现为情绪不稳定，时常容易被一时冲动所左右，以自我为中心，不顾别人痛苦与社会损失，容易发生违纪行为与不正当的意向活动。这种人在 18 岁之前，就常有撒谎、逃学、小偷小摸、打架、虐待动物或欺负弱小同伴等不良行为。18 岁之后就会有破坏公共财物、经常旷工、长久待业或多次变换工作，易被激惹、好斗殴与攻击别人，心肠冷酷，甚至对自己的亲朋好友也不例外，危害别人时毫无内疚感等行为与表现。

2．分裂型人格障碍

【师生讨论】

人格分裂学生会主席杀死女同学

河南驻马店某大学学生会的主席高卫东，却是一个隐藏很深的“双面人”：外表是个学习刻苦优秀的好学生，而内心却极端冷酷变态。当他想将一位女同学据为己有，而遭到拒绝之后，他竟然恼羞成怒将其杀害而成为杀人凶手。

出身贫寒，自卑将他人性扭曲了。顶着“学生会主席”桂冠的高卫东是个自卑又脆弱的学生。他出生在一个贫困而旱灾洪涝频繁的乡村，“农村人”这一身份如同一个沉重的包袱，常常压得他喘不过气。在老师与同学面前，他很少谈论自己的家乡，甚至因为担心会影响自己的“形象”与未来发展，每次父母去学校看他，他竟然很不高兴。

考入大学之后，他十分刻苦学习，积极参加学校各项公共活动，当上了年级学生会主席、校学生会副主席，还被吸收为中共预备党员……这时候，高卫东的自尊心得到很大的满足。随着毕业的来临，高卫东开始定位自己未来的角色。主攻营销的他渴望通过自强不息实现发财之梦，成为“成功人士”而不再背负“农村人”的包袱。在 2000 年夏，高卫东大学生活进入最后一年见习期，他觉得这是自己大显身手的好时机。但现实总是残酷的，实习期间，高卫东先后从事饮水机、磁化杯等产品的推销工作，都是无功而返。

作为一位备受师生肯定的学生会主席，高卫东不敢正视这种残酷的现实，更不愿意以一个失败者形象出现在大家面前。他为了面子而选择了撒谎，见了同学、熟人就说自己的营销生意十分成功，赚了很多钱。但是这却成为高卫东走向悬崖的第一步，也是至关重要的一步。

高卫东被捕之后，曾向警方讲述了一件事：有一次，高给某女同学打电话，要她尽快赶到驻马店市人民医院。躺在病床上的高卫东告诉这位女同学：“我在洛阳做生意赚了几万元钱，不幸被当地一黑社会组织抢去。黑社会组织在当地没人敢惹，可我并不怕，向警方报了案，招致他们追杀我。洛阳市公安部门派了几名便衣在保护我。你无论如何都要给我家打个电话，向他们报声平安。”

其实，生活在贫困线之下的乡下父母哪里有钱装得起电话。高卫东所说的伤病，不过是在街头同他人发生冲突而受伤。高卫东说他之所以这么撒谎，有四个目的：自己是有本事的，赚了大钱；但是赚的钱被人抢走了；虚张声势，证明自己无所不能，连公安部门都派便衣保护自己；向同病房的人表明自己被女孩子关心。

令人不敢相信的是，他的另一个令人匪夷所思的面孔竟然是个惯偷。高卫东在案发生之后，警方曾搜查了他的住所，现场发现令人吃惊：屋里有两辆摩托车、八箱白酒、四箱水果，另外煤气灶、电视机等一应俱全……后经警方调查，证实这些东西都是他偷来的——高卫东搞营销失败之后，基本上以偷为生，也就是说，“偷窃”成为这个阶段他惟一的“见习”工作了。

看完故事不禁令人深思，这么优秀的大学生竟然会做出这些令人痛心的事情。同时我们又必须清醒地思考，他的人格出现了什么问题？

你的观点：____

____

教师评语：

【结论】

高卫东的人格存在分裂问题，表面是一个优秀的大学生，内心却因为自卑而导致自己走了极端。分裂型人格障碍的主要特点在于孤独、淡漠、麻木等，几乎没有体验过愉快。情绪表现冷漠、疏离等，对他人表达温情、体贴或愤怒的能力十分有限。无论对批评或表扬都无动于衷，过于沉溺于幻想与内省。这类人极少有亲密朋友或者知己，也无法享受与他人亲密的关系，令人觉得很冷淡与孤单。与人不能建立彼此信任的关系，对恋爱也缺乏热情。因为这些特质，所以往往会选择不需要与人接触的工作。

3．依赖型人格障碍

【师生讨论】

“未长大”的大学生

小北本科毕业已经三年了，这三年当中也外出工作过。但是最长没有超过一个月，之后就在家长时间调整休息。他觉得没有很好或是感觉自己可以胜任的工作。他整天就想些：要是有个大伯或是叔叔是省委书记多好，那样他就不必去工作了。父亲感叹：“20多岁的人，你说多幼稚！”

小北读小学时，妈妈与一个外地人走了，从此失去音讯。因为妈妈是个只会自己享受生活，而极度没有责任感的人。从儿时起，小北基本由父亲带着，而妈妈很少过问，所以父亲觉得妈妈的出走对小北也无所谓了。小北上大学时，鼓励父亲要找个老伴。当时父亲真的很感动。小北临近毕业之时，父亲想儿子将来是要独立生活的，他也应该考虑一下自己往后的日子了。

于是经人介绍，认识了一位姓姚的丧偶女性。因为投缘他们很快结婚了，这时候，父亲将原来的房子卖掉，给已毕业的小北买了新房并花心思装修一新之后，自己搬到姚女士的家，他们同时一起生活的还有姚女士的婆婆与一个上初中的女儿。父亲轻松地想：小北刚毕业就有了自己的房子，又是本科生，儿子的生活一定会越来越美好。

可是很快，父亲发现，小北的独立竟然那么困难，找工作要找父亲帮忙，吃饭要找他去做，找女友要找他参谋拿意见，总之一天没有父亲在身边，小北就感觉父亲要离开他了。父亲为小北找了无数类型工作，但最后不是因为人际关系，就是小北觉得工作上不能胜任或环境不适合等问题，每次工作时间最多不超过一个月，小北就会甩手不干。不停向父亲抱怨自己在工作中对人对事已经很容忍很努力，却还是会受到太多的伤害和批评。父亲以前每周给小北做一次饭，经不起小北闹，改为每天，现在小北又闹着要与他们一起住，说一家人在一起多好，可婆婆不愿意呀，何况房间不够用。因最近小北闹得更厉害了，甚至觉得所有人都想抛弃他，父亲更担心儿子，于是自己的幸福也顾不了了，下决心与儿子同住，问题是情况越演越烈，小北天天在家不上班，他又不满意父亲工作太忙，总是想方设法闹着让父亲在家陪伴他，哪天父亲真在家陪他，他可能又总是在睡觉，没时间理睬父亲。

亲友们都说父亲把小北惯坏了，这么大了还像个小孩子，叫父亲不要理他，但是父亲理解，小北心里是很难接纳后妈的，他不是在胡闹，小北是个善良的孩子，只是他承受力太差了。父亲渴望着儿子有一天心理上能真正独立。

根据小北的情况，你们觉得他的问题出在哪里？

你的观点：____

____

____

____

____

____

教师评语：____

____

____

____

【结论】

经过讨论，很明显可以发现小北是缺乏独立自主的性格，一旦遇到与亲人远离的情况，心理就产生恐慌无助，说明他属于依赖型人格，同时伴随着不恰当的自我评价，人际间交往的不适应，独处时不能保持怡然自乐。情绪低落时，小北认为是亲人们导致他现在孤独的处境，使他产生愤怒。依赖型人格严重者，虽有较强工作能力，但因为缺乏自信与独立精神，会经常依赖他人的帮助，他们优柔寡断，判断力不足，总是依靠别人为自己做决定或者指出方向。

4．偏执型人格障碍

【师生讨论】

偏执心理作祟

20 岁的王某是某师范大学的学生，发现自己心理上存在障碍而在班主任陪同下咨询心理老师。班主任向心理老师介绍了他的情况。班主任说自己通过一年多观察，注意到王某性格比较固执、多疑、情绪不稳、心胸狭窄，自我评价很高，不愿接受不同意见等。在日常生活与学习过程中遇到挫折总是责备其他同学，办了错事又习惯将责任推诿给别人。他常常将同学提出的中性的甚至是友好的意见看作敌视或者蔑视行为，经常与人发生摩擦，几乎与同寝室的同学都吵过架。

王某的学习成绩与组织能力一般，但是缺乏自知之明，说老师与同学都不信任他，别人常对其敬而远之。一周前他丢失了一本复习资料，他认为是同寝室同学联合起来整他的，想让他考试不及格而补考，与寝室长及其同学发生多次争吵，并要求班主任调换寝室。由于王某性格多疑敏感，导致同学之间人际关系不和谐，所以其他寝室的同学都不愿意与他同住，班主任说自己也很为难。班主任曾经多次找他谈话，做思想工作，都没有效果，很担心王某精神有问题。

经过与心理老师的沟通，王某也向其袒露了内心。他说自己确实比较敏感，对任何人都抱有一种严重的提防心理，包括班主任与同学，甚至自己的父母亲，都抱着怀疑态度。自己常常对别人存在戒心，总是怀疑他们对自己不怀好意，看不惯就顶撞、发脾气。自己也做了一些努力，少参加集体活动，少与同学交往，尽量减少矛盾，但是他们确实在捉弄我，甚至暗算我。自己与别人是常出现摩擦，但责任不在自己，是他们故意整自己，也常导致自己情绪不好，特别是近一周丢书后情绪更糟，有时急得坐卧不安，越想越气。他最后还说不认为自己有什么精神病……

心理老师对其进行了一些测试。智力测量：智商108分。精神卫生自评量表评定（SCL—90）："偏执"一项分值明显升高，"敌对"和"人际关系"分值也颇高。

根据该生的情况，可以知道偏执型人格障碍的主要特点是什么？

你的观点：________________

教师评语：________________

【结论】

偏执型人格又称称妄想型人格，其行为特点常常表现为极度过敏，对侮辱与伤害耿耿于怀。思想行为很固执死板，敏感多疑、心胸狭隘。爱猜忌、嫉妒，对别人获得成就或者荣誉感到紧张不安，妒火中烧，会在背后说风凉话或公开抱怨与指责别人。总认为自己正确，自以为是，往往将失败与责任归咎于他人，在工作与学习上往往言过其实。同时又自卑，总是过高地要求别人，但是又从来不信任别人的动机与愿望，认为别人存心不良。不能正确、客观地分析形势，有问题容易从个人感情出发，主观片面性大；忽视甚至不相信与自己想法不符合的客观事实，所以很难以讲道理或者摆事实的方法来改变其想法。

第四节　大学生人格完善的途径

与其他群体一样，大学生群体中也会出现各种各样的人格障碍者，只不过人数大大少于心理不适者与心理困惑者。由于人格障碍者缺乏自知力，甚至本人认识不到自己的人格缺陷，因此不像其他心理疾病的患者那样迫切求医。不过，他们因行为极其古怪，或危害社会，因而常被家长、邻居、老师、同学、社会治安机构所发现。高校中所出现的一些恶性事件，如因"失恋"或"单相思"而将对方"毁容"，因挫折而"自杀"，有的就是由于病态人格所致。面对这种情况该如何正确处理？

【师生讨论】

你的观点：________________

教师评语：________________

【结论】

经过讨论可以发现，一个人的成长过程未必能保证不出一点心理问题，人格一定是十分健全的。当大学生发现自己的人格出现障碍的时候，必须有意识、有计划地进行调适，矫正不正当心理，培养自己的健全人格。人格健全是心理健康的根本标志，重视人格的培养，既是健康的需要，也是发展的需要；既是现实的需要，也是未来的需要。大学生要充分认识到健康人格对自身发展的重要性，要充分发挥自己的长处，但也要寻找和承认自己的不足，勇敢的面对挑战，不断的发展自己，促使自身健康人格的完善。

1. 了解自己人格类型的特点

【师生讨论】

多重人格的悲剧

《致命 ID》是一个关于多重人格的悲剧故事。

一个暴雨倾盆的漆黑夜晚，在无边无际的荒原中，其中矗立着一座与外界完全隔离的汽车旅馆，没有通信，道路有不通。

11 个彼此不了解的陌生人因为天气、交通原因，被迫聚集在汽车旅馆。拉里是这家汽车旅馆老板，他举止异常，神秘兮兮。艾德曾经是警察，如今是女影星卡洛琳·苏珊的私人司机，他们在路上撞到艾莉丝而不得不将她送到汽车旅馆治疗。艾莉丝与丈夫乔治及儿子提姆西在开车途中突然爆胎。下车检查时，妻子艾莉丝被艾德的车子撞到。帕瑞斯是妓女，她在途中找打火机时仍出了一个高跟鞋，导致艾莉丝的车子爆胎。艾德想去找医生，途中遇到路与吉尼，但雨太大，他们不得不返回汽车旅馆。罗德警官押了一个犯人来到旅馆。11 个人分别住在不同房间，各自拿着带号码的房间钥匙。

恐怖的事情很快发生，女演员卡洛琳·苏珊意外被杀，头颅出现在洗衣房洗衣机内，她手上带着 10 号房间钥匙。不久，路被人捅死了，他手上带着 9 号房间钥匙。大家开始担心，是否大家会按这个顺序死去。他们也发现他们有共同点：他们的姓氏都以州为名，都出生在内华达州，他们的生日都是 5 月 10 日。结果正是如此，犯人、乔治、艾莉丝与吉尼相继死去，他们是按这个顺序死去。帕瑞斯在警车里找到一个证明、原警察尸体，证明罗德并非警察，他与逃犯一起杀死警察并假冒警察。罗德得知后企图杀死帕瑞斯，但他杀死了拉里，并打伤了艾德。结果，艾德杀死罗德。最后只有帕瑞斯活着，当她去自己想去的地方的时候自己却被提姆西杀死。

但事实上这些人都不存在，这 11 个人均为麦肯·瑞夫的 11 个分裂人格。

11 个人格交替控制他，在麦肯·瑞夫幼年时因妓女母亲虐待而形成的邪恶人格，在现实中的一个汽车旅馆杀死 6 人。最后判死刑时候，他的主治精神病医生马力克发现了他小时候的一本日记，这本日记印证了医生对于麦肯·瑞夫杀人是因为他精神分裂导致的，于是医生告知法官必须紧急提审麦肯·瑞夫，马力克医生与麦肯·瑞夫在法官面前对话要他消灭身体里邪恶人格，所以发生了上面的故事。这 11 个人是麦肯·瑞夫的 11 个人格，其中三个是邪恶灵魂，汽车旅馆是麦肯·瑞夫的真实内心世界，所以他的世界观与现实世界有点差异。医生在现实中与其中一个善良人格——艾德对话，告知艾德真相并要他帮助麦肯·瑞夫消灭其他邪恶人格。随后，善良人格（艾德）与邪恶人格（罗德）一起死亡，只剩一个女性人格（帕瑞斯）活着。

但是最后，隐藏的邪恶人格（提姆西）最终杀死帕瑞斯，原来之前杀死六个人格的都是提姆西。

因为在麦肯·瑞夫童年，妓女母亲虐待他，所以提姆西就是麦肯·瑞夫自小形成的邪恶人格。因为麦肯·瑞夫内心的人格都是邪恶的，所以在影片结局，邪恶人格也杀死了马力克医生与狱车司机。

主人公最后并没有战胜自己的邪恶人格，他的命运不得而知。你认为他最后的命运如何？

你的观点：________________

教师评语：________________

【结论】

经过讨论，关于主人公最后命运是众所纷纭，但可以肯定的是在如此复杂的人格之下，他永运不清醒，他的最终命运是可悲的。大学生必须认真了解自己的人格特征，以更好地发现缺陷与优势，最终不断完善自己的人格。

2．增强挫折承受力

【师生讨论】

无臂学子永不言败令人动容

2010 年，无臂青年杨孟衡从云南昆明宜良来到珠海中山大学翻译学院读书。很快四年就过去了，杨孟衡在珠海校区老师与同学的帮助下顺利完成学业。在他大三时，学校根据他的成绩与意愿保送他去云南大学读研究生。如今，他已通过云南大学面试，将开始新生活。

杨孟衡是个普通学生，但是也不普通，他是一个失去双臂的男孩。看过他的事迹，人们不难发现，在他有一种信念——“追梦不怕跌撞，追梦需要行动，决不放弃。”身体有缺陷的男孩如此积极向上，难能可贵。在他身上体现了一种品质——逆境勃发，奋起搏击，永不言退，这也是新时代优秀大学生的宝贵品质。他不断追求将学习与做人相结合，踏实学习，实在做人。他的言行中有对学校与同学的责任与感恩。

杨孟衡成长与成才的经历正是激励大学生积极进取的精神力量，身残志坚的他拥有着超常的乐观与积极，见过他的老师和同学都会被他的乐观所感动。“没有什么困难可以阻止我和大家一起学习”，他的这句话总给人巨大动力。他热爱学习、游泳、踢球、玩电脑等，他都追求最得更好，尤其是用脚书练书法，甚至超过很多人的手。从大二开始，他与昔日校友一起在家乡开办假期补习班，尽力回馈社会，希望将自己的知识与经验传授给学弟学妹，如今这个补习班已坚持两年。

虽然没有臂膀，但是杨孟衡在尽自己最大的力量飞得更高、更远。

不经历风雨怎么见彩虹？是什么精神支撑杨孟衡一路走来的？

你的观点：________________

____

教师评语：____

____

【结论】

大学生往往富于理想，将未来想得很美好，但对遇到的困难与挫折又缺乏充分心理准备。又因为大学生自身优越感，社会经验不足，人生经历单薄，缺乏艰苦锻炼，再加上家庭宠爱等原因，使不少大学生应对挫折的承受力不强，稍有小事就可引起挫折感，难以继续面生活挑战。因为挫折容易导致心理挫败感、缺陷感与失落感等，随之容易产生更大的抑郁与失望。所以，加强挫折教育、增强承受力，以利于培养健全人格。

3．积极参与社会实践，培养良好习惯

【师生讨论】

大学生暑期社会实践收获了什么

烈日在肌肤上留下了灼伤痕迹，他们带着深入基层得到的第一手珍贵资料，2009 年 9 月 4 日，刚回到学校的西华大学交通工程 2003 级安小强与赵大凯同学来不及休息，就兴致勃勃地向四川日报记者讲述了他们在暑期社会实践活动中所经历的难忘事情。

“在农家小院里，我们带领小学生们清洁院子，教会他们讲卫生的道理；在田间地头，农民手把手地教我们干农活；走村串户，我们向当地老百姓讲解国家建设社会主义新农村的政策，调研农村留守学生的生活、教育、心理状况，为中小学生辅导功课。”他俩你一言我一语，绘声绘色地说个不停。“在实践活动中，我们对国情有了更深刻的认识和了解，学会了很多在书本上学不到的知识。”

2006 年四川省高校大学生暑期社会实践活动以“关爱留守学生，共建和谐社会”为主题，以“突出学校学科特色，加强校地合作，在服务中长才干，在实践中受锻炼”为宗旨，在高校老师的带领之下，很多大学生学以致用，在社会实践中“受教育，长才干，作贡献，促发展”。

大一学生杨威明说“今年是我第一次参加社会实践活动，以前，脑海中总有一个疑问：学习用来干什么，学习的真正价值在哪里？这次的暑期社会实践，一切终于有了答案：书到用时方知少。”杨威明又说，就像一个看似再也普通不过了的问卷选项项目的设计，都是有很多学问的。在他们队伍中，没有营销或者统计类专业的队员，问卷表设计与问卷数据分析等都是很陌生的。为了能顺利完成这次实践课题，他们开始学习问卷资料设计方法，学习 SPSS 基本操作知识，才明白平时多积累知识是十分重要的。

“如何为学、为人和为事，是这次活动带给我的最大收获。”周勤同学说，通过发问卷调查传单多次遭拒，到与同学紧密配合的团队精神，再到严谨周密的数据分析，在实践活动中，他似乎一下子成熟了许多。你觉得他们收获了多少精神财富？

你的观点：____

____

____

____

____

教师评语：____

____

【结论】

人的任何目标都要必须通过实践才能获得，而大学生正处于自我意识高度发展时期，内心都希望独立自主，希望积极参与学校活动与社会实践。只有亲身参与各种社会实践活动，大学生才能加深社会认同与理解，真正增强社会责任感，才能更好地适应未来的社会角色。另外，健全人格体现于良好行为方式之中，心理学研究表明，良好习惯有助于改变人格的内在品质与结构。所以，塑造健全人格必须依靠培养良好习惯。在实际操作中，可将现实生活中具有良好个性的人作为榜样，从小事做起，经过长期锻炼，一定能实现健全人格的目标。

4．扩大社会交往，建立良好的人际关系

【师生讨论】

社交恐惧症

晓冬今年已经 21 岁，三年前毕业于某中专学校，曾经在深圳市宝安区某工厂打工，随着经济危机到来，去年所在工厂的订单锐减，他下岗回家。晓冬从去年 9 月回家后一直到现在将近半年时光，整天在房间玩电脑游戏。刚回时还会在客厅走动，但一听到门铃就躲进房间，怕见生人，近三个月连父母也不想见，总是等父母出门或者休息之后才吃饭。父母出门后，晓冬就会出来洗净碗筷，他自己煮东西吃，夜间等父母睡后才冲凉。平时他出入总锁门，在房内就反锁上门。需要电脑用具时，才主动与父母说话，父母主动与他交流，总不理睬，根本无法沟通。儿子怎么了？父母百思不得其解。后来请教了心理咨询师，父母才明白真相。

晓冬上网成瘾的缘由：第一，工作不顺利下岗在家，生活中遭爸妈批判与责怪，所以感觉挫折感，导致他转而寻求方法减轻心理压力，而网络可以在一定程度上满足其心理需要；第二，朋友联系不良。再就业压力与家长过火维护以及乡镇居民楼房式独门独户家居布局，导致晓冬这类独生子女基本没有机会去结交朋友，他心中烦恼经常一个人承受；第三，在作业生活压力大的当下，晓冬父母因忙于工作而疏忽与子女沟通，陷于情感孤单的儿子只有将注意力转向虚拟世界，沉迷于网络生活，寻求成就感与归属感。

晓冬由于工作挫折又得不到家人的关心，为了宣泄心中苦楚，选择躲避，就到网上寻求安慰，这也是很自然的事情。

于是，心理咨询师给出了协助晓冬戒掉网瘾的办法：

1. 认知。家长对晓冬应当如兄弟般洽谈，而不要说教，要相互尊重，清楚再就业是晓冬的主要问题，身心健康是他发育的要害。然后清楚网瘾对晓冬的危害，例如荒废工作、损伤身心健康等，上网花费时间过多导致疏远亲情与友谊。所以此时，家长要多关怀晓冬，加强亲子之间的交流。

2. 系统脱敏。家长与晓冬进行两边洽谈，制定整体方案，在两个月内逐渐削减上网时间，逐步达到偶然上网甚至不上网的目标。例如本来每天沉迷网络 10 小时以上，则第一周可以减为 7 小时，第二周 5 小时，第三周 3 小时，第四周 2 小时等。

3. 代替疗法。年轻人需要充沛精力生活，所以可以让晓冬找其他喜好代替上网。例如游水、打球、旅游等，父母陪晓冬一同爬山、旅行等。鼓舞他多与周围人交往，多参加团体活动。

4. 学会正确认识自我，愉快地接收自我，以自我评估为主，正确对待他人评说。不轻易否定自我，暗示自己“我是最佳的我”，“天生我材必有用”。

5. 不苛求自我，能做到的就尽力做到，只要尽力即可，不必过分追求完美。

6. 不回想不愉快的过去，过去的就过去，鼓励晓东大胆展望未来。

7. 友善对待他人，在帮助他人的时候体验助人为乐的愉快，同时证明自我的存在价值。

8. 找个倾吐对象。告诉晓东有烦恼就说出来，可以找一个可信赖的人诉说自己的烦恼。即使他人无法帮你解决问题，但至少可以是自己心理更舒坦。

9. 锻炼人际交往能力。在社会交往往中，让自己坦然、真挚、充满生命力，展现自己的人格魅力。

10. 尽力在平常生活中保持洒脱自由的状态，为自己寻求人生乐趣，克服焦虑、烦躁等消极情绪，尽量学会保持平心静气、达观、冷静等心态。

只有当晓冬戒掉了网瘾并能够平和地对待自己与他人的时候，才可以抛弃对他人的回避，他的社交恐惧才能逐渐消除。所以，对晓冬而言，既要不断学习社交方法，也要通过一定药物医治战胜交际恐惧心理与身体不适，轻松地面对社交场合，战胜回避心理。如此，他才能逐渐增加社交机会，走出回避社交的心理阴影。

经过上述的步骤，你觉得晓东会有哪些改变呢？

你的观点：____

____

____

____

____

____

教师评语：____

____

____

____

【结论】

众所周知，不良个性品质将会对个体的社交产生很大的负面影响。一个开朗热情、尊重他人、富于同情心的学生，大多是可以适应各种社交场合，可以较容易地获得群体与他人的接纳。相反，具有为人虚伪、自私自利、猜疑、、嫉妒、报复等不良性格之人，往往会带给他人不安全、紧张、不信任等不良反应。所以，和谐的人际关系是塑造大学生人格的重要途径。

【自我测试】

这是国际上有名的“菲尔人格测试”，通过该测试可以了解自己的人格。

1．你何时感觉最好？

A 早晨；　　B 下午及傍晚；　　C 夜里

2．你走路时是

A 大步地快走；　　B 小步地快走；　　C 不快，仰着头面对着世界；

D 不快，低着头；　　E 很慢

3．和人说话时，你……

A 手臂交叠站着；　B 双手紧握着；　C 一只手或两手放在臀部；

D 碰着或推着与你说话的人；

E 玩着你的耳朵、摸着你的下巴或用手整理头发

4．坐着休息时，你的……

A 两膝盖并拢；　B 两腿交叉；　C 两腿伸直；　D 一腿蜷在身下

5．碰到你感到发笑的事时，你的反应是……

A 一个欣赏的大笑；　B 笑着，但不大声；

C 轻声地咯咯地笑；　D 羞怯的微笑

6．当你去一个派对或社交场合时，你……

A 很大声地入场以引起注意；　B 安静地入场，找你认识的人；

C 非常安静地入场，尽量保持不被注意

7．当你非常专心工作时，有人打断你，你会……

A 欢迎他；　B 感到非常恼怒；　C 在上述两极端之间

8．下列颜色中，你最喜欢哪一种颜色？

A 红或橘色；　B 黑色；　C 黄色或浅蓝色；　D 绿色；

E 深蓝色或紫色；　F 白色；G 棕色或灰色

9．临入睡的前几分钟，你在床上的姿势是……

A 仰躺，伸直；　B 俯躺，伸直；　C 侧躺，微蜷；　D 头睡在一手臂上；

E 被子盖过头

10．你经常梦到自己在……

A 落下；　B 打架或挣扎；　C 找东西或人；　D 飞或漂浮；

E 你平常不做梦；　F 你的梦都是愉快的

经过测试之后，再将所有分数相加，以下分别代表每一题每个选项的分数，例如第一题你选择了 A，那么这一题就是 2 分。

1．A2；B4；C6

2．A6；B4；C7；D2；E1

3．A4；B2；C5；D7；E6

4．A4；B6；C2；D1

5．A6；B4；C3；D5

6．A6；B4；C2

7．A6；B2；C4

8．A6；B7；C5；D4；E3；F2；G1

9．A7；B6；C4；D2；E1

10．A4；B2；C3；D5；E6；F1

低于 21 分：内向的悲观者。你是一个害羞的、神经质的、优柔寡断的人，永远要别人为你做决定。你是一个杞人忧天者，有些人认为你乏味，只有那些深知你的人知道你不是这样。

21～30 分：缺乏信心的挑剔者。你勤勉、刻苦、挑剔、是一个谨慎小心的人。如果你做任何冲动的事或无准备的事，朋友们都会大吃一惊。

31～40 分：以牙还牙的自我保护者。你是一个明智、谨慎、注重实效的人，也是一个伶俐、有天赋、有才干且谦虚的人。你不容易很快与人成为朋友，却是一个对朋友非常忠诚的人，同时要

求朋友对你也忠诚。要动摇你对朋友的信任很难，同样，一旦这种信任被破坏，也很难恢复。

41～50 分：平衡的中道者。你是一个有活力、有魅力、讲实际，永远有趣的人。你经常是群众的焦点，但你是一个足够平衡的人，不至于因此昏了头。你亲切、和蔼、体贴、宽容，是一个永远会使人高兴、乐于助人的人。

51～60 分：吸引人的冒险家。你是一个令人兴奋、活泼、易冲动的人，天生领袖，能迅速做决定，虽然你的决定不一定对。你是一个愿意尝试、欣赏冒险的人，周围人喜欢跟你在一起。

60 分以上：傲慢的孤独者。你是自负的自我中心主义者，有极端支配欲、统治欲。别人钦佩你，但不会永远相信你。

【团体素质拓展训练】

松鼠与松树

1．活动目的

通过野外素质拓展训练磨练学生的意志力，打破心理极限，挑战自我，培养逻辑思维能力和团队合作精神，增强目标意识和谋略意识，塑造健全的人格。

2．活动地点

体育馆等开放性场所

3．活动内容

（1）角色设置

松鼠、松树、猎人（精灵）、监督员

（2）口令设置

①猎人来了——松鼠逃跑，松树原地不动；

②森林失火——松树逃跑，松鼠原地不动；

③地震了——松树和松鼠全部逃跑。

（3）角色具体说明

① 猎人（精灵）可以充当任何角色，在口令 1 中可和松鼠竞争位置，在口令 2 中与松树竞争位置，在口令 3 中可同时竞争松鼠和松树的位置；

② 松鼠和松树只能竞争原来角色的位置；

③ 监督员监督游戏中被淘汰的松鼠和松树；

④人数不少于 11 人。精灵原则上设为一名，但为加强竞争可适当添加人数。

（4）步骤

① 先任命一个监督员；

② 随机抽一名队员充当精灵；

③ 其他队员手牵手围成一个圆，从一名队员开始 123 报数。报 1、3 的队员充当松树，两人面对面站立，举手手心接触形成树洞；

④ 报 2 的队员充当松鼠，蹲在树洞一里；

⑤ 每三人一组按圆形均匀分布，监督员和精灵站在圆中间；

⑥ 由教练发口令（随意）队员按上述规则行动。

4．注意事项

教师应在游戏前熟悉游戏规则，这样才能指挥学生快速的参与其中。

5．填写并上交实践报告

第六章

大学生学习心理

第一节　大学生学习特点与心理机制

“学习”一词，作为心理学上的术语与人们日常生活中的理解有所不同。例如，日常生活中所说的“好好学习，天天向上”、“学习舞蹈”、“学习做饭”等，均是指人的行为的改善。而心理学中的“学习”作为广义的概念，不仅指人类的学习，而且也包括动物的学习。在大学期间，大学生不仅掌握知识、技能和发展智力，而且逐渐形成世界观、道德品质和行为习惯。因此，充分了解和掌握大学生在学习过程中的心理特点及其活动规律，对于提高学习效率、学习能力具有重要的作用，对于大学生健康心理的培养也是必不可少的。大学生的学习具有专业性、自主性、多元性和创新性等特点，自主性是大学生活动的核心。

【师生讨论】

你的观点：

教师评语：

【结论】

学习是一个人终身未尽的必修课程，是人一生中一道最长、最美、最靓丽的风景。对于大学生来说，学习就是他们的天职，也是他们生活的主旋律。那么，经过一番奋力拼搏步入象牙塔后的大学生，在学习上会呈现有哪些特点呢？

1．专业性

【师生讨论】

爱迪生与爱因斯坦

爱因斯坦是20世纪伟大的科学家。据说，有一天，爱迪生怒气冲冲地对爱因斯坦说："每天上我这儿来的年轻人真不少，可没有一个我看得上的。""你判断应聘者合格或不合格的标准是什么？"爱因斯坦问道。爱迪生一面把一张写满各种问题的纸条递给爱因斯坦，一面说："谁能回答出这些问题，我就让他当我的助手。"

"从纽约到芝加哥有多少英里？"爱因斯坦读了一个问题，并且回答说，"这需要查一下铁路指南。""不锈钢是用什么做成的？"爱因斯坦读完第二个问题又回答说："这得翻翻金相学手册。""您说什么，博士？"爱迪生打断了爱因斯坦的话问道。"看来我不用等您拒绝。"爱因斯坦幽默地说："就自我宣布落选好啦！"

这两位科学巨匠的对话令后人深思。作为专攻应用技术的"发明大王"爱迪生，从自身的切身经验出发，要求自己的助手必须拥有广博的知识，对各种相关的数据资料能倒背如流，而且，据说他的招聘试题有时竟达130个。而作为专攻理论物理的"开拓大师"爱因斯坦，则从自己的切身体验出发，强调灵活掌握所学的理论知识。

读过爱迪生和爱因斯坦的故事后，说说你对专业性学习和综合性学习的区别的理解。

你的观点：____

____

____

____

____

____

教师评语：____

____

____

____

【结论】

大学里的学习是一种以掌握专业知识和专业技能的社会活动，它是围绕着将大学生培养成高级专门人才而进行的，这是大学与中学时代的学习明显的区别。中学在内的基础教育阶段，学习是不分专业，只按年级划分，各年级开设的主要课程基本相同，只有学习程度的差异。大学则不同，大学学生首先是按专业划分的，学生在入校前就已经根据自己的兴趣、爱好选择一定的专业，而各专业之间无论是在课程内容、课程设置，还是在教学方法和培养目标上都存在着明显的差异。因此，大学生一旦选定了专业，就必须对该专业的知识有较深的了解和掌握，以期将来能将所学专业知识运用在社会工作中去。

当然，专业性不等于单一性，不等于大学生的学习必须拘泥于某一学科或专业，那样也是学不好的，因为学科之间是有联系的，是相互交叉渗透的。因此，大学生必须在侧重本专业知识学习的同时，要做到广博，广泛涉猎各学科领域，这样才能扩大自己的知识面，才能实现"一专多能"，形成最佳的知识结构，以便更好地适应社会对人才的需求。尤其是当代大学生，身处知识经济时代，他们对知识的需求、吸收更为广泛、多样，同时，科技的进步也为大学生学习新事物、新知识提供了方便。

2. 多元性

【师生讨论】

60 分就行

铃木镇一（1898-1998）：创立了世界著名的“才能教育研究会”。铃木镇一主张通过儿童早年良好的音乐教育，培养个性优雅、才能卓越、全面发展的新一代青年，他的教育理念引发了世界范围的教育革命。

在铃木还是个小学生的时候，日本的升学竞争就非常激烈了，所有的家长都只是关心孩子的学习成绩。可是铃木的爸爸却从来不要求他必须取得多高的成绩，他总是对铃木说：“我不对你要求太高，只是你每门功课考 60 分就行了。”

“爸爸，60 分怎么可以呢？”儿子十分不解。因为分数的压力使得他认为必须取得好成绩才行，这使得他有些被一座大山压在底下喘不过气的感觉。

“60 分怎么不可以呢？”爸爸反问道，“60 分就代表及格了，及格就表示合格了呀。你想啊，工厂的产品合格就可以出厂了。既然你已经合格了，我的孩子，你就没有必要再在这些方面浪费你的精力了。考了第二名还非要考第一名，考了 90 多分还非要争 100 分，考了一次 100 分就非要次次都考 100 分。我的孩子啊，求知是人世间最大的欢乐，倘若你总是把精力放在考试的分数上，求知不就变成一种无尽的苦难了吗？”

铃木的父亲将求学的最高境界一语道破，就是培养孩子的求知欲。

听了爸爸的话，铃木一下子感觉轻松了很多，兴奋起来了。可是又感觉有些不妥，便忍不住问道：“不对啊，爸爸，如果这样学习就太轻松了，那么空闲的时间该做什么呢？”

“至于其他的时间嘛，你就牢记爸爸的话吧：其他时间用来博览群书，把求知的欢乐还给自己。”

爸爸的话深深地印在了铃木的心里。从此，铃木便按照父亲的教导，不再把全部的精力花在做功课上了，学习成绩保持中等。他把剩下的时间都用在了课外阅读上，因此，他读过的课外书是全班其他同学的十几倍，并且从中体验到了其他同学都没有体验过的学习的无穷尽的愉悦。

假如将你的知识结构想象成一张网，网的主干是你的专业知识，侧干是你的兴趣知识，那么请说说你的侧干都有哪些？他们对你将来的发展会起到哪些作用？

你的观点：______________________________

____

____

____

____

____

教师评语：______________________________

____

____

____

【结论】

大学学习的课程众多，内容多远、范围广泛。一般来说，大学里所开设的课程分为公共课，基础课、专业基础课和专业课四个层次。四年大学下来所要学习的课程在40门以上。如此多的学习内容就决定了，大学生不可能只凭课程教学就能满足对学习的需求。大学生可以通过例如调查、参观考察、自查资料文献等多元性的渠道展开学习。而在进行各种教辅学习活动时，大学生还可以间接学习到与所学专业知识相互联系的其他知识，这无疑将会丰富大学生的知识结构。

3. 创新性

【师生讨论】

不一样的“饺子店”

大学毕业后，包立扬没有找到理想的工作，便决定自己创业。由于以前曾在几家饺子店打工，知道员工们都不吃店里饺子的情况，于是他想开个饺子店，不仅要让客人喜欢吃，而且也要让员工喜欢吃。打定主意，他就开了一家放心吃饺子店。

由于原材料采购标准较高，饺子的成本就比同行的高，利润相应就较低。但一想到自己的理想，包立扬又定下心来经营。为了让顾客吃得放心，他在厨房安装了监控系统，顾客在等饺子的时候就能看到饺子是如何做出来的。

接下来，包立扬还在饺子的颜色上下功夫，他发现加番茄汁的饺子皮呈淡橘红色，加菠菜汁的饺子皮呈绿色，加胡萝卜汁的呈黄色，掌握了这个规律后，店里推出了蔬菜汁饺子。当顾客看到盘子里色彩诱人的饺子，都对包立扬大加赞扬。

后来，包立扬推出了儿童DIY的活动，由专门的员工教有兴趣的孩子如何擀饺子皮、填馅、包饺子，孩子们忙得不亦乐乎，最后吃到自己包的饺子更是开心。

由于坚持创新，包立扬的饺子店越做越大，在陆续开了三家分店后，包立扬注册成立了立扬餐饮公司，他打算不断创新，将生意做遍全国。

你的观点：______________________________

____

____

____

教师评语：______________________________

____

____

【结论】

不走寻常路，是包立扬成功的关键。虽然饺子馆遍地都是，但包立扬还是在这个再普通不过的事儿上面玩出了新花样。在当今社会强调个性化服务的环境下，必须进行创新，只有不断创新，才能应对人们新的需求，获取商业成功。

创新是一个民族的灵魂，是国家前进的动力，是一项具有开拓性的活动，其意义在于超越前人，超越同辈，超越自我。新世纪大学生身处21世纪的创新的时代，被寄予了“创新一代”的厚望，他们应具有突破藩篱的创新品质，在培育和塑造创新品质的征途上敢于探索，长途跋涉。大学的课堂教学已从阐述既定结论，逐步转变为介绍各学派理论的争论、最新学术动态等，学生的学习方式和思维方式逐渐从死记硬背、正确再现教学内容逐渐向汇集众家之长、确定个人见解的方向转变，这是人生求学过程中的一大飞跃。大学生的学习不仅要求理解、巩固知识，而且还需要树立独立思考、探索创新的精神，培养创造性。

第二节　大学生学习能力的培养

学习能力是一个结构复杂、多层次、多维度的心理现象，学习能力涉及智力因素、非智力因素等，如记忆力、注意力、想象力、观察力等。它是一种综合能力，就大学生的学习能力而言，主要包括组织学习活动的能力、获取知识的能力、运用知识的能力，以及伴随学习过程而发生的观察、记忆、思维等智力技能。在当今社会，学习已经不再是过去所认为的死记硬背，掌握快速、高效的学习能力的大学生才是未来社会所急需的人才。如果将学习能力看作满分100分的话，请你为自己的学习能力打分，并说出自己在学习上的优势和劣势。

【师生讨论】

你的观点：____

____

____

____

____

____

教师评语：____

____

____

____

【结论】

通过讨论大家会发现，学习能力的高低有先天的因素，也有后天的因素。天才毕竟是少数的，但是对于绝大多数大学生而言，只要掌握一定的学习策略和方法，提高自己整体的学习能力并非什么难事。

1. 建立科学的学习理念

【师生讨论】

“垃圾”其实是台阶

中专毕业后，斌和他的一位好朋友到南方去找工作。斌找来找去，最后找到一个在街头发小广告的工作。开始干这种事，斌也挺难为情的。有时候硬往人家手里塞，人家却做出不屑的表情，硬是挡住不要。有的别人就是勉强接到了手里，一转身，就把那些印刷得花花绿绿的纸片扔掉了。不过他还是硬着头皮，坚持干着这种让不少人瞧不起的事。

这时候他的那位好朋友就笑着说他：“唉，你这个工作，简直每天就是在制造垃圾嘛，在不少同学眼里，这种工作也是大家挑下来不要的垃圾嘛，你一个中专生，怎么能干这种一点价值都没有的事情呢？”可斌只是笑笑说：“我只是觉得干这种事，可以有不少时间让自己自由支配啊。”

又过了一些时，斌又找到一个在某“三流小刊”当编辑的工作，一天到晚趴在桌子上写一些让人好笑的“快餐文学”。他的那个好朋友又笑着说：“老是写这些垃圾文字有什么意思啊，别人都是看过之后就随手扔掉了——你写的那些东西，根本没有珍藏价值嘛。”斌却笑着说：“但是你要看到，我是一直走在通向我梦想的道路上啊。”

又过了几年，斌不仅拿到了自学考试的本科文凭，而且也因为写作经验丰富了，写出了几十篇质量挺不错的作品，而跳到了一家发行量很大的报业媒体当副刊编辑去了。条件好了，视野开阔了，他的文章自然也越写越好了。他的那个好朋友，这才冲他竖大拇指，笑着说他“终于从垃圾堆里爬出来了”。

后来斌事业有成回来了，在一次同学聚会上斌说了这样一番颇有意味的话：“我为什么看中了在街头发小广告的工作？因为那种工作既让我有时间练习自己的写作，也有东西可写啊——我在街头发小广告时观察到的东西可有意思呢。正因为我在这期间发表了十多篇稿子，我才能谋到一个专门跟文字打交道的工作——虽然是一个三流小刊，但它却能给我提供丰富的写作经验啊。我的体会是，人在实现自己理想的过程中，不可能一步到位，虽然很多时候他都是在制造“垃圾”，他干的都是“垃圾工作”，但他制造的“垃圾”也好，他干的“垃圾工作”也好，其实都是他前进道路上一个个的台阶啊。”

每个人的学习理念都必须是科学的、灵活的且适合自己的，他人的成功别人永远不可复制，对此你怎么看？

你的观点：________________________________

教师评语：________________________________

【结论】

理念对人的行为有着重要的指导作用，有什么样的理念，就会有什么样的行为，正如人们所说：栽种思想，成就行为；栽种行为，成就习惯；栽种习惯，成就性格栽种性格，成就命运。而所谓学习理念，就是人们关于学习的理性认识以及人们对学习所持有的理性态度和执着信念。树立新的学习理念，就是要变“学会”为“会学”，变“要我学习”为“我要学习”，变“学习负担”为“学习乐趣”，变“阶段学习”为“终身学习”，变“拥有文凭”为“拥有能力”，变“个人学习”为“组织学习”。

2．培养和激发学习动机

【师生讨论】

游泳的故事

1952 年 7 月 4 日清晨，加利福尼亚海岸下起了浓雾。在海岸以西 21 英里的卡塔林纳岛上，一个 43 岁的女人准备从太平洋游向加州海岸。她叫费罗伦丝·查德威克。

那天早晨，雾很大，海水冻得她身体发麻，她几乎看不到护送他的船。时间一个小时一个小时的过去，千千万万人在电视上看着。有几次，鲨鱼靠近她了，被人开枪吓跑了。

15 小时之后，她又累，又冻得发麻。她知道自己不能再游了，就叫人拉她上船。她的母亲和教练在另一条船上。他们都告诉她海岸很近了，叫她不要放弃。但她朝加州海岸望去，除了浓雾什么也没看不到。人们拉她上船的地点，离加州海岸只有半英里！后来她说，令她半途而废的不是疲劳，也不是寒冷，而是因为她在浓雾中看不到目标。查德威克小姐一生中就只有这一次没有坚持到底。

保险销售员的故事

有个同学举手问老师："老师，我的目标是想在一年内赚 100 万！请问我应该如何计划我的目标呢？"

老师便问他："你相不相信你能达成？"他说："我相信！"老师又问："那你知不知到要通过哪行业来达成？"他说："我现在从事保险行业。"老师接着又问他："你认为保险业能不能帮你达成这个目标？"他说："只要我努力，就一定能达成。"

"我们来看看，你要为自己的目标做出多大的努力，根据我们的提成比例，100 万的佣金大概要做 300 万的业绩。一年：300 万业绩。一个月：25 万业绩。每一天：8300 元业绩。"老师说。"每一天：8300 元业绩。大既要拜访多少客户？"

老师接着问他，"大概要 50 个人。"，"那么一天要 50 人，一个月要 1500 人；一年呢？就需要拜访 18 000 个客户。"

这时老师又问他："请问你现在有没有 18000 个 A 类客户？"他说没有。"如果没有的话，就要靠陌生拜访。你平均一个人要谈上多长时间呢？"他说："至少 20 分钟。"老实说："每个人要谈 20 分钟，一天要谈 50 个人，也就是说你每天要花 16 个多小时在与客户交谈上，还不算路途时间。请问你能不能做到？"他说："不能。老师，我懂了。这个目标不是凭空想象的，是需要凭着一个能达成的计划而定的。"

通过以上两个关于学习的故事，请说说学习动机和学习目标和学习计划有什么内在联系？

你的观点：____
____
____
____
____
____

教师评语：____
____
____
____

【结论】

以上两个故事告诉我们，学习动机的确定需要遵循两个原则：一是学习奋斗的动机是要看得见，够得着的，才能成为一个有效的目标，才会形成动力，帮助人们获得自己想要的结果；二是学习动机不是孤立存在的，它是和学习计划相辅相成的，目标要具体，学习才能有动力，指导计划，计划的有效性影响着目标的达成。所以在学习的时候，要考虑清楚自己的行动计划，怎么做才能更有效地完成目标，是每个人都要想清楚的问题，否则，目标定的越高，学习的动力反而会不足！

3. 找到有效的学习方法

【师生讨论】

穆里尼奥的学习之道

何塞•穆里尼奥，现英格尔切尔西足球俱乐部主教练。他最初只是一名球队的翻译，葡萄牙语、德语、英语、荷兰语、意大利语、西班牙语等六国语言他无一不通。有人说，穆里尼奥是个狂妄的家伙，因为他曾经狂妄的说过“我是最特别的一个，这个世上上帝第一，除了上帝就是我。”有的人说他桀骜不驯，在诺坎普球场击败当时不可一世的巴塞罗那后，作为主教练的穆里尼奥像疯了一样冲进球场滑轨，那一跪，把整个世界都给惊呆了。还有的人说他是个功利主义者，他所率领的球队防守坚若磐石，但是进攻简单暴力，乏善可陈。在他的眼里只有冠军，为了冠军不在乎别人说他打法难看。那么这个曾经默默无闻的小翻译，是怎么成为当今世界足坛最优秀的主教练之一呢？穆氏学习之道将告诉他们他的成功从何而来。

1. 师从名家，勤奋异常

穆里尼奥的足球思想就形成于他在巴萨的三年。当时的巴塞罗那主教练是英国人鲍比•查尔顿，查尔顿在当时已经是世界名帅，而穆里尼奥则担任查尔顿的翻译。尽管罗布森从未真正认识到这位年轻人身上可怕的潜力，大多数时候只是把他当做一名翻译，但他毕竟向这个自命不凡且勤奋异常的年轻人提供了成长的平台。老帅在巴萨的一年里，穆里尼奥每天早上总是第一个来到训练场的人，他开始参与球队训练和战术安排，他如饥似渴从这个欧洲顶尖的俱乐部学习一切能够学到的东西，他经常向他人求教，有人甚至看到他与老罗布森和克鲁伊夫争得面红耳赤的场景。他甚至故意曲解老罗布森的意思，把自己的思想灌输到球队的排兵布阵上。

一年后，巴萨主教练换成了荷兰名帅范加尔。范加尔打的是技术足球和攻势足球，但他对球队的管理是非常严谨的。他是以阵型来选择球员。在这种情况下，穆里尼奥施展自己排兵布阵想法的企图就绝对不被允许了。有很多次，穆里尼奥因为与范加尔在战术上的分歧而激烈争吵，一些助理教练为此嘲笑他仅仅是个翻译，不配与他们争吵。穆里尼奥是何等狂傲的人，他绝对不能容忍有人这样侮辱他。可他还是选择留了下来，一方面他还缺少足够的资历单独执教，另一方面他还想继续从范加尔那里学习足球。后来他承认，他从范加尔那里学到了如何排兵布阵。这样直到 2000 年范加尔也离开了。他立刻选择了辞职，不久后，他在葡萄牙得到了担任主教练工作的机会。那一年，他 37 岁。

2. 数据狂人

现在数据分析已经越来越受到世界足坛的重视，但是相比于一些其他的运动，数据分析在足球这个领域依然比较滞后，因为过去大多数人都认为足球这个最具偶然性的运动不需要服从分析学的原理。穆里尼奥无论是在本菲卡、波尔图、切尔西，还是在国米和皇马，他对于球队比赛数据的分析几乎到了一种痴迷的状态。通过分析敌我双方的数据，他能够快速了解场上的变化。也是通过数据分析，了解对方的弱点，穆里尼奥也才能总是在半场休息的针对性换人调整，来改变场上不利的局面。“穆氏神奇换人”已经成为切尔西比赛场边一道靓丽的风景。

3. 擅长从对手身上学习

世界足球先生C罗曾这样评价过穆里尼奥:“他比任何教练都善于从敌人的身上学习，他知道所有球队和所有球员的优点和缺点，这一点从球场上就能表现出来，他的球员总是能很清楚的了解他们的对手。”的确，穆里尼奥是一名非常善于学习对手的主教练。穆里尼奥素来与自己的老东家巴塞罗那不和，而巴塞罗那的足球哲学是以控球为主，注重传跑，不讲究身体对抗。而通过研究巴萨的踢法，穆里尼奥逐渐形成了自己的足球思想。即将足球简化为对时间、空间、肉体与心理的利用。他把足球还原为进攻与防守的平衡，以及从攻防转换到实施有效打击的效率。事实证明穆里尼奥的打法非常克巴萨，即便是处于巅峰期的巴塞罗那，在遭遇穆里尼奥所率领的球队是总是显得一筹莫展。不仅是学习巴塞罗那，对于穆里尼奥所面对的所有强大对手，穆里尼奥无一不在研究分析学习。穆里尼奥的球队出了名的善打硬仗，擅长以弱胜强的比赛，故而他总是给人留下淘汰赛之王的印象。

4. 细节决定成败

成功的教练有很多，成功教练的成功方法有很多，说到穆里尼奥，最令我们印象深刻的就是他对于细节的重视。

穆里尼奥有一个非常著名的习惯，每次球队训练，他都是第一个到训练场的。执教本菲卡的第一天，他就提前两小时到达训练场。他的解释对于《细节决定成败》这本书是一个很好的补充:“我总是喜欢至少提前一小时到训练场，早到的好处是，总有事情要处理，总有人可以谈话。我可以检查草皮的长度，看看是否需要浇点水，我可以和主管器材的人聊聊，看看移动球门、隔离圆锥和球的情况，画一画训练设施摆放的草图，或者和医疗小组谈谈球员的体能状况，哪些人能正常训练，哪些人不能参加哪些训练，我还可以看看报纸……这些原因中的任何一个很可能都会对我们即将进行的比赛带来好的影响。”

穆里尼奥的另一个著名习惯就是半场休息时总是提前退场。穆里尼奥经常是半场结束前一分钟提前离席，走到球员通道口，拿着战术板，等裁判的结束哨音一响，第一个回到更衣室，以争取更多的时间布置下半场的人员和战术。

穆里尼奥甚至细致到了试图了解球员手术的程度。波尔图边锋塞萨尔受伤时，他观摩了手术全过程:“我鼓足勇气，观看了手术过程。这是理解手术的好机会，我可以更积极地参与他的康复计划。在手术过程中，大夫一直向我解释每一步动作的用意。手术很干净，没有什么血，但让我最震惊的是钻头打入骨头的声音，还有医疗小组试图用电动解剖刀剔除的肌腱死肉散发出来的那种异味。”结果，这次经历让他又多了一些和其他主教练不同的东西:“这次手术过程改变了我的一些态度。我意识到:主教练给球员和医疗小组施加压力，希望加快球员康复的做法基本上毫无意义。从现在开始，我会对球员和医生们的抱怨更加同情。”穆里尼奥的成功，相当一部分就是通过对细节无微不至的常年坚持，靠细节上的“小分”积累优势而来的。

通过阅读穆里尼奥的学习之道，分析下有效的学习应该具备哪些素质?

你的观点:____

教师评语：

【结论】

每个人的天资和兴趣不同，决定了这个世上没有绝对有效的学习方法。例如记忆力好的人就适合快速的学习方法，善于思考的人就适合情景代入的学习方法。所以，学习方法的选择应结合各自的客观情况而定。

也许学物理对你来说很容易，可是当学习打网球时，你却不知道该如何开始，而教练通常会将学习打球分成基础练习、技术练习、体能锻炼等几个阶段。学习也是如此，不管学什么，都是一个可以分成几步进行的过程。学习可以分成四步。

首先打印并回答以下问题，然后根据自己的答案及其他的“学习引导”决定适合自己的学习方法。

- 从过去开始

关于如何学习，你有什么样的经验？

你喜欢阅读吗？喜欢解决难题吗？喜欢记忆吗？喜欢背诵吗？喜欢翻译吗？喜欢在公众面前讲话吗？

你知道如何总结吗？

你对自己所学的东西提问题吗？

你复习吗？

你方便从各方面收集信息吗？

你喜欢安静的学习环境还是几个人一起学习？

你喜欢学习时间短一点还是长一点？

你的学习习惯是什么？你是怎么形成这些学习习惯的？其中，哪个学习习惯效果最好？哪个效果最差？

你是不是只通过一次笔试，一篇论文或者一次面试来判断你什么学得最好？

- 发展到现在

我对这个到底有多大兴趣？

我想花多少时间去学这个？

什么能特别引起我的注意？

学习环境是否有利于成功？

什么我能控制？什么我不能控制？

为了成功，我能不能改变这些状况？

什么因素影响了我努力去学这些？

我有没有制定学习计划？我的计划有没有考虑到过去的经验和学习方式？

- 考虑你学的主题

标题是什么？
关键字是什么？
我理解主题和这些关键字吗？
我对这个领域已经了解了多少？
我知不知道相关的领域？
什么样的资源或信息可以帮助我？
我是不是只依靠一种来源（如课本）来获取我所要的信息？
我还需不需要参考别的信息来源？
在学习的过程中，我有没有问过自己到底懂了没有？
我应该节奏快一点还是慢一点？
有不懂的地方，有没有问过自己为什么？
我有没有学到中间停下来，总结一下？
我有没有停下来并问自己是否符合逻辑？
我有没有停下并做一下评估（同意还是不同意）？
我是不是只需要花时间想想就足够了？
我需不需要和其他的学生讨论？
我需不需要找一个权威人士如老师、图书馆管理员或专业人士谈一谈？

- 建立在不断回顾的基础上

什么我做得对？
什么我可以做得更好？
我的计划是不是适合自己？
我是不是选了正确的条件？
我是不是按照自己的计划来做？
我成功了吗？
我庆祝自己的成功了吗？

第三节　大学生常见学习心理问题及调适

在大学校园里，大多数学生能经受住紧张的学习对大学生各方面素质的综合考验，顺利地完成学业。但是也必须看到确有相当数量的大学生存在时间或长或短、程度或轻或重的学习困难。导致学习困难的原因虽然多种多样，但是分析的结果表明，心理障碍是主要的原因。常见的心理障碍有：学习态度不端正、考试焦虑恐惧、学习注意力不集中和学习动机不足或过强等。除此之外，你还能想到还有哪些学习心理问题？

【师生讨论】

你的观点：____

____

____

____

____

____

教师评语：____

____

____

____

【结论】

学习心理问题的诱因非常广泛，有家庭因素的、学校环境因素的、有生活因素的，还有感情因素的等。假如学习上出现的心理障碍无法得到及时有效的排解和调适，大学生活将会过得浑浑噩噩，渐渐失去努力的方向和目标。

1. 学习态度不端正及调适

【师生讨论】

尖子学生考试作弊被退学

X 大学 16 名在考试中作弊的学生被勒令退学。此举犹如一块巨石投入平静的池塘。校园内外，人们各抒己见，说法不一。这些被退学的学生，有不少是在社团、文娱、体育活动中拔尖的学生，包括学生会主席、校学生摄影协会主席、H 省大学生卡拉 OK 大奖赛冠军、全国大学生征文获奖者……

从严治校是 X 大学的一贯宗旨，严肃考试纪律是他们端正校风、学风的突破口。校党委书记、校长和党委副书记认为，培养人才不仅要使学生具备良好的专业素质，还要具备良好的思想品德素质，考试作弊，无论从哪一方面来讲，都是有悖于教育宗旨的。所以，即使对那些学有专长的拔尖学生，我们也不能姑息，只能忍痛割爱。

一位老教授说："近几年，在青年学生中，学习研究风气有所减退，人们对优秀学生的评价有失偏颇，应该牢牢树立学生以学为主的观念。"

中文系一位从事学生工作的教师说："我们一直将学习放在做学生工作的重要位置，选拔学生干部、评选优秀学生，都首先考虑到这一点。但现在的学生有新的特点，他想学什么，不想学什么，认为什么最重要，什么目前还不重要，都有自己的主见。某门功课不好，你不能笼统地说不是好学生。社会对人才的需求是多层次的，目前学校不能包办他们的选择，时代在变化，除引导学生的方法要变化外，教育体制也要变化。"

学生家长对此举反响强烈。有的认为，学校应该从严治校，杜绝人才的"伪劣商品"进入社会。X 大学动真格的值得赞扬。有的则认为：学校的处分过于严厉，眼下娃假的东西充斥社会，不良现象对学生的影响是难免的。学校作为培养人、教育人的地方，一概而论把犯有此类错误，而平时表现不错的学生，直接推向社会，将有碍于人才的培养。尽管他们一年后可申请回校自费试读，但这一年时间里，他们将做些什么呢？记者访问了这几位被退学的学生，他们一方面表示愿意接受这一应得的处罚，后悔不迭，一方面又感到委屈。

有位毕业后想从事公关广告活动的同学认为，现在毕业实行的是双向选择，你可以选单位，单位也可以选你。所以他将大量时间投入到公关广告业务的钻研上，还在校园举办了"CI 设计与公关广告"系列讲座，颇受欢迎。

另一位热衷于社团活动的学生坦率地说："'书到用时方恨少'，这道理我都懂，但四年时间毕竟有限，你不能什么东西都往脑子里装。得有自己的选择，有选择就有放弃。"

一位平常从不玩牌消遣，也很少上舞厅，整日为学习和社会活动忙碌的学生，这次也名列其中，人们都感到奇怪。他却解释说“我只不过学了一些不要考的东西。有些课程我不喜欢。”他认为学校应该尽快实行开放学分制，学生可以任意选课，修满为止。

你觉得是什么原因导致大学里大面积出现考试作弊的现象？

你的观点：____

教师评语：____

【结论】

学习态度作为学生学习过程中重要的非认知因素，直接关系到学生的学习效率和耐挫力，还影响到教育的成效。当前部分大学生由于学习中缺乏正强化，学习动机和成就动机低，对学习成败错误归因，加之外界因素的影响，表现出了不务正业、考试作弊、顶撞教师等一系列不良学习态度表现，严重影响了自身素质的提高。

大学生作为学习的主体，要想实现学习态度的转变最根本的还是要培养学习兴趣，从而产生学习需要，并力求通过学习提高自身的社会化程度，这就有利于激发和增强学习动机，端正学习态度。此外，成就动机作为影响学生学习最有效的动机，那么要转变学生的不良学习态度就必须培养和激发大学生的成就动机，如帮助学生确立正确的自我概念，提高自我效能感，消解学习情境中已有的习得性无力感；也可以在班级中建立适当的竞争机制，并发挥榜样作用等。这有助于学生主动认识到学习的必要性，从而扭转消极的学习态度。

2．考试焦虑恐惧及调适

【师生讨论】

考试综合症

小吴是某重点综合大学社科系学生。从一年级第二学期开始进行心理咨询，咨询已坚持了三个学期。学期初始阶段很少来询，每到期末复习考试前一个多月就主动来询，与咨询老师常有电话联系。主要问题是考试焦虑，并伴有睡眠障碍。下面是她的情况的叙述。

一年级下学期开学初，因数学不及格进行了补考。情绪低落。她写了一封很长的信给班主任老师，诉说她的苦恼和焦虑。班主任老师告诉她，学校有心理咨询室，建议她前来咨询。首次来咨询时，咨询老师热情地接待了她，交待了心理咨询的原则，介绍了心理咨询工作的性质，建立相互信任的咨访关系后，小吴谈了自己的情况。

小吴原在某市的中学读书，父亲在市里工作，母亲是县里的小学教师，有一妹和母亲住在一起。平时她在市里读书和父亲生活在一起，假期回县里与母亲妹妹团聚。上高中时父亲因病去世，她自己仍住在市里父亲的住所坚持读书。她自幼学习上进，记忆力较强，深受老师的器重。但对数学兴趣不浓，不过也能在考试中得到 80 多分的成绩。每逢市里的一些学科竞赛，老师都选她去参加，因此增加了她的学习负担。参加竞赛前老师要对她个别辅导，布置很多作业，虽然对她的学习有所促进，但给她的精神压力也很大。老师深怕她在竞赛中考试失利. 对该科的学习抓得很紧，使她比其他同学的负担更重了许多。她对这种竞赛性的考试很反感，但老师说这是一种荣誉是学校和老师对她的器重，坚持要她参加，她也不好违抗。

在竞考的前几天她往往要背诵到深夜。有一个晚上，她正在宿舍背诵，强记第二天竞考科目的内容，恰逢隔壁几个青年人在宿舍娱乐，用音响放音乐、唱歌，吵得她无法看书。她又急又气，心里烦躁极了。她心头充满了怨恨：一是恨老师总让她参加竞考为学校增了光，而她自己却疲惫不堪；二是恨隔壁的青年吵闹，扰乱了自己的复习。在这种焦虑怨恨的情绪状态下，她一夜也没睡着。第二天拖着乏力的身躯来到考场，在考场上脑子很乱，原来复习过的内容也想不起来了，急得她浑身出汗，心慌意乱，勉强交了考卷，成绩可想而知。

从此以后，她就出现了睡眠障碍，特别在考试期间，总是焦急，心慌和失眠相伴随，为此参加高考失利。但她从小一直是学习较好的学生，不甘心考不上大学，所以又复读一年，第二次高考才被录取。因为在中学学习时数学是弱项，所以报考了社会科学专业，不想这个专业也要学习数学和统计学，而且难度不小，教学进度很快，每一堂课比中学讲的内容多很多，学起来非常吃力。第一学期期末考试不及格，心理负担很重。入大学后，住在集体宿舍每晚大家都免不了要聊天，她高考前已经有失眠的病史，入大学后睡眠状况也一直不好。每到期末考试来临之前，他的神经就紧张起来，越紧张越难入睡，白天疲劳乏力，复习效果不佳。但每学期前半段情况较好. 因为学期开始还没有考试的压力，情绪比较放松。

考试前，你都有过哪些焦虑表现？

你的观点：____

教师评语：____

【结论】

考试焦虑主要是由一定的应试情景引起的焦虑，轻度的焦虑有助于大脑进行的积极的思考和水平的发挥，但是焦虑水平过高则会严重影响复习和考试的正常进行，对身心具有很大的危害性，有必要求助心理治疗或心理咨询。

关于考试焦虑的问题，可以从以下几个方面进行调适：（1）认知调整法。主要是指正确看待考试，正确看待自己，树立合理的考试期望，从根本上消除考试焦虑；（2）自信心训练法。主要是消除对自己没有信心的消极暗示，经常给予自己积极的自我暗示；（3）放松训练法。闭上眼睛进行深呼吸，反复几次有助于缓解焦虑情绪。

3．学习动机缺乏及调适

【师生讨论】

理想与现实的差距

李肖，凯里学院计算机科学院大学三年级学生，父母都是农民，他想在明年参加公务员考试，他高考时以优异的成绩进入了凯里学院，他本来是想进贵州大学的，虽然超过了贵州大学的录取分数线，可是却没有被录取，在家人和老师的劝说下才来到了凯里学院，在这种情况下王诚反映说上了大学之后一点喜悦感都没有。虽然规划好了非常美好的前景，但是在大学生活中无心学习，常感到生活没有意义，也没有计划性。她认为在这里学习并不能提高自己的能力，所以在目前的生活状态下表现出对学习的厌烦，而当时正面临着英语四级的第二次备考阶段却无心学习，从而感到焦虑和对前景的担忧。

学习动机过强

王伟是一位 08 级的专科学生，他一到大学想的第一件事就是怎么才能够通过专升本考试，考上本科。为此他基本上没有假期也没有周末，一天学习十六个小时以上，也没有任何的娱乐活动，经过了两年的努力，可是考试结果出来他却没有上线，因此变得一蹶不振，自暴自弃。这位同学表现出过强的学习动机，因此产生了较严重的情绪障碍，其根源在于她存在一些不合理的信念和认知模式。这是他和一位老师的对话：

王伟：我付出了这么多努力，我完全应该成功，却没有考好，这实在没有道理。

老师：只要付出了努力，就一定会成功吗？

王伟：我想是这样。

老师：不管环境如何，方法如何，只要努力就会成功吗？

王伟：沉默。

老师：你的同学中也只有你一个人在努力学习吗？

王伟：不是，很多同学都很努力。

老师：那么多同学是否都考得非常好呢？

王伟：也不全是，但我觉得我应该考得上。

老师：别人都可以考试失败，而你不能？

王伟：也不能这样说。

老师：每个人都有成功的时候，也会有失败的时候，是吗？

王伟：是。

请分析以上两个故事里的学生心理出现的问题有何不同？

你的观点：____

____

____

____

____

____

教师评语：____

____

____

____

【结论】

当一个学生缺乏动力时，相对广大学生紧张而有节奏的学习生活，他如同一个局外人，与学习群体不相融，如不及时矫治就不可能坚持学习，不可能完成学习任务。而学习动机出现问题一般表现为学习动机过缺乏和过强两种情况。这都是由不同的心理状态所引起的。

当学习动机缺乏出现问题时，调适的方法有：①确立切实可行的学习目标；②学会控制自己的情绪；③建立在学习上遇到难题时也不气馁、敢于不断去尝试的人格特征；④在生活中培养自信的人格特征，达到即使失败后也不痛苦的最佳结构，形成乐观的情绪状态与心态。

当学习动机过强出现问题时，调适的方法有：①提高学习层次，正确对奋斗目标；②正确认识外部自己的潜力，量力而行，制定合理的目标，脚踏实地，不好高骛远；③培养广泛的兴趣爱好，积极参加各类文化娱乐活动；④克服虚荣心理，学会调整情绪保持旺盛的学习斗志。

【自我测试】

考试焦虑自我检查表

为了帮助你准确地把握自己在考试焦虑方面存在的问题，我们准备了这份考试焦虑自我检查表。请你仔细阅读每一题，看看它是否反映出你在考试时的经验。

如果是的话，就在该题目左边做一个标记；如果不是的话，则无需做任何标记。一定要如实回答，不要花太长时间思考。假如有些题目实在难以确定，请你随便用一种方式在该题目左边的横线上做个备查的记号，因为它可能表明了某种潜在的问题。

1．我希望不用参加考试便能取得成功。

2．在某一考试中取得的好分数，似乎不能增加我在其他考试中的信心。

3．人们（家里人、朋友等）都期待我在考试中取得成功。

4．考试期间，有时我会产生许多对答题毫无帮助的莫名其妙的想法。

5．重大考试前后，我不想吃东西。

6．对喜欢向学生搞突然袭击考试的教师，我总感到害怕。

7．在我看来，考试过程似乎不应该搞得太正规，因为那样容易使人紧张。

8．一般来说，考试成绩好的人将来必定在社会上取得更好的地位。

9．重大考试之前或考试期间，我常常会想到其他人比我强得多。

10．如果我考糟了，即使自己不会老是记挂着它，也会担心别人对自己的评价。

11．对考试结果的担忧，在考试前妨碍我准备，在考试中干扰我答题。

12．面临一场必须参加的重大考试，我会紧张得睡不好觉。

13．考试时，如果监考人来回走动注视着我，我便无法答卷。

14．如果考试被废除，我想我的功课实际上会学得更好。

15．当了解考试结果的好坏将在一定程度上影响我的前途时，我会心烦意乱。

16．我知道，如果自己能集中精神，考试时我便能超过大多数人。

17．如果我考得不好，人们将对我的能力产生怀疑。

18．我似乎从来没有对考试进行过充分地准备过应试。

19．考试前，我身体不能放松。

20．面对重大考试，我的大脑好像凝固了一样。

21．考试中的噪音（如日光灯的响声、送暖气或送冷气的声音、其他应试者发出的声音等），使我烦恼。

22．考试前，我有一种空虚、不安的感觉。

23．考试使我对能否达到自己的目标产生了怀疑。

24．考试实际上并不能反映出一个人对知识掌握得究竟如何。

25．如果考试得了低分数，我不愿把自己的确切分数告诉任何人。

26．考试前，我常常感到还需要再充实一些知识。

27．重大考试之前，我总是胃不舒服。

28．有时，在参加一次重要考试的时候，一想起某些消极的东西，我似乎都要垮了。

29．在即将得知考试结果前，我会感到十分焦虑或不安。

30．但愿我能找到一个不需要考试便能被录用的工作。

31．假如在这次考试中我考得不好，我想这意味着自己并不像原来所想象的那样聪明。

32．如果我的考试分数低，我的父亲和母亲将会感非常失望。

33．对考试焦虑简直使我不想认真准备了，这种想法又使我更加焦虑。

34．应试时我常常发现，自己的手指在哆嗦，或双腿在打颤。

35．考试过后，我常常感到本来自己应考的更好些。

36．考试时，我情绪紧张，妨碍了注意力的集中。

37．在某些考试题上我费劲越多，脑子也就越乱。

38．如果我考糟了，且不说别人会对我有看法，就是我自己也会失去信心。

39．应试时，我身体某些部位的肌肉很紧张。

40．考试之前，我感到缺乏信心，精神紧张。

41．如果我的考试分数低，我的朋友们会对我感到失望。

42．在考前，我所存在的问题之一是不能确知自己是否做好了准备。

43．当我必须参加一次确实很重要的考试时，我常常感到全身恐慌。

44．我希望主考人能够察觉，参加考试的某些人比另一些人更为紧张，我还希望主考人在评价考试结果的时候，能对此加以考虑。

45．我宁愿写篇论文，也不愿参加考试。

46．公布我的考分之前，我很想知道别人考得怎样。

47．如果我得了低分数，我认识的某些人将会感到快活，这使我心烦意乱。

48．我想，如果我能单独进行考试，或者没有时限压力的话，那么，我的成绩便会好得多。

49．考试成绩直接关系我的前途和命运。

50．考试期间，有时我非常紧张，以至于忘记了自己本来知道的东西。

以上是考试焦虑检验的50题。当你答完后可按以下程序进行分析：

（考试焦虑自我检查表的内容归类及题目序号）

类别	测查内容	题目序号
考试焦虑的来源	1．担心考糟了他人对自己的评价	3，10，17，25，32，41，46，47
	2．担心个人的自我意象受到威胁	2，9，16，24，31，38，40
	3．担心未来的前途	1，8，15，23，30，49
	4．担心对应试准备不足	6，11，18，26，33，42

续表

类别	测查内容	题目序号
考试焦虑的表现	1．身体反应	5，12，19，27，34，39，43
	2．思维阻抑	4，13，20，21，28，35，36，37，48，50
其他	一般性考试焦虑	7，14，22，29，44，45

参考上表对自己所答题目进行归类分析，制作一个自我分析表。例如你在“担心考糟了他人对你的评价”这一项的8道题中选了第3，25，41，46题（即打勾的题），那么就可以按照下面的示例在分析表的第一行中填上这些题号：

项目内容	所选择的题号
1．担心考糟后他人的评价	3，25，41，46
2．担心考糟后他人的评价	3，25，41，46

其他项目以此类推。然后具体分析自己在每一项目上的反映情况，找出对自己影响尤为严重的方面。例如某位学生对第一种来源这样概括：“我在这方面最大的问题就是不想使父母失望。”注意，表上最后列出的“一般性考试焦虑项目”可作为应试时自信程度的检验。在进行自我分析时需要耐心、认真，因为找出症结根源所在是进行有效防治的前提。

【团体素质拓展训练】

头脑风暴：订书针的用途

1．活动目的

调查研究表明，创造性可以通过简单实际的练习培养。然而，大多的时候，革新想法往往被一些诸如“这个我们去年就已经试过了”或“我们一直就是这么做的”的话所扼杀。为了给参与者发挥先天的创造性人开绿灯，我们可以进行头脑风暴的演练。

2．活动地点

教室或体育馆

3．活动内容

（1）将全体人员分成每组4～6人的若干小组。

（2）准备道具，包括订书针和可移动的桌椅。

（3）活动成员的任务是在60秒内尽可能多地想不同订书针的用途（也可以采用其他任何物品或题目）。

（4）每组指定一人负责记录想法的数量，而不是想法本身。在一分钟之后，请各组汇报他们所想到的主意的数量，然后举出其中”疯狂的”或“激进的”主意。有时，一些“傻”念头往往会被证实为很有意义的。

（5）有关讨论：当你在进行头脑风暴时还存在一些什么样的顾虑？你认为头脑风暴最适合于解决哪些问题？你现在能想到的在学习中可以利用头脑风暴的地方？

4．注意事项

（1）不允许有任何批评意见；

（2）欢迎异想天开；（想法越离奇越好）；

（3）所要求的是数量而不是质量。

5．填写上交实践报告

第七章

大学生人际交往

本章提示

核心词：

人际交往

首因效应

交往障碍

重点：

大学生人际交往的特点

大学生人际交往的技巧

实践路径：课前浏览—师生互动—课本记录—自测评价—实践报告

第一节　人际关系概述

人际交往是指人与人之间的信息沟通和物质交换，它是人们在交往过程中建立起来的人与人之间心理和社会的关系。人际交往是每个人都无法回避的生活内容，每个人在与人相处过程中，都希望得到他人的接受、尊重和喜欢，使自己的生活更加多姿多彩。生活中那些善于交往的人走到哪里都受欢迎，人们也都愿意与他交流信息，接受他的意见，并给予他帮助。那么人际交往的奥秘究竟在什么地方呢？

【师生讨论】

做一个快乐的人

一位青年人拜访年长的智者。

青年问：我怎样才能成为一个自己愉快、也能使别人快乐的人呢？

智者说："我送你四句话，第一句是：把自己当成别人。即当你感到痛苦、忧伤的时候，就把自己当做别人，这样痛苦自然就减轻了；当你欣喜若狂时，把自己当做别人，那些狂喜也会变得平和些；第二句话是：把别人当做自己，这样就可以真正同情别人的不幸，理解别人的需要，在别人需要帮助的时候给予恰当的帮助；第三句话：把别人当成别人，要充分尊重每个人的独立性，在任何情形下都不能侵犯他人的核心领地；第四句话是：把自己当做自己。"

青年问道："如何理解把自己当自己，如何将四句话统一起来？"

智者说："用一生的时间、用心去理解。"

这个故事中的智者的话，是想告诉青年人什么道理？

你的观点：______________________________

____

____

教师评语：______________________________

____

【结论】

大学对于每个大学生来说是个性和品质形成和发展的重要阶段，而人际关系是重中之重，这就要求我们正确认识人际关系对于我们的意义。俗话说：在家靠父母，在外靠朋友。所以掌握人际关系技巧，遵守人际交往原则，懂得人际交往艺术，及时进行心理调适，正确认识人际关系问题对我们来说很重要。

【师生讨论】

1．人际交往能够促进个体的身心健康

【师生讨论】

电影版《鲁滨逊漂流记》——荒岛余生

2000 年，由著名影帝汤姆·汉克斯主演的电影《荒岛余生》上映，该片内容是关于一个联邦快递公司员工在南太平洋上空遇难坠机流浪到荒岛的故事，该故事与《鲁宾逊漂流记》十分类似。

查克（汤姆·汉克斯饰）身为联邦快递的系统工程师，不论是他的私生活或是工作都讲求精准效率，他的个性急躁，因此对一切都讲求速度，加上他有绝对的控制欲，所以他的起居生活和工作行程随时随地都在他的掌握之中。虽然他的事业成功，但是情感却是另一回事。由于他是个超级工作狂，很少有时间陪女友凯莉，因此他们的关系出现危机。

在一次出差的旅程中，查克搭的小飞机失事，他被困在一座资源贫瘠的无人荒岛，当他失去现代生活的便利以及人与人之间的互动，生活唯一的目的就是求生时，他的人生观开始逐渐有所转变。当他发现生活的压力顿时消失，便开始反思人生的目的，最后对于工作、感情，甚至生命本身都有全新的体会和领悟。

在那个与世隔绝的荒岛上的四年时间里，和查克在一起的只有一块镶有未婚妻相片的怀表、一个排球、一个联邦快递和一个皮划艇。他曾经想过划皮划艇离开荒岛，但因为海上波浪太大而失败。他也想过死，他曾经爬上山崖试图用绳子将自己吊死，但上天给予了他再一次生命，没能按计划吊死。于是他想要呼吸，想要在这个世界上活下去，即使是在这个荒无人烟的孤岛上。

4 年后，他成了一位出色的捕鱼者，怀表里镶的未婚妻的相片成了他求生的希望，他始终坚信自己的爱人还在等着他回去；那个联邦快递成了他生存的责任，他没有拆开那个快递，幻想着某朝一日回去了能将快递亲手送到客户手里；排球则成了他唯一的朋友，他为他的排球朋友取名为威尔逊，每天能听他说话、倾诉的只有他的这位永远保持沉默的朋友。

后来有一天，一块海上漂来的金属板使得他又燃起了离开荒岛的欲望。他将树皮和树木做成了木筏，将金属板做成了船帆。这次他成功了。经过几天的海上航行，他的船帆没了，而好友威尔逊也飘走了，为此他伤心的几乎要绝望。而这时一艘货轮发现了他并将他救了上来。查克四年之后终于重新回归人类社会。

观看电影《荒岛余生》。试想，假如将你抛弃在一个人烟绝迹的荒岛上，你会面临哪些生活困难？长期无法与人沟通交流，你的孤独感会有多大？

你的观点：______________________________

____

____

____

____

____

教师评语：______________________________

____

____

____

【结论】

良好的人际交往关系是人们生存和发展的必要条件，人际关系的好坏往往是一个人心理健康水平和社会适应能力的综合体现。人际交往能力较差的人，容易形成抑郁、精神紧张、性格暴躁等心理障碍。而心理障碍的出现又会导致人体内分泌功能紊乱、甲状腺机能亢进、偏头痛甚至癌症等生理疾病。所以，人际关系对于我们每个人的心理生理健康都非常重要。

2．人际交往是个人社会化的起点和必经之路

【师生讨论】

天堂与地狱的区别

有一个人很想知道天堂与地狱的区别到底在哪里，便去找上帝。上帝明白他的来意后，什么也没说，只是叫那个人跟着自己去转一转。

他们先来到一个屋子里，发现很多面黄肌瘦的人围着一个大桌子，每个人面前都放着满满的一碗饭，手上拿着一把好几米长的勺子，所有人都竭力用勺子挑起饭想送到自己嘴里，可是没有一个能够成功。上帝又把那个人带到另外一个屋子，里面有很多红光满面的人带着微笑在那里津津有味地吃着饭，他们也是每个人面前一碗饭，手里拿着一把好几米长的勺子，可是他们不是拿勺子把饭往自己嘴里送，而是送到对面人的嘴里……上帝带着那个人离开了两间屋子，并问他：“你现在知道天堂与地狱的区别了吗？”那个人似有所悟：“原来如此……”

请推测一下，那个人的“感悟”是什么？

你的观点：______________________________

教师评语：______________________________

【结论】

社会化即个人学习社会知识、生存技能和文化，从而取得社会生活的资格，开始发展自己的过程。如果没有其他个体的合作，个人是无法完成这个过程的。人只要活着，不管你愿意或自觉与否，都必须与人进行交往。人一生的成长、发展、成功，无不与同他人的交往相联系。从人际关系中得到信息、机遇、扶助就可能助你走上一条成功之路。现代科学技术的发展使我们越来越依靠群体的力量，人与人之间的情感沟通和智力交往使某些工作出现质的飞跃，这种“群体效应”已越来越成为各项工作的推动力。这种效应的出现主要是在人际互动和交往中实现的。在交往过程中，彼此互相学习，共同提高，可产生1+1>2的智力共振。

3．人际交往可以促进个体良好个性的形成

【师生讨论】

人生中的“重要他人”

“重要他人”是心理学里的一个专业术语，所谓“重要他人”是指一个人心理和人格形成过程中，起过巨大甚至是决定性作用影响的人物。这些人对你的影响可能是正面的、快乐的，但是也可以是负面的、伤害性的，他们曾经的某些语言或行为在潜移默化中对你产生过深刻的影响。一个人在成长变化的不同阶段，随着心理的发展，人生的“重要他人”也在发生着变化。

学前阶段之“重要他人”

在生命的最初几年，对个体产生重要影响的人物无疑就是我们的父母。一般来说，在个体离开家庭，上幼儿园和小学之前，父母对孩子的影响无可替代。可以说，在这个时候，也是做人家父母最舒服的时候，自身权威意识膨胀，孩子的崇拜也无限。我们经常可以看见两个小孩子斗嘴时，经常将“我爸爸最厉害，他是……”“我妈妈最疼我，他对我……”你可以看到，不管爸爸妈妈是什么身份，什么社会地位，总之，只要你是爸爸妈妈，就会受到孩子无原则的认可和崇拜。

小学阶段之“重要他人”

好景不长，当孩子们飞速中成长为一名小学生的时候，父母的权威地位无疑被孩子的老师所替代。说起来，和大学、中学老师比较起来，不见得小学老师的水平是最高的，但论起在学生心目中的地位，却绝对非小学老师莫属。一般小学生的口头禅都是“我老师说……”可以说，老师在小学生心里的权威，是不容许任何人挑战的。

中学阶段之“重要他人”

进入中学后，孩子独立个性的意识开始苏醒，他们开始怀疑父母和老师的权威，甚至是产生抵触叛逆的情绪。这个时候他们将非常重视自己的友谊，更希望在同学和朋友等同龄人中找到共鸣。因为，自己身边的那些铁哥们和闺蜜将是自己最重要的模仿对象。偶像崇拜也是此时的特点，中学生是最大的粉丝人群。

大学阶段之“重要他人”

如果生命历程比较平稳，顺利地升到了大学，这时候朋友对于个体而言还是很重要的，但这时朋友有了分化，朋友具有更强的选择性。尤其是当谈了场恋爱的时候，恋人的影响就更大了。人生在哪个阶段最容易“重色轻友”，答案很明显，就是大学阶段。

想一想，在你的人生成长中哪些人对你产生过重要影响？

你的观点：____

____

____

____

教师评语：____

____

____

【结论】

在人际交往中，人们通过相互影响，尤其是在受“重要他人”的积极影响下，能够促进人的良好个性的形成。心理学研究发现，儿童与其照看者通过积极的交流，可以形成稳定的亲密关系。例如你在学前班或者小学阶段遇到过某位特别有亲切感的老师，那你就会在某些方面模仿这位老师，并且这种影响将会是持续一生的。相反，假如你在小学时遇到过一位很严厉的老师，你的个性中可能就会表现出难以信任他人的特征。

4．人际交往是获得知识和信息的手段

【师生讨论】

眼见不一定为实

孔子和众弟子周游列国，曾行至某小国，当时遍地饥荒，有银子也买不到任何食物。过不多日，又到了邻国，众人饿得头昏眼花之际，有市集可以买到食物。弟子颜回让众人休息，自告奋勇忍饥做饭。当大锅饭将熟之际，饭香飘出，这时饿了多日的孔子，虽贵为圣人，也受不了饭香的诱惑，缓步走向厨房，想先弄碗饭来充饥。不料孔子走到厨房门口时，只见颜回掀起锅的盖子，看了一会，便伸手抓起一团饭来，匆匆塞入口中。孔子见到此景，又惊又怒，一向最疼爱的弟子，竟做出这等行径。读圣贤书，所学何事？学到的是——偷吃饭？肚子因为生气也就饱了一半，孔子懊恼地回到大堂，沉着脸生闷气。没多久，颜回双手捧着一碗香腾腾的白饭来孝敬恩师。

孔子气犹未消，正色到：“天地容你我存活其间，这饭不应先敬我，而要先拜谢天地才是。”颜回说：“不，这些饭无法敬天地，我已经吃过了。”这下孔子可逮到了机会，板着脸道：“你为何未敬天地及恩师，便自行偷吃饭？”颜回笑了笑：“是这样子的，我刚才掀开锅盖，想看饭煮熟了没有，正巧顶上大梁有老鼠窜过，落下一片不知是尘土还是老鼠屎的东西，正掉在锅里，我怕坏了整锅饭，赶忙一把抓起，又舍不得那团饭粒，就顺手塞进嘴里……”

至此孔子方大悟，原来不只心想之境未必正确，有时竟连亲眼所见之事，都有可能造成误解。于是欣然接过颜回的大碗，开始吃饭。

俗话讲“耳听为虚，眼见为实”，但是有些时候我们亲眼见到的也并不一定是真的。只有充分的沟通交流，我们才能将真正的世间原貌重新立起来。

你的观点：____________________

____

____

教师评语：____________________

____

【结论】

以上这例小故事，让我们看出沟通的重要性。在学习中，与老师同学沟通，能够帮助我们发现自己的不足，体现师生之间的互爱友助。生活中，和家人之间的沟通，可以增进情感，体现亲人之间的关爱和关心。而将来的工作中，上级和下级、同事之间的互通信息，可以提高工作效率和成绩。

第二节　大学生人际交往及影响因素

人际交往能力是现代大学生不可缺少的技能与素质。与人交往和相处的问题不是大学生独有的，但这一问题在大学生中表现尤为特殊。随着社会的发展，交往能力与人际关系受到越来越多大学生的重视，他们对人际交往有了更积极的看法和迫切的要求。而在人际交往中，有着许许多多的心理因素妨碍着人与人之间的交流，损坏了双方的良好互动。

【师生讨论】

医生的说话艺术

两位医生本意都是想安慰癌症病人，向其传递活的希望，但是效果却大相径庭。A 医生说：“像你这种情况死亡率是百分之八十。”B 医生说：“你的情况虽然严重，但战胜病魔的几率也有百分之二十，所以希望你不要放弃，坚持治疗。”

如果你是病人，你更喜欢哪位医生的表述方式？为什么？

你的观点：____________________

____

教师评语：

【结论】

同样的一句话，也许不同的人说出来沟通效果就大相径庭。由此我们可以引出，与人交流是一门值得每个人琢磨的艺术，有很多因素在制约着你与他人沟通的效果，如说话人的素质、涵养、学识甚至是口音问题，等等。

1．大学生自身心理因素对人际交往的影响

（1）嫉妒心理

【师生讨论】

女大学生嫉妒闺蜜用 LV　心态失衡纵火烧掉其房屋

钱某与吴某是中学同学，关系非常好，算是闺蜜。2012 年，她们分别考上了成都两所不同的大学。在川音读书的吴某，家里经济条件较好，为了读书方便，家里为她在华阳蜀郡小区买了一套房子，而钱某每个周末都会“投奔”吴某。家境殷实的吴某用钱很大方，提的是 LV 挎包、用的是香奈儿香水。相比较而言，成长于单亲家庭的钱某家庭条件就差了很多，家里每个月仅给她 1000 元生活费。经常跟着吴某出去玩耍，让虚荣心极强的钱某心理慢慢失衡，嫉妒心一天比一天强。

2012 年 12 月，趁吴某外出玩耍，钱某悄悄配了一把房门钥匙。不久后，她利用吴某不在家中时，盗走吴某放在沙发上的一台价值约 2 万元的佳能单反相机。房门完好，家中其他财物也没被盗，吴某自然怀疑上了朋友钱某。“你就是个贼娃子！”见无法抵赖，钱某承认了自己盗窃的事实，二人也就此结下了梁子……

2013 年 1 月放寒假后，吴某独自回了老家。此时，嫉妒心起的钱某谎称自己是业主，找来了收旧家电的人，分两次卖掉了吴某家中的空调、电视和洗衣机，获利近万元。随后钱某又担心事情败露，干脆点了一把火将吴某的房子烧掉。她点燃了房间里的衣柜、床单、沙发等多个地方，制造了一起离奇的火灾。临走时，钱某还卷走了吴某留在房内的香奈儿挎包、LV 挎包和巴宝莉香水。之后，她把房门钥匙扔在了小区垃圾桶里，若无其事地回到老家。随后公安人员介入调查，并很快将钱某抓获。

嫉妒是人的天性，每个人都会或多或少有些嫉妒心理。那么，生活中的你会嫉妒别人哪些方面呢？

你的观点：

教师评语：____

____

____

____

【结论】

嫉妒是个人心理结构中“我”的位置过于膨胀的具体表现。总怕别人比自己强，对自己不利。因此，要根除嫉妒心理，首先根除这种心态的“营养基”——自私。只有驱除私心杂念，拓宽自己的心胸，才能正确地看待别人，悦纳自己，即常说的“心底无私天地宽”。同时，要正确树立自己的价值观。嫉妒别人的物质生活水平是绝对不可取的。你所羡慕的那些生活水平高的同学中，有的是靠自己的聪明才智赚来的资本，你嫉妒不着，有本事你也可以凭自己的能力去获得。但更多的是依靠家庭的支持，你也没法嫉妒，家庭经济状况是目前的你一时改变不了的。要端正自己的心态，每个人都有各自的生活轨迹，切莫因一时的贪婪，而去冒险做可能毁掉你一辈子的蠢事。

（2）猜疑心理

【师生讨论】

大学里的猜疑乱相

2013 年夏天，一对大学的恋人，双方都任性幼稚，恋爱半年后常因互相猜疑及琐事闹别扭，一闹就歇斯底里一个哭一个哄寻死觅活，今天女的扯颈部装饰用的水晶珠吞下，明天那男的恼羞成怒牛饮洗手液……折腾了两三个月，无心向学，耽误了不少课，全年级的师生为此而鸡犬不宁（出走后连夜满世界找寻，为防其自寻短见，轮流值班半夜暗中看守），学院政工老师为他们费尽了脑子，耐心细致地开导、请心理咨询师调解、班干们密切注意他们的情绪变化、通知家长到校陪护……但这两位心智不够成熟的“恋人”，硬是一直在闹，不顾期末考试将近，连其中一位家长都无能为力表示：这样不听劝就只好“随她去吧!”最后是“冷处理”，强行让家长分别领回去在家休养，分开又离开特定场景后两人情绪才渐渐稳定下来，后两人在学籍上作了些调整，严重影响了学业。

某大学宿舍四人，最初一名女生反映自己的洗面奶沐浴露最近总是莫名其妙就少了很多，护肤霜没用多久就没了，她怀疑是有人偷偷用她的东西，所以现在个人用品都锁在柜子里。可是她后来发现锁在柜子里的东西也是用得很快，于是怀疑有人打开了她的柜子偷用她的个人用品。这件事情也让其他三个室友绷紧了神经。不久其他室友也开始投诉，要么是自己的洗发水突然少了，要么是发现自己的日记本被人动过，宿舍矛盾开始泛化，并引发各种猜测，其中一名宿舍成员无法忍受这种猜忌的氛围，搬离宿舍居住。

小芬和小丽、小宇同住一个宿舍，但与小丽关系不错，而与小宇关系一般。2013 年 3 月底，小芬丢了 3000 元钱，之后曾对小丽说怀疑这事是小宇干的，但是没有证据，因为这事她和小宇产生了矛盾。丢失钱这件事小芬也向公安局报案了，但没有结果。后来有一天，小宇发现自己的床铺上沾了些脏东西（油垢），就在宿舍里没指名的骂，而且小宇的男朋友吴某也到她们宿舍门口骂了小芬和小丽。小芬和小丽很生气，就将此事告诉了各自的男友程某和李某。第二天，三个女孩子各自带着自己的男友在学校附近见面“了事”。小宇的男友吴某为此还叫上了自己几个“铁哥们”。双方一见面没说几句就言语不和大打出手，在厮打的过程中，小丽的男朋友程某被匕首当场扎死。随后警察赶到现场，对相关人员依法刑事拘留。

你是否也和同寝室的同学也有过猜疑的情况，你的猜疑都是有根据的还是空穴来风？

你的观点：

教师评语：

【结论】

猜疑心理是由主观臆测而产生不信任的一种复杂的不良心理，它是一种片面的、狭隘的、缺乏真实根据的盲目想象。疑心重的人经常忧虑过度，别人对他说的什么话总是往坏处想。常常捕风捉影、无中生有。猜疑心理表现在交往过程中，自我牵连倾向重，总觉得别人都是在说对自己不利的话，对他人的言语多疑、敏感。

（3）自卑心理

【师生讨论】

自卑酿成的悲剧

小李和小况是大学同窗好友，毕业后来往密切，经常在一起聚餐。小李家庭经济比较困难，因为贫穷他从不愿跟别人提起自己的家境。小况家境、工作都比小李好，每次吃饭都抢着付钱，小李竟认为小况是在故意炫富。于是，心理失衡、心生嫉妒的小李竟起了杀心，最后竟残忍地杀害了小况，被法院以故意杀人罪判处死刑。

小李出生在重庆市××县的一个乡镇。父母都是农民，靠务农维系一家四口的生计。小李性格内向，不爱说话。但他从小就很懂事，读书时学习成绩很好。由于是家中长子，父母把全部希望都寄托在他身上。为减轻家庭负担，小李的妹妹读完初中就外出打工挣钱，补贴家用和支付哥哥的学费。长得一表人才，对人彬彬有礼的小李，因自尊心很强，除了几个好朋友外，很少也不愿提起自己的家庭情况。

小况与小李同岁，两个人共同就读于重庆某高校的同一个专业，是小李大学时最要好的同学。小况的家在重庆市主城区，父母都是工薪阶层，家庭条件还算不错。读大学时，小况就经常请小李吃饭。

2013年6月，小李与小况大学毕业。毕业后，小李在重庆市的一家企业找到了一份普通的工作，，并在单位附近租了房子。小况在一家事业单位找了一份有正式编制的工作，薪资比小李要高一些。第一次发工资，小况就打电话约小李吃饭。在饭桌上，小况向小李讲述了自己的工作情况，并提到了自己的薪水和待遇。小李则向小况抱怨自己的工作并不如想象中的好。饭后，小李主动提出埋单，却被小况拦住了："你不要跟我争，听同事说，三个月试用期过后，我还要涨工资，这顿我请你。"就这样，那回吃饭还是小况埋单，而且之后每次吃饭，小况都抢着埋单。

小况的热情让小李的心里越来越不是滋味。据小李后来交代，其实他也想埋单，但总被小况拒绝。而且每次吃饭时，小况都会讲自己最近工作如何、单位又发了什么福利。“我一直自愧不如，看着自己工作一般、待遇一般，还租房住，就逐渐产生了自卑心理。”小李说。更为严重的是，小李认为小况每次抢着埋单，是在炫富、故意刺激他。于是，原本就深感自卑的小李在这不良心态的驱使下，走向了极端……

上面的故事中，小李的自卑心理是因为哪些因素产生的？作为朋友的小况，有没有做的不对的地方？

你的观点：____

____

教师评语：____

____

【结论】

每个人总是以他人为镜来认识自己，如果他人对自己的评价过低，就会影响对自己的认识，从而过低评价自己，产生自卑心理。对自我形象不认同，觉得自己长的不好。或者是对自己能力的怀疑，进入大学后的优越感降低甚至没有了，自己没有赢得别人尊重的本钱，于是产生了极强的失落感，原有的优越感一下子就成自卑感。每个人都会在某个方面产生自卑感的。自卑的人比较常见的表现为不敢大声说话，不苟言笑，常常独自一个人在某个角落注视着他人，其实他内心也渴望得到别人的关注，可因为自卑让他们抬不起头，他们就很少能交到真心朋友，且容易猜忌、歪解别人说话的意思。

2．家庭教育因素对人际交往的影响

【师生讨论】

小曼是家中独生女，出生后身体较健康。小学期间，小曼学习一般，于是经常受到母亲的打骂，对周围的同学不怎么信任，感觉没有安全感。父母离婚后，从此觉得低人一等，生活没有乐趣，并与同学很少来往，没有一个好朋友，性格也变得更加内向；没有什么兴趣爱好，有什么想法都闷在心里，不向任何人说。小学六年级的时候父母复婚，情况有好转。上高中的时候学习很刻苦，除了学习没有其他的爱好，也没什么朋友；后来意识到人际关系的重要性，发现自己的朋友少，就尽量主动去交往，但交得朋友大都是成绩好的同学。因高考成绩不理想，补习了一年。现在上大学后，高中的朋友很少联系了，关系也淡了许多，而她自己也只是想认真学习，到目前为止也没有什么很好的朋友；平时遵守校纪班规，对自己要求非常严格，学习刻苦努力，成绩名列前茅。但性格仍然内向、胆小，不爱说话，也不爱主动与人交流，几乎不参与学校组织的社会活动，时常感到自己压力很大，觉得任何时候只要不学习就是浪费时间。

最近一段时间，小曼感觉根本不想呆在寝室，感觉自己与人相处很失败，现在和同学交往她就有些害怕，感觉“大家都挺虚伪的，一回到寝室，就胸口发闷”。原来进大学之后，大一的时候寝室同学关系还好，也许一开始大家还不太了解，所以都比较客气。大二一开始大家学习都比较轻松，寝友里的人也不怎关心学习了，只顾玩、找男朋友什么的。其中一个家在本地的室友小玲和小曼闹起了矛盾。上个星期一天晚上熄灯后时，小曼用台灯在看书，小玲觉得影响了她休息。小玲就说早点睡觉，明天还要上课呢？于是小曼就关了灯。第二天早上小玲起来特别早，小曼就想她肯定是在报复我，小曼就说小玲请小声点，小玲就很冒火地和她吵起来了。这件事过后小曼觉得也没有什么，本来就是小玲的不对。

还有一件是就是班上的同学竞争入党，本来寝室有几个室友也申请了，但是后来人数有限制，只有小曼得到了入党的机会。一天小曼回寝室发现其他几个室友在聊天，听到她们好象说“什么就会讨好老师，拍马屁什么的”。小曼一听就知道在说自己，从那天以后几个室友的关系变得更好，而疏远小曼。小曼心里特别不舒服，她和室友的关系很糟糕，已经到了孤立无援的地步；感觉自己在人际关系处理方面很失败。

请分析小曼的家庭动荡都对小曼的性格以及人际交往方面产生了哪些影响？

你的观点：____

____

____

____

____

____

教师评语：____

____

____

____

【结论】

家庭教育对于每一个人成长的影响都是非常大的，任何在家庭中生活的人，几乎都无法摆脱家庭对他的熏陶和教诲。就人际交往来说，父母在这方面的积极表现，会促进子女善于搞人际关系，而不善于搞人际的父母，也会影响子女在成长中形成人际障碍。同时，当代大学生大多都为独生子女家庭，没有兄弟姐妹，家庭内部横向交流缺乏，人际交往能力从小就缺乏锻炼，加上父母长辈的娇惯溺爱，造成大学生以自我为中心，不懂得主动迁就他人、理解他人。

3. 信息网络化的负面影响对人际交往的影响

【师生讨论】

网瘾

小赵和小刘均是清华大学的在读学生。二人又都因上网成瘾，大大影响了自己的现实生活。

说起小赵来，他的经历还颇有些传奇。他曾三次参加高考，两次考上北大，一次考进清华。之所以参加三次高考，是因为他有两次退学的经历，每次退学的原因是相同的——陷入网络游戏不能自拔。2005 年，小赵第一次考入北京大学，由于沉迷于网络，7 门必修课不及格，于 2006 年 7 月被学校劝退。2007 年，复读一年的小张以所在城市理科状元的身份被清华大学录取。一年后，他再度沉迷网络，由于学分不够自动退学。正当大家都对他不抱希望的时候，2009 年，他再次以全市理科第二名的成绩考入清华大学。三次高考均考入中国最顶尖学府，小张的智力水平无疑是顶尖的。

2007 年小赵第二次进入大学后，确实有一段时间远离了网络，那两年他的学业成绩非常好，第一年学业成绩名列前茅，大二的时候成绩排在了全系第一名。后来，他喜欢的一个女孩子不接受他，这让小赵异常痛苦。小赵是个典型的生活在玻璃樽中的孩子，他天资聪慧，在学业成绩上领先于同龄人，在成长过程中体验更多的是家长的呵护与其他人的赞美和鼓励。因此，当挫折和失败突然降临时，他比同龄人更加不知所措，更加容易崩溃。当这种痛苦实在无法排解的时候，他选择了虚拟世界。

与小赵同在一所大学的小刘也是一个生活在玻璃樽中的孩子。从 14 岁起小刘就开始玩某款网络游戏，今天 24 岁的他是这款网络游戏的第一批玩家。中学时，由于学校有严格的作息时间，小刘只能每天抽空玩 10 分钟左右，学习完全没有受影响，成绩非常好。

2007 年，小刘在当地激烈的高考竞争中以高分考入清华大学。进校之后，小刘顿时感到了压力。周围全是"高手"，他的学业成绩不那么突出了，到了大一下半学期竟然挂了科。这让原本优秀的他措手不及。这是他第一次挂科，心情也不太好，而且关键是没有了推研的机会，突然没有了学习的动力。于是，网络游戏走进了他的生活。频繁缺课、考试不及格、人际关系疏远，一个接一个的挫折接踵而来。结果是，5 年后的今天，这个昔日的高材生仍然在清华园里读大四。他比同年进校的学生在学业进程上晚了两年，当年的同学有的出国了，有的已有了一份稳定的职业。小刘却把这两年的时间花在了和网络游戏反复的纠缠中。

上网成瘾还会对人造成哪些伤害？

你的观点：____

____

____

____

____

____

教师评语：____

____

____

____

【结论】

国际互联网的高速发展，打破了人们在时间和空间交往上的限制。但是虚拟的网络交往也代替了人们之间直接的感情交流。网络在快速传递信息，提供休闲娱乐的同时，也为大学生发泄不满情绪、寻求精神寄托和逃避现实提供了场所。过度沉迷于网络之中，无疑会使大学生现实交往的封闭和人际沟通能力的下降。部分学生过度关注网络而忽视现实生活，造成了自闭的心理障碍。

第三节 大学生人际交往原则及技巧

每个成长中的大学生，都希望自己生活于良好的人际关系氛围中。如何提高个人的交际魅力，保持和谐的人际关系状态，这是每个大学生都值得思考和研究的问题。据有关调查显示，那些对大学生活感到成就感低的学生中，问题排在第一位的便是人际关系的处理不好。因此，掌握人际交往的原则和相应的技巧，将大大有助于大学生更快乐地在大学校园里生活。

【师生讨论】

庄子曰："君子之交淡若水，小人之交甘若醴。君子淡以亲，小人甘以绝。"请问庄子的这句话说出了人际交往的哪些原则？

你的观点：________________________________

____

____

____

教师评语：________________________________

____

____

____

【结论】

释加牟尼曾经问弟子："一滴水怎样才能不干涸？"卡耐基也曾说过，"现代成功人士 80% 都是靠一根舌头打天下。"两位不同时空的人物用他们各自的方式诠释人际交往的重要性。对于人际交往的原则，《史记》里曾有过耐人寻味的总结，即"一死一生，乃知交情。一贫一富，乃知交态。一贵一贱，交情乃见。"

1．成功人际交往的原则

（1）互相尊重

【师生讨论】

女人最需要的是什么

有个国王去打猎，被食人族抓住要吃掉。国王苦苦哀求，许诺只要不吃他，什么条件都答应。首领提个问题：女人最需要男人给她什么？限十天之内找到答案，否则就将他吃掉。国王将所有大臣召集来，寻找答案，多方打听，得知一个住在乡下的女巫知道答案，立即派了年轻智慧帅气的使者找到了女巫。女巫说自己的确知道答案，但是必须要使者答应娶她为妻，使者看了看面貌狰狞并且邋遢得一塌糊涂女巫，二话没说，一口答应了。

洞房花烛，使者进了房间，揭开盖头，却意外地看到了一个如花似玉的美女，使者正诧异的时候，美女开口说话了；她告诉使者：她就是那个女巫，因为她会魔法，可以短时间成变美女。问使者愿意让她晚上美丽还是白天美丽？使者想了想说：我的妻子，我很愿意你是永远美丽的，但你只能短时间美丽，这就要你来做主了。结果，女巫 24 小时都是美女，她将答案告诉使者：一个女人最需要男人给的就是尊重。有了男人的尊重，女人永远美丽！

尊重女人都包括哪些方面？

你的观点：________________________________

____

____

教师评语：

【结论】

与人愉快相处的先决条件就是彼此绝对的尊重。无论是聊天还是一起做事，要把握好彼此间的距离和尺度。对方的原则问题不能碰，对方不喜欢的事情不能强求。人与人之间的交往应该有主动与被动之分，交往的深度也不可能相同，由于志趣爱好相同相近，彼此成了朋友、成了知己。喜怒哀乐可以尽情倾诉，因为我把你当作我最值得信赖的朋友。朋友之间可以没有秘密，但是朋友之间应该彼此保守秘密，这是对朋友最起码的尊重。尤其是与女性朋友交流时，更得时刻把握好尊重的尺度。

（2）彼此真诚

【师生讨论】

无言的真诚

一只公猪深深爱着同圈的母猪！晚上公猪总是给母猪放哨，他生怕主人乘他们熟睡时把母猪拉出去宰了。日子一天天的过去，母猪日渐长胖，而公猪则一天天瘦下去。有一天，公猪突然听见主人在跟屠夫商量，要把长势见好的母猪杀了给卖掉，公猪伤心至极。

于是从那天开始公猪性情大变，每当主人来送吃时公猪总抢上去把东西吃的一干二净，每天吃好后便躺下大睡，并且告诉母猪现在换作她来放哨，如果他发现她没放哨的话就再也不理她。

日子渐渐的过去，母猪觉得公猪越来越不在乎她，母猪失望了，而公猪还是若无其事地过着安乐日子。很快一个月过去了，主人带着屠夫来到猪圈，他发现一个月前肥肥壮壮的母猪瘦的没剩下多少肉，而公猪则长得油光。这时的公猪拼命的奔跑，想引起主人的注意，表明他是头健康的猪。

终于，屠夫把公猪拖走了，在拖出猪圈的那一刻，公猪朝着母猪笑着说:”以后别吃这么多!”母猪伤心欲绝，拼命地冲出去，但圈门被主人关上了，搁着栅栏，母猪看着闪着泪光的公猪。那晚，母猪望着主人一家开心地吃着猪肉，母猪伤心地躺倒在以前公猪每天睡的地方，突然她发现墙上有行字：“如果爱无法用言语来表达，我愿意用生命来证明!”母猪看到这行字肝肠寸断，人类听到这个凄美的爱情故事也无不为之动容。

从这个故事中，你有哪些感悟？

你的观点：

教师评语：________________

【结论】

真诚待人是人际交往得以延续和发展的保证，人与人之间以诚相待，才能相互理解、接纳、信任，才能团结相处。真诚团结是现代社会事业成功的客观要求。就人生而言，仅靠个人微薄的力量是难以到达成功、幸福境界的。交往中要真诚待人，实事求是，要胸怀坦荡，言行一致。相互信任，尊重别人，谦虚谨慎，文明礼貌，才能建立良好的人际关系。真诚有时候不需要语言来装饰，他一定是发自内心的。唯有真诚，方能得一二知己。

（3）互助友爱

【师生讨论】

高山流水

春秋时，楚国有个叫俞伯牙的人，精通音律，琴艺高超。但他总觉得自己还不能出神入化地表现对各种事物的感受。老师知道后，带他乘船到东海的蓬莱岛上，让他欣赏自然的景色，倾听大海的涛声。伯牙只见波浪汹涌，浪花激溅；海鸟翻飞，鸣声入耳；耳边仿佛响起了大自然和谐动听的音乐。他情不自禁地取琴弹奏，音随意转，把大自然的美妙融进了琴声，但是无人能听懂他的音乐，他感到十分的孤独和寂寞，苦恼无比。

一夜，伯牙乘船游览。面对清风明月，他思绪万千，弹起琴来，琴声悠扬，忽然他感觉到有人在听他的琴声，伯牙见一樵夫站在岸边，即请樵夫上船，伯牙弹起赞美高山的曲调，樵夫道："雄伟而庄重，好像高耸入云的泰山一样!"当他弹奏表现奔腾澎湃的波涛时，樵夫又说："宽广浩荡，好像看见滚滚的流水，无边的大海一般!"伯牙激动地说："知音"。这樵夫就是钟子期。后来子期早亡，俞伯牙悉知后，在钟子期的坟前抚平生最后一支曲子，然后尽断琴弦，终不复鼓琴。

伯牙子期的故事千古流传，高山流水的美妙乐曲至今还萦绕在人们的心底耳边，而那种知音难觅，知己难寻的故事却世世代代上演着。

从伯牙子期的知己之交的故事中，你有哪些感悟？

你的观点：________________

教师评语：________________

【结论】

互相关心，互助互惠，是人际交往的客观需求。生活中，每个人都难免有困难，需要他人帮助。学习中，也需要在各自的职位上互相交流、互相讨论，才能彼此促进进步。互相帮助是中华民族的传统美德。一人有难，众人相帮；一方有难，八方支援。相互帮助就是要乐于帮助别人，别人有困难需要帮助时一定要热情帮助。孔子曰：“己所不欲，勿施于人。”一个不愿意帮助别人的人，很难要求别人自愿帮助他。互相帮助不是互相利用，互相利用不是践行真诚和友爱。

（4）待人宽容

【师生讨论】

唯有宽容才值得信赖

三国时期的蜀国，在诸葛亮去世后任用蒋琬主持朝政。他的属下有个叫杨戏的，性格孤僻，讷于言语。蒋琬与他说话，他也是只应不答。有人看不惯，在蒋琬面前嘀咕说：“杨戏这人对您如此怠慢，太不像话了！”蒋琬坦然一笑，说：“人嘛，都有各自的脾气秉性。让杨戏当面说赞扬我的话，那可不是他的本性；让他当着众人的面说我的不是，他会觉得我下不来台。所以，他只好不做声了。其实，这正是他为人的可贵之处。”后来，有人赞蒋琬“宰相肚里能撑船”。

清康熙年间，张英在京城做了大官，被人称为“张丞相”。张英的老家在安徽桐城，那里有一个姓叶的大户与张家的府第为邻。那年，张家重新扩建府第，院墙盖到了叶家的地界。叶家明知道是张家仗势欺人，但祖上传下的宅第也不愿相让，于是和张家争执，并表示“宁可家破人忙，也寸土不让”。双方相持不下，冲突在所难免。张英的夫人在族人的催促下给丈夫写信，希望张英干预此事。张英接到夫人的信后，对家人依仗他的权势欺压乡里很是不满，于是作诗一首带给夫人，诗中写道：“千里修书只为墙，让他三尺又何妨。长城万里今犹在，不见当年秦始皇”。张夫人见诗后，很不理解张英的做法，反复吟诵，才理解丈夫的用意，于是让家人主动后退 3 尺筑墙。叶家得知后，被张英宽厚礼让的行为感动，也将自己宅院主动后退了 3 尺。这样张、叶两家之间就形成一个 6 尺宽的巷子。后来，这件事被广为传颂，还有一句顺口溜：争一争，行不通；让一让，六尺巷。

林肯总统对政敌素以宽容著称，后来终于引起一议员的不满，议员说：“你不应该试图和那些人交朋友，而应该消灭他们。”林肯微笑着回答：“当他们变成我的朋友，难道我不正是在消灭我的敌人吗？”一语中的，多一些宽容，公开的对手或许就是我们潜在的朋友。

读了以上三则故事，你对宽容待人有哪些感悟？

你的观点：______________________________

____

____

____

____

____

教师评语：______________________________

____

____

____

【结论】

中国儒家有“仁者爱人”的传统，在当今社会里，人与人之间更应团结友爱。人际交往中要主动团结别人。容人者，人容之。互相尊重，虚怀若谷、宽宏大度才能建立起良好的人际关系。友爱就是要爱同志、爱朋友、爱同事、爱人民。真正的爱心就表现在帮人一把，在别人需要时，奉献自己的力量。

2．人际交往的技巧

（1）彼此消除戒备，敞开心扉

【师生讨论】

FBI 的读心术

通常我们和陌生人接触的最初阶段，彼此之间都会多少有点戒备心理。那么究竟要怎样才能解除对方心中的武装呢？FBI 根据多年的办案经验总结出了几个具体的步骤。

首先，就是要让对方产生安全感。如果感觉到对方为了保护自己而说谎的时候，FBI 探员最常说的就是：“你把实话说出来，不然的话后果会更严重，说出来的话，不会有更坏的结果。”许多犯罪嫌疑人在这样的劝告下，都会放松警惕，认为他的处境已经不会再坏了，便不会顾及说出实话会有什么不良后果。所以在这种情况下，想要叫他说出真相是比较容易的。

当然，要使对方产生安全感，先要使他对你产生信任感，这样他才会对你吐出真言。一般来说，想要获取对方的绝对信任，循循善诱的方法比强迫的手法更容易达到目的。但是其前提是我们必须做到让对方觉得“我实在不应该对这种人说谎”才行。简单地说，就是需要运用技巧，使对方因为你的影响而把实话完全说出来。

还有一种技巧是完全相反的，那就是把自己装扮成很容易上当的样子，使对方放下戒心，认为自己说什么都不会受到怀疑。这种情况下很容易让人无意间把心里的话说出来。换句话说，也就是让对方产生一种心理上的优越感，使他在得意之际忘形，此时询问一些问题，对方很可能就会无意中露出马脚。这种方法的实施对象通常是那些极其傲慢不自谦的人。

你的观点：____

____

____

____

____

____

教师评语：____

____

____

____

【结论】

有的大学生虽然很想和他人建立良好的人际关系，但是由于对交往存在错误的认知，认为“先同别人打招呼显得自己低人一等”，“如果我先同他人打招呼，他人不理自己怎么办？”还有的学生认为，“害人之心不可有，防人之心不可无”，把人与人之间的关系视为尔虞我诈，害怕在交往中遭到他人的算计，因此在交往中处处小心谨慎，缺乏主动、热情。

其实，要赢得别人的友谊，自己首先要向对方主动地发出友善的信息，首先要接纳他们，喜爱他们，所谓“爱人者，人恒爱之；敬人者，人恒敬之”。尽管大学生中有个别人是只想占便宜而不愿意吃亏，但是多数大学生交往动机是纯正的，交往行为是符合道德的，不要因为害怕自己在交往中遭到个别人的算计而把自己的心封闭起来。

（2）礼尚往来，学会回报

【师生讨论】

是礼尚往来还是曲线行贿

吴某与个体户周某系同乡，两人关系密切，两家交往也很频繁。2000 年前后，吴某在任某厂厂长期间，该厂生产的一款饮料十分畅销。吴利用其掌管饮料销售审批权之便，先后多次以最低出厂价为周某批出大批饮料。周购出饮料后转手倒卖，所得甚丰。2001 年 2 月，吴某儿子（本厂司机）结婚。周某送给吴子摩托车、家电以及现金共计 5 万余元，吴某亦知情。另查，周某丧父、嫁女，吴某均去帮忙，并各送礼金 1 千元。

吴某和周某是礼尚往来，还是曲线行贿？说说你的看法。

你的观点：____

____

____

____

____

____

教师评语：____

____

____

____

【结论】

在人际交往中，若对方感受到了你的真诚与热情，显然你也会得到对方肯定评价的回报。社会心理学家霍曼斯提出，人与人之间的交往，本质上是一个社会交换过程。但是这种交换与市场上买卖关系中发生的交换不完全一样。

生活中常常可以发现，互相帮助的人与人之间，交往总是比较密切，关系也总是比较亲密、持久的。但是，人际交往中“回报”的内容是多方面的：有物质的，也有精神的；有直接的，也有间接的。应注意的是，人际交往中的回报，并不存在一般等价物，在很多时候也不是同步、等量的。要注意给别人提供帮助切勿以别人相应的回报为条件，而对别人给予自己的帮助应懂得适时予以回报。

（3）重视建立良好的第一印象

【师生讨论】

聪明的应聘者

一个新闻系的毕业生正急于寻找工作。一天，他到某报社对总编说：“你们需要一个编辑吗？”“不需要！”“那么记者呢？”“不需要！”“那么排字工人、校对呢？”“不，我们现在什么空缺也没有了。”“那么，你们一定需要这个东西。”说着他从公文包中拿出一块精致的小牌子，上面写着“额满，暂不雇佣”。总编看了看牌子，微笑着点了点头，说：“如果你愿意，可以到我们广告部试试。”

无独有偶，美国总统林肯也曾因为相貌偏见拒绝了朋友推荐的一位才识过人的阁员。当朋友愤怒地责怪林肯以貌取人，说任何人都无法为自己的天生脸孔负责时，林肯说：“一个人过了四十岁，就应该为自己的面孔负责。”

请分析以上两个故事有什么共通之处？其中你领会到了哪些东西？

你的观点：____

____

____

____

____

____

教师评语：____

____

____

____

【结论】

初入校门的大学生，在和一些不熟悉的人交往时，首先要注意给对方留下良好的第一印象。

美国学者伦纳德•曾宁博士在他所著的《接触：头四分钟》一书中指出，结交新认识的人时，头四分钟至关重要。为了给对方一个好的第一印象，他认为结交新朋友时，起码要高度集中精神于头四分钟，而不应一面与对方交谈，一面东张西望，或另有所思，或匆匆改变话题，这些都会使对方不悦。可见，要建立良好的人际关系，必须要善于建立良好的第一印象。

（4）学会表达，善于聆听

【师生讨论】

谁是最珍贵的小金人

很久以前，古埃及一个国王为了考验他的大臣们，让人打造了三个一模一样的小金人，非常漂亮。上朝的时候，国王对群臣说：“这三个小金人只有些许的不同，大家不能用秤，看看这三个小金人哪个最有价值。”大臣们围过来，左看右看，上看下看，每个小金人都金碧辉煌，难以分辨。最后，有一位马上就要退位的老大臣说他有办法，只见他胸有成竹地拿来三根稻草，先插入第一个小金人的耳朵里，稻草从另一边耳朵出来了。然后轮到第二个小金人，稻草从嘴巴里直接掉出来。而第三个小金人，稻草从耳朵放进去后，就掉进了肚子里，什么响动也没有，也不见从什么地方出来。老臣说：“第三个金人最有价值!”国王赞许地点了点头。

试试分析一下，为什么这位老臣说第三个金人最有价值？

你的观点：____

____

____

____

____

____

教师评语：____

____

____

____

【结论】

语言交流是人际交往中最直接、最经常的方式。其中，口头交谈对良好人际关系的建立最为关键。乐于交谈、善于表达、称呼得当、注意聆听，这些都可以使人们在良好的心理气氛下顺利交往。因此，要学会正确运用语言的艺术。

（1）准确表达。用清楚、简练、幽默、生动、通俗、流利的语言表达自己的思想和观点。在表达时切忌不理会对方的意见和反馈，只顾喋喋不休地发表自己的意见。同时要避免急于巴结对方，避免语气措辞肉麻，让人难以忍受；也要避免总是质问对方，让对方觉得自己像被审问的罪犯一样。交谈的话题内容和形式应适合对方的知识范围、经验，合乎对方的心理需要和兴趣。

（2）善于聆听。在交谈中要注意聆听。最好的方式是能站在对方的立场上，投入对方的情感中，集中精力了解对方谈话的内容，同时还应通过适当的提问、点头、对视等方法来表明自己对其谈话内容的兴趣。切忌在聆听中频频打岔或表现出不耐烦的情绪。

【自我测试】

大学生人际关系的自我测评

请你根据自己的实际情况，认真考虑下列问题，从所给备选答案中选出最符合你的一项。

1．每到一个新的场合，我对那里原来不认识的人，总是：

A．能很快记住他们的姓名，并成为朋友

B．尽管也想记住他们的姓名并成为朋友，但很难做到

C．喜欢一个人消磨时光，不大想结交朋友，因此不注意他们的姓名

2．我打算结识人、交朋友的动机是：

A．朋友能使我生活愉快　B．朋友们喜欢我　C．能帮助我解决问题

3．我和朋友交往时间持续的时间多是：

A．很久，时有来往　B．有长有短　C．根据情况变化，不断弃旧更新

4．对曾在精神上、物质上帮助过我的朋友我总是：

A．感激在心，永世不忘，并时常向朋友提起此事

B．认为朋友之间互相帮助是应该的，不必客气　C．时过境迁，抛在脑后

5．在我的生活中遇到困难或发生不幸时：

A．了解我情况的朋友，几乎都曾安慰帮助我

B．只是那些很知己的朋友来安慰、帮助我

C．几乎没有朋友登门

6．我和那些气质性格生活方式不同的人相处的时候总是：

A．适应比较慢　B．几乎很难或不能适应　C．能很快地适应

7．对于那些异性朋友同学，我：

A．只是在非常必要的情况下才去接近他们　B．几乎和他们没有什么交往

C．能同他们接近并正常交往

8．我对朋友同学的劝告、批评总是：

A．能接受一部分 B．难以接受 C．很乐意接受

9．对待朋友的生活、工作诸多方面，我喜欢：

A．只赞扬他（她）的优点 B．只批评他（她）的缺点

C．因为是朋友，所以既要赞扬他（她）的优点也要指出不足和缺点

10．在我情绪不好或很忙的时候，朋友请求我帮他（她），我：

A．找个借口推辞 B．表现得不耐烦或断然拒绝

C．表示有兴趣，尽力而为

11．我在穿针引线编织自己的人际关系网时，只希望编入：

A．上司、有权势者 B．诚实、心地善良者

C．与自己社会地位相同或低于自己的人

12．当我生活、学习等遇到困难的时候，我：

A．向来不求助于人，即使无能为力也是如此

B．很少求助于人，只是确实无能为力时，才请求朋友帮助

C．事无巨细，我喜欢向朋友求助

13．我结交朋友的途径通常是：

A．通过朋友们介绍 B．在各种场合接触中

C．只是经过较长时间相处了解而结交

14．如果我的朋友做了一件使我不愉快或者伤心的事，我：

A．以牙还牙也回敬一下 B．宽容，原谅 C．敬而远之

15．我对朋友的隐私总是：

A．很感兴趣，热心传播

B．从不关心此类事情，甚至都没有想过，即使了解也不告诉别人

C．有时感兴趣，传播

记分标准，如表 7-3 所示。

表 7-3 记分标准

	A	B	C
1～5 题	1	3	5
5～10 题	3	5	1
11～15 题	5	1	3

根据你所选的答案，将 15 个题的得分相加起来。如果总分在 15～29 分之间，说明你的人际关系很融洽，在交往中你是受欢迎的；如果总分在 30～57 分之间，说明你的人际关系一般，有相当数量的人不喜欢你，如果你想受人欢迎，还得努力；如果总分在 58～75 分之间，说明你的人际关系不融洽，你的交往圈子太小，很有必要扩大你的交往范围。

【团体素质拓展训练】

我说你画

1．活动目的

锻炼学生的语言表达能力和人际沟通能力。

2. 活动地点

教室

3. 活动内容

（1）内容：请 6 位同学到讲台前，分 3 组，2 人/组，分别编号 A 和 B，每组的 A 面向黑板，不能回头看，给 B 出示该组图片，由 B 向 A 描述图片内容，A 根据 B 的描述在黑板上画出该图片。

（2）规则：A 不许出声，也不能回头，只能听 B 传达信息，B 在传达信息的过程中，不能打手势，做动作，只能用言语。下面的同学保持安静。比一比哪组同学画得快，画得最贴近原画。

4. 注意事项

在游戏过程中，教师要注意引导学生积极去体会游戏的目的和意义。

5. 填写上交实践报告

第八章

大学生性心理及恋爱心理

本章提示

核心词：

大学生性心理

大学生恋爱

重点：

理解性与爱的关系

树立正确的爱情观、性爱观

实践路径：课前浏览—师生互动—课本记录—自测评价—实践报告

第一节　大学生性心理的发展和性心理特点

性生理的发育为性心理的发展提供了生物学基础，大学生已进入了性生理成熟和性心理趋向成熟的阶段，因此处于青年中期的男女大学生的性意识开始觉醒。正确认识和对待人生的这个时期，对一个人的生理和心理的健康成长是至关重要的。

【师生讨论】

大学校园免费发放避孕套引热议

2013 年 4 月 16 日，湖北某学院红十字学会举办的首届医学文化节上，为宣传性知识及艾滋病防治，向学生发放宣传册及安全套。面对递到手上的安全套，有的同学坦然接受，多数同学却躲闪跑开。

16 日上午，在医学文化节展台前，同学们摆放了一个纸箱，旁边贴出的一张红纸上写着："安全套免费发放处"。恰逢大课间时，有的同学看见红纸上的字，立即将眼神移开，加快脚步匆匆走过。一名男生经过，在箱子里取出一个安全套扔给一名同伴，同伴立马红着脸扔回箱子中。见发放情况很不理想，同学们将安全套贴在预防艾滋病手册上，主动发放给路过学生。半个小时过去了，主动领取的学生不过两三名。一名女生低着头在箱子里抓了几个安全套，立马跑开。

虽然免费发放安全套没受到学生们追捧，但多数学生对此活动表示支持。一名大二学生说："以前都是通过网络或电视了解一些零碎的性知识，感觉不太正面。"大三女生小秋也认为，这些知识有必要从小了解，以正确心态面对。然而，也有一小部分同学质疑此活动。一名大一女生说，社会并不倡导大学生性行为，在校园里发放安全套似乎是默许此行为。"这是在学校推广使用安全套吗？"

谈谈你对此问题的看法。

你的观点：

教师评语：

1．大学生性心理的特点

（1）性生理成熟与性心理不成熟之间的矛盾

【师生讨论】

某男，21岁，大学三年级学生。平时性格比较内向，不善与人交往，从没有和哪一个女孩子特别亲近。然而不久前做了一个梦，梦中居然和别人发生了性关系。梦醒后他愧疚不已，无颜面对他人。后来又做了一个梦，梦中和班中的女团支书发生了关系。潜意识中似乎在证明什么，他不相信自己道德如此败坏，竟这样下流无耻，担心团支书因此受到伤害，以至于不敢面对她，只要她在教室，他就看不下去书，如果单独与她不期而遇，一天便会心神不宁，强烈的罪恶感使他不能安心学习。他担心自己要变成性犯罪分子，有时还怀疑自己是不是得了精神病，为什么会如此不正常。心理上的负担使他不敢入睡，生怕"旧梦重温"，讲又讲不出口，想也想不开，忘更是忘不掉，万般苦闷中他走向咨询室。

假如你是心理咨询师，你该如何帮这位同学分析他的心理困扰？

你的观点：

教师评语：

【结论】

目前，我国大学生年龄普遍介于18～24周岁。也就是说，大学生从生理上已然是成人社会的一份子。虽然在法律上和生理上已经成人，但是在心理上，他们对于性仍然是懵懂的。由于受传统伦理观念的影响，在我国性的问题一直被蒙上神秘的面纱，再加上我国很少在大学生中开展系统的性教育，大学生一直难以获得系统、完整、科学的性生理、性心理、性道德等方面的知识。

（2）性意识的不断强烈和羞愧感之间的矛盾

【师生讨论】

孟某，女，某重点大学三年级学生，容貌俏丽，但性格敏感内向。自述近来经常为自己无法摆脱和控制的性幻想而苦恼万分。这种现象从高中时就已经开始，但当时仅仅是偶尔出现，对自己的影响不大（但自认为对高考的成绩还是有影响的）。

自从进入大学以后，住在集体宿舍，空闲的时间多了，她就看看小说和录像。书中的性爱描写和电影录像中的亲密镜头，强烈地激起了她高中时就已经有过的性幻想，常常想象着自己接受英俊潇洒的白马王子的亲昵与爱抚。最近，这种性幻想日益严重，晚上常常失眠，有时还做性梦。梦中的男人不是书或影视中的主人公，就是班上或校园里偶尔碰到的同学和老师，这使得她在上课见到曾经梦见的同学或老师时，感到羞愧难当。

后来发展到白天上课也不能控制自己的性幻想，看见男同学的胳膊就想象男人身体的某些隐蔽部位；看到男老师会想到晚上他回家后和爱人怎样怎样……甚至看见杂志上的男明星就想象和他亲热的情景。上课时，这种性幻想使她注意力不集中，心情焦躁以至于听课效率急剧下降；上晚自习时，一旦脑海中性幻想，整个晚上就再也不能好好读书。几年来虽然自己刻苦学习，但成绩始终较差。经常陷入深深地自责与懊悔之中，恨自己有这种“下流”的念头。曾无数次地强迫自己摆脱这种性幻想，但每次都是以失败告终，而且还越是强迫这种性幻想越是频繁与强烈。

现在她已经基本丧失了自信心，在同学面前抬不起头，尽量找借口避开各种集体活动。同宿舍的女生好多都有了男朋友，孟某也想给自己找到感情归宿。也有不少的男生追求她，而且其中也不乏她中意的，但她都一概回绝了，因为她始终认为自己是个“坏女孩”，不配受别人的爱，而宁可使自己长期地陷入痛苦烦闷之中，无法自拔。目前的处境非常遭，心情焦虑，记忆力明显下降，经常无缘无故地朝别人发火，事后又非常地自责与内疚。因此导致同学关系比较紧张，甚至有人骂她是精神病。因临近毕业，惟恐这种异常或病会长期地折磨自己。

案例里的女同学所出现的情况你是否有相似的感觉？你认为她该怎么办？

你的观点：____

____

____

____

____

____

教师评语：____

____

____

____

【结论】

当前大学生的性意识在不断加强，加之目前的一些影视作品和色情网站的影响，使得大学生对于性的渴望也是与日俱增。但是受中国传统思想、社会道德和法律的约束，许多大学生羞于表达自己的性意识，同时他们的性欲望也无法得到满足。性的压抑性和性的道德性之间产生矛盾，如果不能及时给予正面积极的引导，将很有可能形成心理障碍。

（3）男女性心理存在差异

【师生讨论】

男女大学生性心理差异调查

曾有研究者对 500 名大学生进行匿名问卷调查。调查结果发现：在恋爱性心理上，男女大学生存在一定差异，主要表现在男生更希望与异性交往，男生相对更关注性、对性持较开放的态度。

男女大学生恋爱性心理比较

比较项目	男生（%）	女生（%）
迫切希望与异性交往	7.4	0.0
认可“先有爱后有性”	47.3	56.7
认可“先有性后有爱”	21.1	8.5
认可同居	79.9	63.8
认可“为体验性生活而与不喜欢的异性交往”	11.0	1.4
认可“性是人的基本需要”	76.0	68.1
认为只能有一个性伴侣	57.1	68.8
认可可以有多个性伴侣	12.6	0.7
认可大学期间可以发生性关系	36.7	14.4
认为对性知识了解较多	57.4	38.3

男女大学生对于贞操的看法比较

比较项目	男生（%）	女生（%）
认可“女生保持贞操比男生重要”	35.7	39.7
认可“男生保持贞操比女生重要”	2.9	0.7
认可“一样重要”	21.8	32.6
认可“都不重要”	38.0	27.0

看到此调查，你对男女大学生性心理的差异有哪些体会和感受？

你的观点：____

____

____

____

____

____

教师评语：____

____

【结论】

男生与女生的性心理往往是不同的。一般来说，男生对异性的追求与渴望通常表现得直接而且热烈，而女生对异性的爱慕往往是比较含蓄，羞赧的。在内心体验上，男性更多的是感到新奇、喜悦和神秘，而女性则茫然和不安，常常会感到不知所措、惊慌、羞涩、喜悦、惧怕，以至于神思恍惚，神情迷惘。

在表达方式上，男性一般比较主动，有意识地在自己爱慕的异性面前表现自己，常常寻找机会向对方暗示甚至直接表白自己的爱慕之情。女性则往往显得被动、羞涩和腼腆，她们一般不会主动向对方表露心迹，更不愿意向对方直接表白自己的爱慕之情，至多是用言语或目光暗示对方，促使对方了解自己的内心所爱，使对方主动大胆地追求自己。此外，男性的性冲动易被性视觉刺激唤起，而女生则易在听觉、触觉刺激下引起性兴奋。

2．大学生性行为的特点

（1）性行为的低龄化

【师生讨论】

大一女生怀孕 不敢告诉父母和室友

刚刚跨进大学校门，还没来得急好好体验大学生活的点点滴滴，九月份刚入学的新生小文却迎来了意外——她怀孕了。面对这突如其来的“开学礼物”，小文感到手足无措。

小文和男友相恋多年，在双方高中毕业即将劳燕分飞之际，两人选择了偷食禁果。怀有侥幸心理的这对情侣没有采取任何补救措施，然而就在小文刚到新学校报到不久，身体就出现了反应。

远在北方上学的男友得知消息后，毫不犹豫地让小文将孩子打掉，并没有其他的安慰和帮助。这让小文陷入了深深的焦虑，她不敢告知父母，“我爸妈都是思想非常传统的工人，我在他们眼里是独立懂事的女儿，我不想因为这件事令他们担心失望。”小文低声说道，“我才刚来到大学这个新环境，和同学并不熟悉也不敢告诉任何人。”

细心的室友丹丹发现了小文的难处，在室友的安抚和劝解下，小文终于鼓起勇气拨打了当地某医院意外妊娠援助中心的热线电话。

据该医院的一名妇产科医生介绍，他们医院每天平均接诊的60名妇科患者中，有5～10个就是意外怀孕的，且基本都是20岁上下的年轻女性，尤其是大学生占据多数。去年该院所做的1万多例人流手术中，20岁以下的少女就占了约10%。

假如你的同学或者室友出现了怀孕情况，你会怎么看？

你的观点：______

教师评语：______

【结论】

当前大学生性行为普遍出现低龄化现象，由于性生理的成熟，使得大学生具备了进行性行为的生理条件。这就使得以前大三大四才发生的事情，如今在大一大二的发生显得很平常。再者，由于对于婚前性行为的接受程度在加深，对于性的随意性的观念在大学生中普遍流传，使得性行为的低龄化在加剧。

（2）性行为的不顾后果

【师生讨论】

大一女生一夜激情后染上性病

现实社会中，有很多男女青年因为一夜情被感染性病，并且发病人群呈年轻化。宁宁就是这些人群中的一名，她的年龄只有 18 岁，是一名大一学生，却与性病来了一次刻骨铭心的“偶遇”。

2013 年的 12 月 23 号，宁宁在学校里度过了她 18 岁的生日，找一些玩的很好的朋友去 KTV 一起通宵度过，当然，其中少不了和她关系很好的李翔，宁宁和李翔互相有些喜欢，但是并没有确定关系。那天晚上，大家都喝了很多酒，晕晕乎乎的。后来大家一对一对的都散了，只剩下她和李翔，借着酒劲，李翔向宁宁表白了，后来两个人去宾馆开房，偷吃了禁果……

也就因为那一晚激情过后，宁宁和李翔正式确定了男女关系，这本是很开心的事情，谁知道巨大的烦恼接踵而来。一段时间后，宁宁发现自己的下面总是感觉很痒，开始还以为是内衣的问题。过几天，阴部开始长出了红色的小疹子，越长越多，阴唇上面都是的，还会发出一种很难闻的气味。宁宁也不敢跟别人说，只能偷偷在卫生间里自己看。过了一个星期左右，下面更严重了，竟然长出了像“花菜”一样的东西，看的她头皮发麻，都吓疯了，一时都不知道怎么办了。

起初发现这些症状，宁宁也不敢跟别人说，于是趁大家不在宿舍的时候，偷偷的上网查，发现可能是得了尖锐湿疣这种性病。她立马想到了李翔，经过逼问，李翔说出了实话，原来他也有类似的症状。宁宁几乎都要崩溃了，心说自己才 18 岁，竟然惹上了这种病。

假如你受到一夜情邀请，你是否能抵挡得住诱惑？

你的观点：

教师评语：

【结论】

当前大学生思想在逐步开放，尤其在当代西方欧美文化的冲击下，大学生性心理的开放程度也在改变。由于生理上的冲动和性心理的不成熟，大学生性行为常常表现出不顾后果的心理状态。一夜情、多个性伴侣的现象也是司空见惯。社会上未成年母亲的例子日益被曝光，而主角往往是大学生。这种现象的增多，更加反映了大学生性行为的不顾后果，不负责任性。

第二节　大学生性心理问题及调适

【师生讨论】

哪个少男不钟情？哪个少女不怀春？以下我们将做一个性心理小调查，通过调查能够自查自己对于性的问题是否能坦然面对。然后请以“大学恋爱最少多长时间才可发生性关系”为题进行讨论，各抒己见。

1. 你了解性知识的途径是？（　　）

A. 色情网站　　B. 杂志、书籍　　C. 同学及朋友　　D. 家长及学校教育

2. 你对目前的性教育满意程度是？（　　）

A. 满意　　B. 比较满意　　C. 不满意　　D. 非常不满意

3. 你希望接受哪些方面的性知识？（　　）

A. 与异性交往的方式和礼仪　　B. 正确对待性冲动的知识

C. 有关性交的问题　　D. 有关性保健、避孕等方面的知识

你的观点：____

____

____

____

____

____

教师评语：____

____

____

____

1. 性梦和性幻想困扰

【师生讨论】

常见性梦分析

1. 旧情人

梦见旧情人很正常，实际上可能是象征你与他（她）有关联的某样东西。比如，你在大学里暗恋的一个人，他（她）象征着你在人生的那个阶段拥有的自由。如果你梦见旧情人对你的关怀，那可能是你渴望安稳。

2. 陌生人

梦见跟陌生人性交代表了你的生活中缺少趣味，或者你和你的性伴侣最近缺少性生活。

3. 名人

经常有人做跟名人有关的性梦，女人尤多。那只是代表希望能实现心愿。比如梦里跟一

位音乐家缠绵，那是因为你在等待一位喜爱音乐的人走进你的生活，或者你渴望浪漫。

4. 恨的人

梦到跟一个老在工作中令你生气的人缠绵，这会让你感到很迷惑，但也不必感到吃惊，这可能意味着不管这个人多么讨厌，他（她）都有某些你想模仿的性格。如果梦到你恨的家庭成员，那是因为你想加强与家人之间的联系。

5. 同性

如果梦见跟同性缠绵，并不是意味着你突然要改变你的性取向，可能是你要对你和这位同性之间的关系进行更多的理解。很可能，你想要这位同伴更加关心你。

面对做性梦，你通常是怎么调整自己的心态的？

你的观点：____

教师评语：____

【结论】

性梦是指在睡梦中发生性行为。这也是青春期性成熟后出现的正常的心理、生理现象，在青年中普遍存在。性梦是指人在梦中与异性谈情说爱，甚至发生两性关系。性梦的本质是一种潜意识活动，是人类正常的性思维之一。性梦是不由人控制的，梦和现实的巨大差别，不代表人的真正意愿。

性幻想通常表现为在某特定因素诱导下，“自编”、“自导”、“自演”与异性交往内容有关的联想。性幻想可导致生理上的兴奋、性器官的充血，也可偶尔出现性高潮。性幻想是性冲动的发泄形式之一，属于正常的心理、生理现象。

要使自己摆脱性梦和性幻想带给自己的困扰，大学生就应多学习性生理、性心理的有关知识，了解青春期性意识发展规律，树立科学与健康的性意识观念。这有利于消除对性意识观念的罪恶感、自卑感和种种自我否定的评价，增强自信心。

2. 自慰（手淫）的困扰

【师生讨论】

过度自慰的危害

尹同学目前是一名大四学生，喜欢看“岛国动作片”。“特别是刚上大学的时候，一个寝室的男生还要一起看，现在应该没有哪个男生没看过吧？那个时候没有交女朋友，加上可能A片看多了，只有靠自慰来解决生理需求，有时候每天都有。”小尹说自己的自慰史有2年多，而且自慰的次数很频繁，现在交了女朋友，虽然拥抱亲吻时很有感觉，但是关键时刻却不举。“跟女朋友第一次性接触我居然都硬不起来，太没面子了，后来也是，每一次都不能完成，搞得我心理压力好大。这样已经持续了几个月了，每次女朋友都有很大的意见，我很担心我们的感情会玩儿完。我怀疑是不是我以前自慰导致的？”

你是怎么看自慰行为的？你觉得自慰的频率应该控制在多少？

你的观点：____

____

____

____

教师评语：____

____

____

【结论】

自慰是指用手或替代物等刺激、摩擦性器官以引起性快感的行为。大学生中自慰行为的总发生率相当高，有少部分学生在幼年期就出现了自慰行为。有些大学生因为自慰行为而陷入苦恼、矛盾之中，一方面是自慰快感的诱惑，另一方面则是自慰后的恐惧、内疚、罪恶感和自责。

自慰本身是无害的，它是人类正常的生理行为。马斯特斯夫妇的实验研究证实，自慰与性交所引起的生理反应并无区别，自慰并不会导致早泄、阳痿、神经衰弱等病症。真正造成危害的是对自慰的错误认识。对于自慰行为，大学生应该有正确认识。

随着性生理的发育成熟，青春期必然会产生性冲动和性要求，在这段时间的性能量是一生中最高的，处于性憧憬和性饥饿状态。而一般要等七八年甚至更长的时间才能合法地通过婚姻满足性要求。自慰作为最简单、最方便、最安全的宣泄方式成了许多青年男女的自然选择。若过于压抑性冲动，反而会对今后的性生活造成影响，如导致性高潮障碍、性冷淡、性厌恶等。所以，彻底戒除自慰是不现实的，对待自慰应顺其自然，适当克制，切不可以过度依赖自慰来排解坏心情，更不可过于沉湎于自慰。

3. 性骚扰引起的困扰

【师生讨论】

一个女大学生的伤心往事

楠是一个20岁的在校女大学生，她有着含羞草似的腼腆神情，说话时扭动着小巧玲珑的身体，看上去像一个还在念初中的小女孩。但是，她却已经有了多年“强迫症”病史。

据她自己说主要症状是“我觉得自己的思想被什么东西卡住了，我过不去，可又退不回来，因此我不知该怎样去感觉”。另一个症状是“夜晚我想入睡时，却感到有一样东西拼命地把我往上拉，令我无法入睡”。而这一切都是由于频繁的自慰带来的，而她之所以会那么频繁的自慰，源自她对一次多年前的性骚扰经历。

那还是楠在幼儿园的时候，有一天她走进与她家一墙之隔的邻居家。与她父亲差不多年纪的男主人四顾无人，便拉着楠的小手伸进了他的裤裆，后来他干脆褪下裤子露出了自己整个下半身……楠则像一只掉进了陷阱的兔子，惊恐万状却又万般无奈。等她终于逃脱了猥亵者的魔爪，急急地跑回家告诉妈妈所发生的一切时，却没料到妈妈轻描淡写地并不把这当回事，既没有给她必要的安慰，更不用提去为她“报仇”了。楠因此在心理上受了极大的伤害。更让楠气愤的是，妈妈在此事发生后，仍然还与这家邻居保持了睦邻关系，谈笑风生一如往常。

从此，楠的心理上便深深地烙上了不安全的印记，总是在自卑、害怕、自慰、羞耻中度日。她的强迫症状的发生，正是她找不到心理出路的表现。那些强烈的自慰行为的产生，也是她无意之中期望通过性欲刺激来转移沮丧心情的努力，并且隐隐约约地有着“报复”异性的潜在愿望。因为她的不幸遭遇，使得她对异性存在偏见，所以她讨厌男孩。

遇到性骚扰你会怎么办？

你的观点：____

____

____

____

____

____

教师评语：____

____

____

____

【结论】

性骚扰是大学生性心理困扰之一。比如女大学生有时在一些公共场所如公共汽车上，可能会遇到性骚扰。由于缺乏自卫心理，一些同学常常面对性骚扰恐惧万分、不知所措，甚至认为自己不“自净”，长时间受到这种心理的困扰。为避免发生性骚扰，女生应注意以下几点：

（1）女学生应在日常生活中，避免穿坦胸露背或超短裙之类的服饰去人群拥挤或僻静的地方。

（2）外出时，尤其在陌生的环境，要注意那些不怀好意的尾随者，必要时采取躲避措施。

（3）对于有性骚扰行为的人，应及时回避和报警，不可有丝毫的犹豫不决。

（4）万一遭遇性骚扰，尤其是性暴力，应大声呼救。

（5）遭遇性骚扰，也可机智周旋，还应设法保留证据，及时向有关部门求助和告发。

（6）受到伤害后，应尽快去医院检查，以防止内伤、怀孕或感染性病等，并及时进行心理咨询、心理治疗，医治精神创伤。家长、教师要教育女学生学会保护自己。

4．诚实交往的困扰

【师生讨论】

“处女情结”的困扰

2005 年 7 月 20 日凌晨，一个无辜女孩的生命在她深爱的男友手上消逝了。一个固守着“处女膜情结”的当代大学生，亲手结束了女友的生命。

凶手李某出生在拜泉县农村，去年考上了黑龙江省某科技职业学院，所学的专业是兽医。在农村，封建贞节观根深蒂固，所以李某尽管上了大学，老的传统观念却没变。今年寒假，他收到了父母送给他的“礼物”，订下了临村的姑娘小雪（化名）做他的未婚妻。订婚仪式之后，李某觉得小雪就是“自己的人”了。和小雪见面后的第 15 天是元宵节，二人结伴到拜泉县里过节。当天晚上，李某和小雪在县城里的一家旅馆开了房间。

发生性关系后，李某怀疑小雪不是处女。面对李某的质问，小雪矢口否认。半信半疑的李某准备日后把此事调查清楚。转眼间，李某开学了。他和小雪一起回到哈尔滨。小雪在市内一家汽车配件商店工作，李某在江北上学。这段时间，二人的感情与日俱增，但李某一直没有放弃调查小雪是否“纯洁”的事。他多次询问试探小雪，还找到小雪的女友打听情况。他们经常吵架，每次争吵都会围绕小雪是否是“处女”这个话题。7月初，两个人进行了一次长谈。借着酒劲，小雪向李某坦白：“我19岁的时候就交过一个男朋友，我和他同居了一年多。我不是处女，我们分手吧。”小雪的坦白让李某咬牙切齿，他假意安抚了小雪，没有同意分手，然而李某的心里已经种上了阴影，在此后的几天里，他一直在琢磨用什么样的方式杀死小雪。

随后，发生了李某残杀女友的一幕。李某对小雪说：“你骗了我，我又是个没出息的人，我不想活了。”李某把事先准备好的“溴敌隆”喝了下去，接着又把“敌敌畏”打开作势要喝。小雪吓坏了，一下把“敌敌畏”抢过来，要送他去医院。可李某说什么也不去，还装成毒发，在床上翻来覆去地打滚。小雪见状吓哭了，把“敌敌畏”放在嘴边要喝：“你要死，我就跟你一起死！”站在小雪旁边的李某猛地把她搂住，左手把着她的头，右手把住瓶子，把“敌敌畏”硬灌到她嘴里。小雪开始挣扎，把“敌敌畏”弄洒了半瓶，然后跑到水池边抠嗓子，要把喝下去的半瓶“敌敌畏”吐出来。李某又跑回屋里取来另外一瓶“敌敌畏”准备接着给小雪灌，小雪抢下药瓶扔到了楼道里，自己往外跑。李某一把拽回她，把她推倒在水池边的地上，双手掐住了她的脖子，又用湿毛巾捂住她的口鼻，直到她停止了呼吸。

你能说得清“处女情结”究竟是怎么一回事吗？

你的观点：____

____

____

教师评语：____

____

____

【结论】

现代大学生恋爱的时间相对都较早，加之因心理不成熟导致的分手，人们往往会经历复杂的恋爱过程。然而，在每次恋爱中，总会有一方非常希望了解对方过去的恋爱经历，如自己的恋人谈过几次恋爱、还是不是处女或处男、有没有过一夜情、同居等性行为，等等。如实交代是否妥当呢？这是让很多大学生恋人心里非常苦恼迷惑的事情。

5. 同性恋问题引起的困扰

【师生讨论】

《断背山》

1963年夏天的一个清晨，美国怀俄明州西部，为同一个牧场主打工的年轻农夫杰克与牛仔恩尼斯邂逅于人迹罕至的断背山深处牧场。高山牧场的工作单调而艰苦，随时有遭遇野兽袭击的可能。每晚轮班的两人，起初各自放羊，少有交流，然而久而久之，健谈的杰克和少言寡语的恩尼斯却有了难言的默契。一个寒冷的夜里，同帐共衾而眠的两人，在酒精与荷尔蒙作用下发生了“不该发生的事”。寂寞，让两个 19 岁的青年彼此相爱了，在断背山中，两人度过了人生中最美好的夏日时光。

季节性放牧结束了，迫于世俗，杰克和恩尼斯依依不舍地分离。留在牧场的恩尼斯迎娶了自幼相识的阿尔玛，有了两个可爱的女儿；杰克到了德克萨斯州，在妻子露琳家族的扶植下事业蒸蒸日上，也有了一个儿子。可是弹指 4 年过去，饱受相思之苦的杰克终于给恩尼斯寄去贺卡，重逢后的两人意识到心中炽热的情感，于是，在随后的十几年中，他们都定期约会钓鱼。知情的阿尔玛痛苦不堪，而杰克与恩尼斯也经受着巨大偏见和世俗的压力。最终，厮守一生的愿望，因杰克的意外身亡而落空。带走杰克骨灰的恩尼斯，却在杰克的房间里发现了一个秘密，他禁不住潸然泪下……

《断背山》的同性之恋深深感动着每一个观众，它让观众很真切而震撼地体会到了男人之间那种超友谊的情感，且觉着它是那么的自然流露，同样的那么感人，甚至超过了许许多多的男女爱情。

你的观点：______________________________

____

____

____

____

____

教师评语：______________________________

____

____

____

【结论】

同性恋是一种性取向，指一个人在心理、情感和性爱上的兴趣对象均为同性别的人。具有同性恋取向的成员会对与自己性别相同的人产生爱情、性欲和恋慕。

20 世纪初，世界医学界否定了同性恋取向与道德相关的观念。1990 年 5 月 17 日，世界卫生组织也将同性恋从精神病名册中除名。现代医学认识到同性恋并非是心理扭曲，它是人性的一种正常自然流露，我们每个人都应该尊重他们个性化情感的发展。

在大学生同性恋中，有的会在朋友圈子里公开自己的性取向，甚至站出来建设同性恋网站，组织以同性恋为主题的志愿工作；有的则只愿意化名之后在网上以同性恋身份活动，而现实生活中，没有人知道他的实际性取向；有的甚至一直不明白或是不肯承认自己是同性恋，徘徊在对同性的爱慕和跟一个异性交往之间。其实，无论怎样的表现方式，同性恋本身是一种人类发展的正常现象，可是现今却人为地产生了许多错误的认识和评判。作为一个积极生活的人，他们在没有妨害他人和社会进步发展的前提下，有选择自己所喜欢所向往的生活方式的一切权利。

第三节 大学生恋爱心理及常见问题

爱情是人类永恒的主题，歌德曾说过：“男子的钟情，少女的怀春，是人性中至洁至纯。”大学生由于生理上的成熟，性心理的发展，自然而然地产生了对爱情的向往和关注。树立正确的恋爱观，对大学生的健康成长和成才是十分重要的。

【师生讨论】

弗洛伊德曾说过，“当我们毫无阻碍地获得性满足时，就像古文明的衰落，爱便变得毫无价值，生命也呈现一片空虚。”请说说你对爱情和性的理解是什么，二者之间究竟应该是怎样的关系？

你的观点：________________

____

____

____

____

教师评语：________________

____

____

____

1. 单恋

【师生讨论】

怎样才能知道女生对你是否“有意”呢？

1. 她是否经常找借口和你在一起？

本来谁都可以主动，但由于传统观念的影响，多数女生羞于这样做。明明她心里很想和你在一起，但总要找个借口把她的真实动机掩盖起来。敏感的男生不难根据姑娘害羞的心理，察觉出她对自己的一片心意。

2. 她是否经常向别人打听你的情况？

经常打听你的情况，大多是由于对你的关心。这种关心，正是她感情倾注的表现，只是碍于羞怯，不敢直接向你询问，从而采取一种曲折的表达方式罢了。

3. 对你的言行，她是否表现得特别敏感？

有些小事，甚至连你自己都没有注意，而她却已注意上了。怎么最近一直没有见到你之类的说法，既可能是同学间一般的关心，也可能是女生爱意的表达。当然，若是后者的话，讲话的语气同前者是不一样的，有的只有细心的男生才能察觉。

4. 她是否有意向你提一些同恋爱有关的问题？

有些女生不好意思表露对你的喜欢，常采取一种含蓄的方式，试探你是否已有了恋爱对象。例如，她问你“什么时候给我吃喜糖？”你若回答：“还不知哪年哪月！”如果她会如释重负，多半是爱神在萌动。

5. 你随意说的事她是否郑重其事地记在心里？

例如你说，我过几天去买本弗洛伊德的书，可能第二天她就找别的理由给你送过来了。

6. 她是否关心你的过去及你家中的事情？

她之所以喜欢知道这方面的情况，无非是因为你的形象在她心中已经播下了种子，她想进一步对你获得全面的、立体的了解。

7. 在兴趣方面她是否有同你接近的趋向？

譬如，你爱好看球，她本来对体育毫无兴趣，但是，某天可能跟你讨论贝克汉姆在比赛中的进球了。这种兴趣的接近趋向，既是受你的感染，也是为了主动适应你。

8. 她是否嫉妒你和别的异性在一起？

在她的心中，你已占据了不可替代的地位，所以她会异常关心你的社交活动，对于你同别的异性的交往，尤其是密切的交往，常会不自觉地表现出一种妒意。

9. 她是否乐意将你介绍给她的同学、好友和家人？

如果她心目中的人不是你，大概是不会轻易地让你在她的社交圈子和家庭中亮相的。这种亮相，说明她已经不是一般地喜欢你，而是有心于你了。

10. 当她收到你的爱的信息时，是否有明快的表示？

例如，你找借口和她待在一起时，她感到非常乐意或兴奋，你发短信给她，她很快给你回过来，而且"言传"之外，还有"意会"的内容。

当然，恋爱的方式因人而异。爱的迹象远不止这10种，也有许多直截了当的示爱方式，你还能举出哪些在意对方的表现吗？

你的观点：____

____

____

____

____

____

教师评语：____

____

____

____

【结论】

单恋也称单相思，是指一方对另一方的一厢情愿的倾慕、思念和喜爱。

有的单恋，对方并不知道，自己也无意或无法让对方知道。这种单恋多是幻想型的，如有的青年学生对影视明星的暗恋，它多发生在性格内向、情感丰富而又缺乏恋爱体验的人身上。他们对所恋对象抱着高不可攀的畏惧心理，把对方想得神圣非凡、完美无缺，可望而不可及，因此，只能将思恋之情深藏于心，形成一种痛苦的自我折磨，造成心理失调。

还有一种单恋，是被恋对象知道你喜欢他（她），而他（她）却根本不喜欢你，可是在他（她）拒绝你以后，你却仍然痴情不改。这种单恋，不但对方知道，而且单恋者周围的人也有所觉察，因此，单恋者不但痛苦不能自拔，而且自尊心也容易受到伤害。

2. 多角恋

【师生讨论】

三角恋

按照常理，一个人本该只有一个配偶。可是随着社会的发展，各种畸形恋不断出现，而三角恋似乎就一直站在风口浪尖。邻里街坊、同事熟人总喜欢在茶余饭后品谈一番。在大学校园里的小琼，便是这样一个鱼与熊掌都想兼得的三角恋当事人。面对情感的抉择，小琼自己也困惑了。

上高二的时候，小琼就和男朋友高辉确定了恋爱关系，当时高辉天天接小琼上下学，不管是下雨还是大热天，从没间断过。高辉一直很照顾小琼，每天早上都给她带早点，她生病了他就给她送药，对她很体贴。他们之间的感情就在那时的点点滴滴里慢慢积累起来了。那年高考，小琼如愿考上现在的大学，可是高辉却连本科线都没上，后来在高辉家人的安排下，他上了泉州一所专科学校。虽然身处两个城市，但他们每天都打好几个电话，高辉一有空就会带一大堆东西到厦门看小琼。

那时，他们虽然变成了异地恋，但感情却还不错，不过小琼有时候总会觉得内心很空虚，因为高辉不能每天陪她上下课，不能陪她吃饭，不能给她送早餐，就连她生病的时候高辉也照顾不到她了。

大二快结束的时候，在一次同学聚会中，小琼无意间认识了他们学校体育系的小勇。小勇很阳光，很健谈，是小琼喜欢的那种类型。当时，小勇并不知道小琼有男朋友，所以从一开始就有意无意地接近她。小琼知道小勇对她有好感，她也没刻意地拒绝小勇，任凭他把情感投入在她身上。

俗话说日久生情。慢慢小琼发现自己开始依赖小勇，开始享受他在日常生活中对她的呵护。小勇也自然而然地把小琼当成了他的女朋友。不知道从什么时候开始，小琼每天晚上在和高辉打完电话后就会自然而然地拨通小勇的号码，之后一聊就是一两个小时。圣诞节、情人节时，小琼都会织两条围巾，买两份礼物。在她看来，事情发展得很顺利，她的日子也过得很顺心。

后来，小勇从他同学处得知了小琼在泉州有个男朋友的事，就跟她闹。过了一段时间，可能小勇也知道自己是后来者，所以就没说什么，只是希望小琼尽快和高辉讲清楚，而小琼总是刻意避开这个话题，继续让两条感情线并行。世上真的没有不透风的墙，再后来，高辉也听说了自己女朋友和小勇走得很近。刚开始时，他不相信传闻，就搞突袭，偷偷跑到小琼所在学校等她下课，结果真被他遇到了好几次，起初小琼知道他强迫自己忍耐，但是后来别人跟他说了很多难听的话，舆论的压力让他很难堪。

那天，高辉很严肃地跟小琼表明立场，让她做个选择。小琼也认真想过了，她两边都没法割舍，一个是曾经陪她一起奋斗对她无微不至的人，一个是现在跟她朝夕相处对她呵护有加的人。小琼也跟高辉说了她的想法，但他无法接受，这小琼也能理解，但她不知道自己该怎么办，她怀疑自己是不是一个在道德上有缺陷的人？

你觉得小琼究竟该怎么办呢？

你的观点：____

____

____

____

____

教师评语：____

____

____

____

【结论】

所谓多角恋，是指同时与两个或两个以上对象建立并保持恋爱关系。在这种多角恋中，通常把被多方追求的对象称为“主角”，而将追求同一对象的人称为“副角”。

多角恋一般分为两类，一类是隐蔽式的多角恋，即多角恋中的主角同时与几个副角相恋，而几个副角之间并不知道，主角有意隐瞒真相，在几个副角之间巧妙周旋，这种多角恋带有很强的欺骗性。另一类是公开式的多角恋，就是主角同时与几个副角保持恋爱关系，而几个副角之间彼此知晓，展开竞争、角逐。

多角恋在大学生中也是存在的。调查表明，在大学生群体中，多角恋容易发生在下列大学生身上：一是外表形象好的大学生，例如高大魁梧、英俊伟岸的男生，身材窈窕、脸蛋漂亮的女生，往往是众多人追求的对象；二是才华出众的大学生，例如学习成绩特别优异的大学生、多才多艺的大学生、各种社团或组织的干部等，这些人通常处于众星捧月的地位，容易受到异性的青睐；三是家庭条件优越的大学生，例如书香世家以及家庭经济条件比较好的大学生等。

3．网恋和一夜情

【师生讨论】

请依次回答并讨论以下问题：

1. 网上爱情是否可靠？

2. 网友约会是否时尚？

3. 一夜情是否浪漫？

你的观点：______

______

______

______

______

______

教师评语：______

______

______

______

【结论】

当下，大学生网恋、网友见面约会已是一个相当普遍的现象。而在约会中就可能会出现上当受骗、甚至身体收到伤害，如诈骗、勒索、强奸等事件也是时有发生。网络最大的特点就是虚拟性、隐蔽性和时空无限性，网络世界最大诱人之处就是它的言论和行动自由。

在网络世界里，“理想的自我”可以集合很多异性，在挑选男朋友或女朋友时是看中的品质、能力甚至职业于一身，也可以随着自己看中的目标人物的喜好来改变自己的言行或者其他情况。这样就比较容易让人看到双方的相似或者互补而抹杀两人之间的不和谐，进而可以在比较短的时间里赢得对方的好感甚至爱情，很快就陷入了深深的迷恋当中。因为这种迷恋让对方的一切都笼罩在光环当中：她的冷淡却被理解为“酷”，他的奢侈也可能被理解为阔气，她的缺少教养可能被理解为粗犷。一旦从网络走向现实，面对双方“现实的自我”时，就会遭遇希望越大失望就越大的尴尬。网恋的“见光死”频率也是非常高的。

4．失恋

【师生讨论】

歌德与《少年维特之烦恼》

歌德是世界著名的文学巨匠，但他的成功从某种意义上讲，却是由于失恋挫折的升华所导致的结果。23 岁的歌德在参加一次舞会的路上认识了 19 岁的夏洛蒂，便一见钟情地爱上了她。他们一起跳舞，一起游戏，他太爱她了。但后来他才知道，夏洛蒂原来是他好友凯士特南的未婚妻。歌德痛苦至极，这已是他第 5 次失恋，这次失恋几乎使他到了拔剑自杀的地步。然而，他却没有这样做，他带着极大的痛苦离开了维兹拉，以满腔激情写了《少年维特之烦恼》，一举成名，轰动了整个欧洲。

歌德是运用了什么方法走出失恋的阴影？

你的观点：________________________________

____

____

____

教师评语：________________________________

____

【结论】

大学生的恋爱具有很大的不稳定性，失恋的情况也是很普遍的问题。由于缺少承受挫折的能力，失恋的大学生就容易产生心理问题。有些失恋者会羞愧难当、心灰意冷、长期陷入自卑和迷茫的心理。有些失恋者会因此而绝望暴怒、产生轻生或是报复的心理，典型心理反应是“我不幸福，也不能让你幸福”，从而造成毁坏性的后果。还有些失恋者会陷入单相思的泥潭，无法自拔。

当你遇到失恋而不知该怎样走出痛苦时，不妨试试以下几种方法使自己的心灵获得解脱。

1．时间疗养法

一般来说，失恋要经过一段“昏天暗地”的危险期，这个危险期有长有短，因人而异。在这个危险期内，首先就是冷处理，当对方提出分手时，不要冲动、焦急，而要宽容、大度、冷静。一般只要在失恋的时候有朋友、亲人的陪伴和安慰，不做出冲动的事情来，相信随着时间推移，会慢慢走出危险期，痛苦也会随之减轻。

2．自我疗养法

面对失恋的打击，不同的人反应不同，那是因为每个人看待问题的方式不同。比如爱情，有人坚信它是“铁树开花，百年难遇”，有人则认为“天涯何处无芳草”。失恋后最重要的是要排除一些不合理的推论，最常见的是“以偏概全”，如“世上没有真正的爱情”、“我很失败”。

所以，此刻要做的是自我安慰法，这时不妨想想在一起时的不愉快的事，多想想对方的缺点。失意者也可以设想：我以后一定会找一个比你更好的。

3．宽容疗养法

恋爱是双方的自由选择，自己有选择的权利，对方也有选择的权利。恋爱双方都处于开放式的交往过程中，本身带有不稳定性，对这点要有心理准备。失恋者对伤害自己的人会产生仇恨，这也是失恋者不能从痛苦中走出的重要原因。但仇恨和报复并不能挽回已经失去的爱情，只能使自己的心态更加失衡，而宽容能让人释怀。尊重对方的决定，并祝对方幸福，当试着宽容对方时，自己的心灵也会得到滋润。

4．转移注意力法

在失恋的日子里，可以看书，忙自己的事情。许多性格坚强的人，能将痛苦升华为力量，取得了许多成就。试试看，在专心于学业时，会觉得自己很充实、富有。当不断提高自己时，就会站在新的起点，重新审视失恋和痛苦，到时就会觉得没有什么承受不了的。

5．环境转移法

失恋后最好不要一个人总是待在房间里思来想去，这样就会越发悲伤、苦闷，不能自拔。当然，大学生失恋后很难彻底转移环境，与能触动痛苦回忆的景、物、人隔离，但适当外出旅游，调整交往圈子还是可以的。当事人只要平静地接受失恋的事实，重新寻觅并真情投入，就会惊讶地发现，生活中还有更适合自己的人。真可谓“天涯何处无芳草，何必单恋一枝花”。

【自我测试】

大学生恋爱观测验

此测验共分 16 个问题，每个问题都有 4 个答案，你可以在最符合自己心理状态的答案上打上记号，然后根据后面的评分方法，算出自己的得分，从而大略判定自己的恋爱观是否符合时代和社会的要求。

试题部分：

1．你对爱情的幻想是：

A．具有令人神往的浪漫色彩　　B．能满足自己的情欲

C．使人振奋向上　　D．没想过

2．你希望和你恋人的结识是这样开始的：

A．在工作和学习中逐渐产生感情　　B．从小青梅竹马

C．一见钟情，卿我难分　　D．随便

3．如果你是男性，你希望未来妻子是（如果你是女性，你希望自己成为）：

A．善于理家　　B．别人都称赞她的美貌

C．顺从你的意见　　D．能在多方面帮助自己

4．如果你是女性，你希望未来丈夫是（如果你是男性，你希望自己成为）：

A．有钱或有地位　　B．为人正直，有上进心

C．不嗜烟酒，体贴自己　　D．英俊、有风度

5．你认为巩固爱情的最好途径是：

A．满足对方的物质要求　　B．用甜言蜜语讨好对方

C．对恋人言听计从　　D．努力使自己变得更完美

6．在下列爱情格言中你最喜欢的是：

A．生命诚可贵，爱情价更高　　B．爱情的意义在于帮助对方提高
C．有福共享，有难同当　　D．爱情可以使我牺牲一切

7．你希望恋人与你在兴趣爱好上：
A．完全一致　　B．虽不一致，但能互相照应
C．服从自己的兴趣　　D．没想过

8．你对恋爱中的意外挫折是这样看的：
A．最好不要出现　　B．自认倒霉
C．想办法分手　　D．把它作为对爱情的考验

9．当你发现恋人的缺点时：
A．无所谓　　B．嫌弃对方　　C．内心十分痛苦　　D．帮助对方改进

10．你对家庭的向往是：
A．能与爱人天天在一起　　B．人生有个归宿
C．能享受天伦之乐　　D．激励对生活的追求

11．自己有一位异性朋友时，你会：
A．告诉恋人，并在对方同意下才继续同异性朋友交往
B．让对方知道，但不允许对方干涉自己
C．不告诉对方，因为这是自己的权利
D．可以告诉，也可以不告诉，要看恋人的态度

12．看到一位比恋人条件更好的异性对自己有好感时，你会：
A．讨好对方　　B．保持友谊　　C．十分冷淡　　D．听之任之

13．当你迟迟找不到理想的恋人时，你会：
A．反省自己的择恋标准是否切合实际　　B．一如既往
C．心灰意懒，对婚姻问题感到绝望　　D．随便找一个算了

14．当你所爱的人不爱你时，你会：
A．愉快地同对方分手　　B．毁坏对方的名誉
C．千方百计缠住对方　　D．不知所措

15．你的恋人对你不道德地变心时，你会：
A．采取“你不仁，我不义”的报复措施　　B．到处诉说对方的不是
C．只当自己瞎了眼　　D．从中吸取择恋交友的教训

16．你认为理想的婚礼是：
A．能留下美好而有意义的回忆　　B．很排场，为别人所羡慕
C．亲朋满座，热闹非凡　　D．双方父母满意

参考表 8-1 进行评分：

表 8-1　评价表

选项＼题号	1	2	3	4	5	6	7	8	9	10	11	12	13	14	15	16
A	2	3	2	0	1	2	2	1	1	2	3	0	3	3	0	3
B	1	2	1	3	0	3	3	2	0	1	2	3	1	1	1	0
C	3	1	1	2	2	2	1	0	0	1	2	3	1	1	1	0
D	0	1	3	1	3	1	0	3	3	3	1	1	1	1	3	1

如果总得分在 40 分以上，说明你的恋爱观是基本正确的；32 分以上时还可以；如果总得分在 32 分以下，就说明你的恋爱观不够正确，应该注意改进。如果这 16 个问题中有一半左右不知怎么回答，则表示你的恋爱观还游移不定。

【团体素质拓展训练】

透过故事剖析自己的爱情观

故事：一艘船遇上了暴风雨，不幸沉没了。船上的人中有 5 个人幸运地乘上了两艘救生艇。一艘救生艇上坐着水手、姑娘和一位老人，另一艘坐着姑娘的未婚夫和他的亲戚。气候恶劣，波浪滔天，两只救生艇被打散了。

姑娘乘的艇漂到一个小岛上，与未婚夫分开的姑娘惦记着未婚夫，千方百计寻找，但找了一天一点线索也没有。第二天，天气转好，姑娘没有死心，继续寻找，还是没找见。有一天，姑娘远远地发现大海中还有一个小岛，她就请求水手："请修理一下救生艇，带我去那个岛上好吗？"水手答应了姑娘，但提出了一个条件，必须陪他过一夜。陷入失望和困扰的姑娘找到老人，与他商量，"我很为难，怎样做才好呢？请你告诉我一个好办法。"老人说："对你来说，怎么做正确，怎么做错误，我实在不能说什么。你扪心自问，按你的心愿去做吧。"姑娘万般无奈，寻未婚夫心切，结果满足了水手的要求。

第二天早上，水手修好了艇，带着姑娘去了那个小岛。远远地，她看到了岛上未婚夫的身影，不顾船未靠岸，从船上跳进水里，拼命往岸上跑，一把抱住未婚夫的胳膊。在未婚夫温暖的怀抱里，姑娘想：要不要告诉他昨晚的事呢？思前想后，下决心说明了情况。未婚夫一听，顿时大怒，一把推开她，并吼着："我再也不想见到你了"，转身跑走了。姑娘伤心地边哭边往海边走。见此情景，未婚夫的亲戚走到她身边，用手拍着她的肩膀，"你们两人吵架我都看到了，有机会我再找他说说，在这之前，让我来照顾你吧。"

故事讲完了，现在请你从刚才故事中出现的 5 个人物中，按照自己的好感程度作出选择并排序，然后简单写下原因。

好感的顺序	出场人物	理由
______	水手	______
______	姑娘	______
______	老人	______
______	未婚夫	______
______	亲戚	______

也可以将这个故事与他人分享，通过听取他人意见，你会受到启发，可以修正自己的意见。在共同讨论中表现自己的态度和价值观、也可以了解他人的价值观，促进深入思考，逐渐了解他人的价值观，群体的价值观。

第九章

大学生情绪管理

本章提示

核心词：

情绪管理

情绪理论

大学生情绪特点

大学生常见不良情绪及其调适

重点：

大学生情绪特点

大学生常见不良情绪及其调适

实践路径：课前浏览—师生互动—课本记录—自测评价—实践报告

第一节　情绪理论概述

每个人在生活中都会体会到不同的情绪：快乐、忧愁或愤怒，我们就是在这样多彩的情绪世界里体验着人生百态。如果了解情绪，知道如何管理自己的情绪，那么我们的个人力量就会增加很多。华盛顿有句名言，“一切的和谐与平衡，健康与健美，成功与幸福，都是由乐观与希望的向上心理产生与造成的。”既然情绪对我们如此重要，但是情绪究竟是什么呢？

【师生讨论】

你的观点：____

____

____

____

教师评语：____

____

【结论】

情绪是人心理活动的重要方面，产生于认识与活动过程之中，并影响认识与活动的进行。简言之，情绪是人对客观事物是否满足自身需要而产生的一种态度体验。

人们在进行认识与活动时，总要与客观事物发生联系，并对它们产生各种态度，这态度又以带有独特色彩的体验表现出来，例如处境危急时感到害怕，考试取得好成绩感到开心，遭人责骂会感到伤心。这些喜、怒、悲、惧等，都是带有独特色彩的态度体验，是由人对事物的不同态度而决定的。

客观事物是否符合并满足人的需要将极大影响人们对它的态度。能够满足人的需要或符合人的愿望的事物，将引起积极的体验，如愉快、喜悦、满意、爱慕等；反之，则使人产生否定的态度，如不愉快、愤怒、憎恨、恐惧、悲哀等。然而，即使是同一件事物，由于不同人的需求不一样，也会引起不同的内心体验。如同是一轮圆月，情侣看到它时，体会到愉悦、爱慕的美好情感，而游子却被勾起不尽的思乡愁绪。此外，一件事物也可以产生诸如百感交集、悲喜交加等复杂甚至矛盾的情绪体验。

1. 坎农-巴德学说

【师生讨论】

驯兽师的生活

2006 年 2 月 4 日，湖南三湘都市报记者采访了长沙市动物园的驯兽师。孙晓华当驯兽师已经有 8 个年了。刚刚接触猛兽时，他也与普通人一样，心里产生了一种无法克服的恐惧感。但是驯兽老师告诉他，驯兽不能靠武力征服，食物与感情才是真正管用的手段。在一个表演动作成功地完成之后，奖励食物可以很好地提高动物表演积极性。同样，与动物感情培养也很重要，不能无缘无故打动物，要将它们当作朋友对待。

“无论是凶猛的老虎，还是温驯的绵羊，它们刚生下来、或者刚抱进园里来的时候，都会感到不适应。它们就像刚来到新环境的小朋友一样，心情很郁闷，晚上会睡不着觉。”孙晓华谈起驯兽心得时常说，“我们就要像它们的妈妈一样，在它们的笼子旁搭一个地铺，和它们睡在一起。只要它们在夜间发出哀鸣，我们就得爬起来安抚它们，直到它们睡着。”

尽管经过驯化的猛兽可以根据人的意愿表演，但是它们毕竟天性难改，所以，再多么优秀的驯兽师，在训练与表演时都不能掉以轻心。

另一个驯兽师高阳手上有两三处伤疤，这些都是猛兽给留的“纪念”。高阳告诉记者，与猛兽相处久了，它们也会表达亲近之情，但它们不知道“分寸”，老虎常会用爪子蹭他的手，但是一不小心就会被蹭出血。人和猛兽相处很容易受伤，猛兽之间的一些玩闹有时也可能会演化为“流血事件”，这时候驯兽师必须当机立断，否则将造成不可挽回的后果。

“当时有两只东北虎特别调皮，在训练完成后喜欢抱在一起互相抓咬。这天可能是一只老虎的心情不好，它在玩闹时突然把耳朵竖了起来，并把身子俯在地上不动。从我的经验来判断，这是发出攻击的前兆，我急忙对它发出了呵斥，但此时两只猛虎已经扭打成一团。”驯兽师赵飞回忆起一年前的一幕有惊无险的场景之时，仍然显得心有余悸：“我和另一个驯兽师马上冲过去，一人抱住一只老虎的腰往笼子里拉。但老虎的个头比我的个头还大，我怎么拉得动？幸亏附近的驯兽师也赶紧跑了过来，五六个人才制服了两只老虎。”

虽然我们在马戏表演上经常看见驯兽师手下的动物相当温驯，但是驯兽师到底害不害怕凶猛的老虎呢？

你的观点：______________________________

教师评语：______________________________

【结论】

结论是他们也是会害怕的，这个案例是为了引出情绪的早期理论——坎农-巴德学说。

坎农对詹姆斯-兰格理论主要围绕三个疑问：第一是机体的生理变化，在各种情绪状态下无多大差异，所以根据生理变化是难以分辨各种不同情绪的；第二是机体生理变化受到植物性神经系统支配，这种变化是缓慢的，不足以说明情绪瞬息变化的事实；第三是机体某些生理变化可由药物引起，但药物只能激活生理状态，不能产生情绪。所以，坎农断定情绪中心不由外周神经系统产生，而由位于中枢神经系统的丘脑产生。

通过外界刺激而引起感觉器官神经冲动，经过内导神经传到丘脑。由丘脑同时向上向下发出神经冲动，向上可以传达大脑，产生情绪主观体验，向下可以传到交感神经，引起机体生理变化，例如血压升高、心跳加快、内分泌增多、肌肉紧张、瞳孔放大等，最终令个体生理上进入应激准备状态。例如，一个人遇到老虎，视觉感官引起冲动，通过内导神经传到丘脑，更换神经元之后，同时发出两种冲动。一个经过体干神经系统与植物神经系统传至骨骼肌与内脏，引起生理应激准备状态。另一个传到大脑，使这人意识到老虎出现了。这时这个人的大脑中会产生两种意识活动。一是认为老虎为驯养的，不可怕。因此，大脑将神经冲动传给丘脑，并控制植物性神经系统活动，压抑应激生理状态，恢复平衡；二是认为老虎是可怕的，很危险，大脑解除对丘脑的抑制，使植物性神经系统活跃，刺激身体应激生理反应，并采取逃避行为，产生恐惧。所以，情绪体验与生理变化同时发生，它们均受丘脑控制。

坎农的情绪学说得到巴德的支持与发展，所以后人将坎农情绪学说称为坎巴情绪学说。

2．阿诺德“评定-兴奋”说

【师生讨论】

电影院看恐怖片被吓晕

2014 年 7 月 7 日，市民刘女士去电影院看了一部恐怖片，但是没想到，却遇到了惊险一幕。电影放到一半时，一位高高壮壮的男子突然晕倒了。大家帮忙掐他人中，才将他唤醒。醒来之后，他说自己并没无心脏病之类的疾病。

刘女士看的是最新电影《笔仙 3》，里面有一些情节比较恐怖。她回忆说，电影是在隆福寺附近的东宫电影院，晚上 8 点开始的。看了一个小时左右，情节越来越恐怖了，吓得刘女士急忙用手挡脸，不太敢看。这个放映厅不大，只能容纳几十个人，但几乎满座。可以感觉到，大家都被那一段恐怖情节吓住了。这时，突然听到后排传来了一声："有人晕过去啦!"

大家转过脸去，原来是一名年轻男子晕倒了，靠在旁边一位中年女士身上，怎么推也醒不过来。这时，电影院工作人员赶来，电影暂停播放。工作人员眼看推不醒他，就开始掐人中，并拨打了急救电话。10 分钟后，急救车来了，男子也醒过来了。看上去，男子也就 20 多岁，又高又强壮。他自己说，自己并没有什么心脏病之类的，看上去也的确挺健康的。刘女士描述，男子眼眶发黑，可能是近期的休息不太好。虽然男子并没承认是被电影吓晕过去，但是从当时旁边观众的反应看，很可能与之前的恐怖情节有关。他正是在电影院氛围之下才产生的恐惧情绪。

电影院看恐怖片与电脑上看恐怖片有什么区别呢?

你的观点：____

____

____

____

____

____

教师评语：____

____

____

____

【结论】

这个案例与阿诺德的评定—兴奋学说有关。当在电影院看恐怖片的时候，宽银幕、逼真音效都容易营造恐怖氛围，虽然意识到这不是真实的，但是也很容易产生恐惧心理。但是在电脑上看恐怖片则没有电影院的观影效果，不容易感受到恐怖。

美国心理学家阿诺德（M. R. Arnold）在 20 世纪 50 年代提出了评定—兴奋学说。该理论认为，刺激情景不是决定情绪的直接性质，从刺激出现再到情绪产生，必须还有对刺激的估量与评价，所以他认为情绪产生的基本过程为刺激情景—评估—情绪。同一个刺激情景，由于对它做了不一样的评估，产生的情绪反应也不一样。评估结果可能是"有利"、"有害"或者"无关"等。如果"有利"，则引起肯定性情绪体验，并将进一步靠近刺激物；如果"有害"，则引起否定性情绪体验，将躲避刺激物；如果"无关"，人们将直接忽视。

阿诺德认为，大脑皮层与皮下组织协同作用才产生了情绪，大脑皮层兴奋是情绪行为的重要条件。她提出情绪产生理论模式：外界刺激作用于人的感受器，导致神经冲动，通过内导神经传达给丘脑，更换神经元之后，再传达于大脑皮层，在大脑皮层内评估刺激情景，才形成特殊态度。这种态度通过外导神经将皮层冲动传达给丘脑交感神经，将兴奋发送给血管与内脏，产生变化令其获得感觉。这种来自外周的反馈信息，在大脑皮层内进行估价，使纯粹认识经验转化为感受者的情绪。

3．沙赫特的两因素情绪理论

【师生讨论】

失恋后，你是哪种情绪？

按照情绪分类，失恋后的痛苦症状主要有四种：伤心难过、焦虑害怕、生气愤怒、羞愧自责。可以看一下《甄嬛传》中的四个人。

沈眉庄一路走来四平八稳，但是身处后宫之中，一旦得宠难免遭人陷害。但是令她惊讶的是：曾经那么喜欢自己的皇上居然是个薄情之人。自己遭人陷害之后，皇上不再相信她，还将她打入冷宫很久。俗话说“一日夫妻百日恩”，她心里一直在想即使犯了错误，也要永远被抛弃吗？更何况自己是被冤枉的。所以失去感情之后，她成了无比伤心之人。

华妃之前得宠是因为皇上喜爱，又加上自己家庭背景显赫，有哥哥年羹尧撑腰，所以骄横跋扈，谁都不放在眼里，将后宫搅得一团糟。皇上感觉心里很闹腾，但是碍于年羹尧面子而容忍华妃。但是皇上毕竟拥有很多妃嫔，所以对华妃的感情也逐渐褪色。当华妃的哥哥罪名不断增加，皇上知道她扰乱后宫之后，皇上就发配了年羹尧，将她打入冷宫。华妃这时才醒悟过来，她与皇上的感情是救不了哥哥的。失去感情之后，华妃感到极度不安，还奢望皇上是否会念旧情。

温太医一直很喜欢嬛嬛，但是嬛嬛已经是皇上的妃子了，所以温太医放弃与嬛嬛在一起。嬛嬛被打入冷宫之后，温太医又对她表明好感，可是嬛嬛说她对爱情已绝望，不想再谈男女之情。这时果郡王出现了，在他穷追之下与嬛嬛在一起了。这时候，一向性情温顺的温太医就发飙了，质问嬛嬛为什么喜欢上果郡王，而不能喜欢自己？于是感觉很生气。

温太医是痴情之人，后来听说果郡王死后，又向嬛嬛表达感情。可是又被拒绝，理由是她不再喜欢任何人了。这时候温太医只好感叹自己没有能力。

以上就是失恋之后的几种情绪反应。

其实，失恋是很正常之事。失恋的人不要只顾着着急难受，可以静一静，思考一下，自己的情绪到底属于哪一种。将你失恋后的情绪列一个清单，可以不拘泥于以上四种情绪类别词语，你可以用任何词语。了解自己的症状之后，继续诊断为什么自己会有这样的情绪？这是因为失恋之后自己的想法导致的。根据沙赫特的两因素情绪理论，想法决定情绪，如果你失恋了，你自己会有怎么样的感受？

你的观点：____

____

____

____

____

____

教师评语：____

____

____

____

【结论】

沙赫特两因素情绪理论由 20 世纪 60 年代初美国心理学家沙赫特（S.Schachter）与辛格（J.Singer）提出，认为对于特定情绪有三个必备因素。第一是个体体验到高度生理唤醒，例如心率加快、胃收缩、呼吸急促等；第二是个体对生理状态变化进行认知性唤醒；第三是相应环境氛围。

为了检验情绪两因素理论，他们进行实验研究，将自愿当被试者的大学生分为三组，给他们注射同种药物，告诉他们注射的是维生素，目的在于研究这种维生素对视觉可能产生的作用。

但实际上给他们注射了肾上腺素，该激素对情绪有很大影响。所以，三组被试者都是处于一种典型生理激活状态的。之后，主试者向三组被试者说明注射后将产生的身体反应，但是对三组分别进行了不一样的解释：他们告诉第一组被试者，注射药物之后将出现心悸、手颤抖、脸发烧等现象，这正是注射了肾上腺素的正常反应；他们告诉第二组被试者，注射之后身上将发抖、手脚有些发麻，没无其他身体反应；他们没有与第三组被试者做任何解释。接着将注射药物之后的三组被试者再分为两组，让两组分别进入预先设计好的两种实验环境中休息：一种是令人发笑的欢乐环境，另一种是令人发怒的情境。根据主试者的观察与被试者自我报告的结果，第二组与第三组被试者，在愉快环境之中显示出了很快乐的情绪，在愤怒情境之中出现了愤怒情绪。第一组被试者没有愉快或者愤怒情绪。

如果情绪是由内部刺激所引起的生理激活状态决定，那么三组被试者都注射了肾上腺素，那么引起的生理反应应该一致，情绪表现与体验也应该相同；如果情绪取决于环境因素，那么所有被试组进入欢乐环境之中都应表现出很愉快的情绪，进入愤怒环境之中会表现出愤怒。但实验证明，人对生理反应认知与了解决定最后情绪反应。这个结论不是否定生理变化与环境因素对情绪产生的作用。实际上，认知过程、生理状态与环境因素在大脑皮层中综合作用产生情绪。环境因素刺激，感受器向大脑皮层传递外界信息；生理因素借助内部器官与骨骼肌活动给大脑传递生理状态变化信息；认知过程就是回忆过去经验与评估当前情境。三个方面信息经过大脑皮层整合才会产生某种情绪。

上述理论转化为一个工作系统就是情绪唤醒模型。该工作系统有三个亚系统：一、对环境信息进行知觉分析；二、在长期生活经验过程中建立的影响外部的内部模式，包括对过去、现在与将来的期望；三、对现实情景进行知觉分析和以过去经验为基础的认知加工之间的比较系统，叫认知比较器，它有复杂的生化系统与神经系统的激活机构，还与效应器官相互联系。

该情绪唤醒模型的核心部分就是认知，依靠认知比较器将当前现实刺激与储存在记忆中经验进行比较，当知觉分析与认知加工间不匹配之时，认知比较器就会产生信息，动员生化与神经机制释放化学物质改变大脑神经激活状态，使身体适应当前环境，此时情绪被唤醒。

第二节　大学生情绪特点

大学生正处于青春期向青年期的过渡时期，在生理发育接近成熟的同时，心理上也经历着急剧的变化，尤其反映在情绪上。相对于中学生来讲，大学生的情绪内容趋向于深刻和丰富，情绪的表达趋于隐蔽，情绪的变化也逐渐趋向于稳定。情绪与情感是人人都很熟悉的心理现象，是人类重要的心理活动形式，大学生的情绪、情感的发展有着自身的特点，总体上是比较乐观、开放、热情、精力旺盛、充满着朝气与激情的，但是大学校园为何还会出现大学生因游戏打输而怒杀室友、药家鑫杀人案件呢？

【师生讨论】

你的观点：____

____

____

____

____

____

教师评语：________________________________

【结论】

经过讨论发现，大学生整体上的情绪是比较健康的，但是其负面情绪也存在不少。随着社会生活节奏不断加速，社会竞争越来越激烈，大学生心理与行为都受到冲击，容易让其产生很多负面情绪，例如困惑、迷惘、紧张、焦虑等无所适从情绪。面对激烈的竞争、沉重的学习任务，当前高校应试教育体制与校园生活中带来的压力，导致当前大学生感到紧张、担忧与焦虑等。所以全面地看待大学生情绪特点是十分必要的。

1. 丰富性与复杂性

【师生讨论】

《苏菲日记2》诠释大学生的复杂情绪

当下，结合了甲流、选秀、网络、办公室恋情、环保等流行元素的跨媒体互动剧《苏菲日记2》正在东方卫视等20多家电视台热播。

该剧很大程度上与大学生的心理、情绪等密切有关，折射出当代大学生的心理现状，所以开播以来就受到广大年轻观众尤其是大学生群体的热捧。该剧讲述了苏菲只身一人来到了上海开始异地求学的生活经历。

中国版《苏菲日记2》取材于八零至九零后的“Y一代”年轻人的真实生活，从大学校园到初涉职场，从羞涩恋爱到青春叛逆，中国“Y一代”的人生经历、体验将展现于此剧中。这也反映了他们的心理变化，从最初的懵懂到进入社会的蜕变。《苏菲日记2》将镜头聚焦于当下年轻一代的真实生活，通过引人入胜的剧情与细致描述，反映他们时尚、青春的生活表象，也仔细刻画他们懵懂、青涩、单纯的内心世界。剧中的主要人物都是从大学校园初涉职场的。

因为《苏菲日记2》主要人物的心路历程很大程度上与当代大学生的真实内心紧密关联，折射出了当代大学生的生活影子，所以该剧得到了很多大学生的支持，一些大学生看了该剧之后都感觉，自己与苏菲有很多相似之处，和苏菲一样很积极、乐观。

苏菲的心理成长过程正中当下大学生的心理，所以获得热捧，但是现实中的大学生并非都如经过艺术处理的苏菲般乐观，那么当下大学生的真实情感、情绪是什么状态呢？

你的观点：________________________________

教师评语：________________________________

【结论】

经过讨论可以知道，大学生的情绪、情感远比电视剧中的苏菲复杂。

随着大学生自我意识不断发展，各种新需要也不断增强，他们的情绪更加丰富。这主要表现在大学生多样性的自我情感，也就是对自我认识的态度体验；还表现于对爱情的情绪体验。人生发展阶段上，大学生正处于人生面临多种选择的时期，例如学习、交友、恋爱等。

大学生作为特殊群体，正处于心理“断乳期”，生理基本成熟但心理尚未完全成熟，容易受外界干扰。大学生对新事物感到好奇，很关注人、事、社会等各种现象，追求友谊与爱情，追求学业与未来，朝气蓬勃、积极进取。但人际困扰、恋爱挫折、就业压力等会导致其产生消极情绪。所以，大学生情绪既丰富又复杂。

2．易感性与波动性

【师生讨论】

恋爱困扰

22 岁的李某是大学四年级学生，身高 1.66 米，五官清秀，体态苗条，打扮时尚。她是家中独生女，父母是大学教师，家庭很和睦。她从小学习成绩优秀，高考顺利进入重点大学。但是不久她却面临爱情的困扰。

他的男友吴某 24 岁，是天津某名牌大学研究生，两人为邻居，从小在一起学习小提琴，确定恋爱关系之后，双方父母都很满意。虽然他们没在同一城市读大学，但感情一直很好，亲戚、朋友与同学都很羡慕他们，李某自己也很自豪，认为他们的爱情如童话般美丽。

但是一周前，两人恋情爆发严重危机。起因是吴某因为导师召唤，暑假未结束就提前返校，未答应李某一同出游的请求，李某很不开心。几天后，李某有一个一直对她有好感的大学男同学秦某，邀请她与其他两同学一起去进行“告别暑假的最后狂欢”，那天李某喝了不少酒，秦某也不太清醒，在送她回家的出租车上，两人很亲昵，此后，秦某向李某展开爱情攻势，李某十分后悔。

国庆节，吴某回北京与李某团聚，无意中发现了秦某给她的情书，还提到那天的事情。吴某很生气，不管她如何解释都不原谅她，第三天男朋友就回校了。

男友为了报复李某，接受了一个追求他的女孩，很快他们出双入对。不久消息传到李某耳中，她周末就赶到天津，撞个正着，她冲着那女孩一阵歇斯底里发作之后，不顾男友的极力解释与劝阻就回北京了。

之后李某极度痛苦，精神几乎崩溃，满脑子都是他们俩手拉的影子，晚上也睡不好。虽然男友向她道歉，解释了。但是，李某发现她一直自以为豪的完美爱情失去了，她还担心即使他们合好了，以后还是会有问题，情绪受不得一点刺激。

与男友复合还是接受秦某，一想这个问题她就感觉要崩溃了，她每天在问自己到底怎么了？

你的观点：____

教师评语：____

【结论】

她对爱情的过高设想导致了如今的巨大挫折体验。

人生中感情体验最强烈时莫过于大学时代。大学生很容易受感染，情绪来得快，平息去得也快。一场精彩的演讲会令他们热血沸腾，一场扣人心弦的世界杯球赛也可令学生废寝忘食。国家新政策、家庭小变故以及学习、交友、爱情等个人生活事件也会影响他们的情绪，导致大学生情绪摇摆不定，时而激动、时而悲观消沉，表现出很大的波动性。之前还在波峰，或许转眼就会跌入谷底，这种极端情绪即为情绪两极性。

3. 激情性与冲动性

【师生讨论】

臭袜一双人命一条

2008年5月8日，武汉一大学生因为一双臭袜子而刺死室友。8日凌晨，因为一双臭袜子发生了口角，武汉工程大学一名大一男生在宿舍里操水果刀刺伤自己的室友，导致该学生不治身亡。

那天熄灯后，惨案发生在该校位于流芳泰塑学生公寓6栋708宿舍。8日零时10分左右，所有宿舍已经熄灯了，但是突然听到708室传出了争吵声，约5分钟之后，小贺同学浑身是血，被几名同学抬下楼送往医院。当日凌晨3时许，伤者因伤势过重，不幸身亡。

据了解，小贺今年才18岁，与凶手龚某都是该校计算机科学与技术系的学生。事发之后，龚某被警方控制，他说，几天前，他有两双袜子因为太臭了，被室友小贺放进水盆里泡着，8日凌晨，他发现自己的最后一双臭袜子也被小贺扔出窗外。两人因此发生争吵，在宿舍内两人推搡，龚某顺手拿起桌子上一把水果刀，朝小贺的腹部捅了一刀。小贺受伤后，龚某也发慌了，与室友一起抬小贺去急救。

8日上午，小贺父母赶到武汉，他父母是天门市老师，因悲痛过度，母亲几次昏了过去。小贺的小学老师惋惜地说，小贺性格开朗，成绩优秀，去年考入大学，还是班里的宣传委员。

如果龚某不那么冲动，惨剧还会发生吗？

你的观点：________

教师评语：________

【结论】

经过讨论，答案是或许结果没有那么严重！

大学生兴趣广泛，对外界事物比较敏感，加之年轻气盛，所以在很多情况下，其情绪很容易被激发而不计后果，有很大激情性与冲动性。虽然较之中学生，大学生知识与认知能力不断提高，对自己的情绪控制能力也增强，但在激情情况下，也常因情绪失控而导致严重后果。一些大学生的犯罪行为与自杀行为就是情绪冲动性所致。

4. 自尊性与敏感性

【师生讨论】

一句话引发的血案

2010 年 2 月 26 日，也是正月十三，下午 5 时 30 分，广州市萝岗区镇龙镇金龙工业园长岭排内的乐丞朗化工厂下班了。38 岁厂长白守川与同事陈娟、张玉、石磊一起去食堂吃饭。饭后，白守川 4 人打算去散步。但是刚走出厂门两三丈远时，白守川腰部突然被狠狠砸中。“站开！不关你们的事！”他们听到了一声大吼。同事等人转身，看见一个年轻男子手握半米多长的铁棍冲了过来，他们惊讶地发现他就是 3 天前刚从厂里辞职的李宗熙。

陈娟、张玉、石磊慌忙往厂门跑去，这时李宗熙用铁棍朝白守川的腰部敲了两下。

白守川立马狠劲握住了铁棍与他争抢起来。白守川身高近 1.8 米，身材壮硕，而身高不到 1.7 米的李宗熙，显得比较瘦弱。争抢中，白守川将李宗熙顶到了路旁树上。

突然，李宗熙抬起右脚，伸手将用透明胶缠在腿上的水果刀拔出，划向白守川的手，鲜血溅了李宗熙一脸，他又向白守川右大腿划去。

白守川丢掉铁棍，踉跄地走向厂门口。而李宗熙扔了水果刀，重新拿铁棍继续追打白守川。但是没走几步，白守川就倒在地上了。这时候李宗熙才停手。

在厂门口看他们打斗的 3 个同事纷纷叫人。李宗熙竟然掏出手机报警：“你们快来抓我呀！我杀人了！”

赶来的同事赵云河拨打了 110 与 120。大约傍晚 6 时 10 分，李宗熙蹲在一边，满脸是血，手里还握着铁棍。赵云河又气又急地说：“你这样搞，是要坐牢的！”“我知道！知道！我都报警了。”这时候李宗熙的语气竟然非常平静。

大约 20 多分钟后，警车与救护车先后赶到。警察下车问道：“是谁啊？”

“我！”李宗熙举双手站起来。

当晚，因股动脉、股静脉破裂引起失血性休克，白守川不治身亡。

在法庭上李宗熙说，在 1 月 8 日前，他与厂长白守川没有任何矛盾，两人关系越来越糟糕是在 1 月 8 日车间员工会议之后。他记忆说，在那次会议上白守川说：“有的员工学历高，但没本事，有本事你还能在这里做普工？”这些话大大刺激了李宗熙。后来李宗熙向白守川提出辞职，白守川问了他一句：“去哪里发财啊？”这再一次刺激了李宗熙。当这些事情积累起来之后，李宗熙再也忍受不了了。

面对李宗熙杀人的疯狂与投案的冷静，你作何感想？

你的观点：____

____

____

____

____

____

教师评语：____

____

____

____

【结论】

由于自我意识的发展使他们强烈需要肯定自己、发展自己，希望能得到别人的重视和尊重；而且作为青年人中佼佼者，大学生普遍对自己的期望、要求较高。因此大学生的自尊需要普遍较强。为此，大学生也喜欢表现自己而希望引人注目，渴望展示自己的才华，希望能博得他人好感与青睐。因为大学生自尊心很强，所以大学生对涉及“我”的事物或与“我”相关联的事物都很敏感，容易产生强烈的情绪反应。

5．阶段性与层次性

【师生讨论】

大学生四年的蜕变

如果将大学喻为繁星满天的夜空，那么来自河南科技大学外国语学院英语 085 班的靳航航是一颗璀璨、耀眼的星。她曾任深圳大运会志愿者河南队队长，被评为“河南省优秀志愿者”，作为唯一代表受到了团中央陆昊书记会见，她荣获 “外研社杯”全国英语演讲大赛河南区一等奖、中央电视台“希望英语”风采大赛河南区冠军，所在的健美操校队在比赛中获河南省一等奖，两次获国家励志奖学金。

靳航航给河南科技大学学报记者的第一印象，是一种亲和力与优雅气质。整个采访过程中，她一直面带微笑。靳航航在大学期间积极参加了各种活动，学习任务又重，时间对她而言很宝贵。“我有时候甚至觉得在校园里慢走都是在浪费时间。”她说。尽管如此，她在学习上仍取得很好的成绩，获得两次国家励志奖学金与一次校奖学金。记者问她如何处理学习与工作的关系，她说：“我们要学习但不能只是学习。学习要讲究效率，要灵活运用已学的知识，同时，参加一些活动也是一种放松的方式。”她还告诉刚入大学的学弟学妹：“不要觉得上了大学就不用努力学习了，学习依然要继续，只是要改变方式。”相比拥有很多空闲时间的其他同学，靳航航确实将自己的大学时光充分利用了，实现了自己的真正价值。

在忙碌而充实的大学生活之中，靳航航也曾遇到过很多的困难，但是她总能克服并坚持下来。健美操校队的每次训练任务量很大，老师要求又严格，有些男生放弃退出了，但是她却克服心理障碍而坚持下来了。在大学四年中，她正是靠着坚忍不拔的毅力书写自己的精彩。

她说自己刚入大学时并没有什么特长，自己是个很青涩、很平庸的人，但是后来通过自己的兴趣，她勇于挑战自我。“我觉得我的大学生活很充实，每年都有进步。大学四年是我蜕变的过程，我每年都能在爸爸过生日时给他送去一个大奖作为礼物。”她自豪地说。这四年对她而言确实是一次完美蜕变，那些令人羡慕的奖项与荣誉就是最好的证明。

临近毕业的同学都会对母校有一种难舍之情，靳航航也是如此。对于即将离开的母校，她说：“大学是一个让你可以变得充实、变得自信和有所成就的地方！”她希望这句话能够激励学弟学妹，希望他们将来取得更优秀的成绩。

自信的笑容，精彩的四年，完美的蜕变，最后是一份满意的答卷，靳航航以自己的不懈努力为自己的大学生活画上了完美句号！

四年之后，你将还父母一个什么样的自己呢？

你的观点：____________________

____

____

____

____

____

教师评语：____________________

____

____

____

【结论】

当然答案是各种各样的，但是都希望会有一个更加优秀、成熟的自己。

大学生阶段每个年级学生的情绪、情感特点是不同的，呈现出阶段性与层次性。刚进大学的时候，多数新生自视过高，渴求别人认同与关注，表现得比较自信、自负；有的学生由于各种主、客观原因而陷入厌学困境。新生的自豪感与自卑感混杂一体，放松感与压力感并存，新鲜感与恋旧感交替，情绪波动又大。但是，即使是同年级学生，又因为社会、家庭及自身要求、期望等不一样，能力与心理素质等不同，所以也会表现出不同情绪状态。总体上，二、三年级学生情感比较稳定，独立性、主动性增强，已经适应大学生活了。

第三节　大学生常见不良情绪及其调适

情绪对我们的影响是无处不在的，异常的情绪会使身心健康受到损害，良好的情绪唤醒状态则有利于提高学习和工作效率。为了调适不良情绪，采用的方法也是各种各样的：通过书本知识学会驾驭自己的情绪；实践中建立积极自我意象；为不良情绪找个出口，例如以诉说代替抱怨、用行动带动情绪、转移注意力、反向心理调节、饮食调节等。生活中，我们难免会遇到各种不良情绪，如果不及时控制将会影响我们的正常生活。一般情况下，除了上述方法你们还会使用哪些方法控制？

【师生讨论】

你的观点：____________________

____

____

____

____

____

教师评语：____________________

____

____

____

【结论】

经过讨论发现，调适自己情绪的方法是各种各样的。总之，当遭遇不良情绪的时候，我们是可以通过对情绪的自我调控，培养健康情绪，克服不良情绪，保持良好的情绪状态。情绪的发生及表现与人的认知直接相关，一个人对周围事物或自己的行为、思想作出什么样的评价，则可能导致相应的情绪反应。

1．愤怒情绪与调适

【师生讨论】

“制怒”

林则徐卧室与书房的墙上都挂了一幅字，这幅字就是“制怒”二字，为什么呢？

原来林则徐小时候脾气急躁，做事有时很毛躁。林则徐的父亲林宾日认为这个毛病对儿子将来做人做事都很不好，于是林父就把儿子叫到跟前说：“我给你讲个故事，好不好？”

林宾日针对儿子急性子，办事急躁的毛病，就讲了一个“急性判官”的故事。

从前，有个判官，很孝顺自己的父母，所以每当遇到不孝罪犯，就治罪特别严。一天，有两个人扭来一个年轻人，他们对判官说：“这是个不孝之子，他不仅骂他的娘，还动手打他娘。我们把他捆了起来，他还是不停地骂，我们就堵了他的嘴。老爷，像他这样大逆不孝的后生该不该罚？”判官一听是个不孝之子，立刻火冒三丈，大喊：“来人呀，给我结结实实地打这个逆子 50 大板！”这时候，年轻人有口难辩，挨了 50 大板，屁股打得血肉模糊。这时，有个老婆婆拄着拐杖走进来，边哭边焦急地说：“请大人救救我们，刚才有两个盗贼溜进我家后院，想偷我家的牛。我儿子捉住他们，要送官府。可是，两个强盗反把我儿子捆走，不知弄到何处去了？求大人赶紧替我找找儿子，我只有这么一个孝顺好儿啊！”

判官一听，心中忐忑不安：莫非刚才恶人先告状，刚才打的就是她儿子？忙叫人去找那两个捆人的人，但他们已溜得无影无踪了。这时候，被打昏的人突然呻吟了一声，老婆婆寻声一看，那不正是自己的儿子？怎么被打成这样，心里一急昏倒在地，再也起不来了。

林则徐听了父亲讲的故事，立刻明白了父亲的用意。林则徐从此非常注意克服自己易怒的情绪，即使做了大官之后，也不忘父亲教导，在书房里挂上“制怒”匾，以时时警诫自己。

人的一生中总会遇到令人愤怒之事，关键在于如何控制自己的愤怒，除了林则徐的方法，还有什么比较实用的方法控制愤怒？

你的观点：______________________________

____

____

____

____

____

教师评语：______________________________

____

____

____

【结论】

愤怒小到烦躁不安，大到火冒三丈，伴随着明显的生理与物理变化，例如，心跳加快、血压升高，激素、肾上腺素能量水平上升。愤怒情绪的导火线可能来自于外部，也可能来自内部。外部因素人与事，内部因素如心中烦恼与回忆创伤性事件等。可以说，愤怒是人类所具有的一种正常的情绪，但是其也容易对人产生很多负面影响。

人都不免有愤怒的时候，要及时进行简单的放松训练，如深呼吸、想象放松等都有助于舒缓愤怒的情绪。然后反问自己是否值得愤怒。如果实在控制不住愤怒，则可以选择慢跑、散步等运动方式发泄自己的愤怒。

2. 焦虑情绪与调适

【师生讨论】

张朝阳：我是如何克服焦虑的

张朝阳说自己的成长其实是很焦虑的，看起来很成功很顺利，但是实际上他说自己经历的心路历程很漫长。所以，他选择自己来医治自己。

“我原来很焦虑，但是我必须解脱，寻找快乐之源，如果不解脱的话，我会一天天苍老下去，焦虑下去。”

近日，在其办公室对面的清华会议室，搜狐公司 CEO 张朝阳对记者说。话题由《中国经济时报》记者的一句感慨引起。张朝阳的搜狐公司不久前刚过10周年，谈及十年年来的变化，《中国经济时报记者》感慨，如今比 10 年前焦虑很多。张于是便谈起自己克服“焦虑”的心得。

“我的成长其实是很焦虑的，从西安考到北京，很激烈的竞争；在清华，男女比例不平衡，光棍学校；到美国去，到另外一个国度，异国他乡；回来创业，经历的磨难很多。今天看起来很成功很顺，实际上我经历的心路历程非常漫长。所以，我自己来医治。”

“为什么我们的年龄越大焦虑越多呢？就是因为我们的年龄越大经历越多，经历越多就越要进行总结，把脑子一些区域的关注放大了。我们在总结的时候自己的一双眼睛在看自己，但那双眼睛本身就是大脑一个脑电图过程，共振以后就放大了。”

“你年龄越长操心的事也多，想得越多，最后你就越睡不好觉。这就是为什么年龄越大的人睡眠越来越少。”

“我觉得人要摆脱自己、摆脱判断。人要活得快乐就要阻断过去、屏蔽未来，对过去没有关注，对未来没有判断，活在当下。”

“我想再过 10 年，我能彻底达到阻断过去、屏蔽未来的境界，我不会随着我的年龄增长而焦虑。”

“我的这个理论最终导致我的自我练习，导致了我越活越轻松，越活越好，我六七十岁了还活得像一个小伙子一样。”

“你周围的很多人对你有期待，你要让他们满意，不辜负他们的期望，这些都是基于价值观的判断，焦虑来自于判断。”

“但是，效率的追求却是焦虑的根源，是智慧与解脱的大敌。这个智慧，不是聪明，而是指开悟、解脱、空性以至于到达快乐。价值观与判断是幼童长大所必须接受的教育，正是教育的过程（母亲从 1 岁时起对小孩每天的所有修正，使其长大成为一个被社会认为正常的人）产生了自我，这个自我是在不断被否定中形成的，所以这个自我一生都在嗷嗷待哺地寻求肯定，认可，这种需求被社会翻译成追求、理想，并被天下所有的文化所推崇，所嘉奖。”

“从零岁开始到二十岁长大，就是实施这样的教育把你变成一名合格人才的过程。就是给你脑子里输入价值观，这个过程就是告诉你，‘你不够好’，‘你要这样’。本来小孩是没有自我的，就告诉你要被社会肯定。老是觉得自己不够好，要变得更好，就是焦虑的源泉。像奥运会冠军，在平衡木上跳的时候，他是最焦虑的。其实他是很容易达到的。”

“更智慧的、深刻的、伟大的思想一定不是来自于最发达的地区。北温带一定产生不了深刻的思想。只能产生很效率的东西。爱因斯坦很伟大，但是他不是最深刻的思想。德国也在这个区间，所以也很肤浅，它的哲学不是真正的大智慧与解脱。”

“真正的解脱是来自于印度。我不信佛，但是我给你举一个例子，我想用印度和北温带来说明效率和智慧。德国的思想家都聪明并焦虑，他们是某个领域的工匠，爱因斯坦也是。但只有印度的思考和内省的方法能够使你的大脑解脱。因为那个地方热，人吃一点自然界的野果子就可以生存，人整天和自然亲密接触。部落的文化也不是那么强。印度的文化产生了很多反省。印度人对效率的追求不像北温带那么强烈。这就是为什么北温带就产生不了那么伟大的思想。”

张朝阳选择了自己医治自己的焦虑，如果你们面临焦虑情绪将选择何种办法呢？

你的观点：____

____

____

教师评语：____

____

【结论】

焦虑我们最常见的一种紧张情绪，是我们面对一个充满竞争的世界而产生的渺小感、孤独感、软弱感、不安全感等，常伴有交感—肾上腺系统的活动水平提高，例如心慌气短、憋闷、手心出汗、失眠、头痛等症状。这些都极大影响正常生活。

面临焦虑的时候可以选择以下方式克服：有规律的锻炼身体，经常深呼吸，积极参加集体活动，做自己喜欢的事情，听一些放松身心的音乐，积极培养兴趣爱好，例如练书法、画画、打太极、养花种草等。如此坚持一段实践之后，随着身心越来越放松，焦虑情绪都会慢慢退去。

3．抑郁情绪与调适

【师生讨论】

郑秀文走出抑郁始末

2004 年，郑秀文接拍了电影《长恨歌》，当时自己已经陷入了严重的抑郁症不能自拔，事业也跌入低谷。四年之后，逐渐走出抑郁的郑秀文终于有勇气面对昔日伤痛，撰写《值得》一书。这本自传在 2009 年正式出版，与此同时，郑秀文个唱也在香港首战告捷，似乎标志着昔日百变天后又恢复了。

最近一期香港《明报周刊》专门采访了她，她坦言了当年自己得抑郁症的痛苦经历。2004 年至 2005 年，在她接拍电影《长恨歌》时，就传出她患了抑郁症，有关她健康出问题新闻不断。拍摄完毕后，她不再接任何工作，休整了很长时间。这次出版《值得》，郑秀文才将过去感觉写成文字首次公开：“当时内心并没有释出以往对工作该有的热情和力量，只感到疲累和惧怕……拍摄期临近，仿佛死期将至，心似乎一直被某种负面的感受滋扰着。”

说起《长恨歌》，郑秀文感慨很大。她说：“拍《长恨歌》时很紧张，每天都像在战役中，完成后我很开心，同时也崩溃了。”拍摄期间她对任何人都不想说话，最严重时有两周多，只能用文字与人沟通。

郑秀文一直没有看医生，自以为以个人意志便可克服恐惧。她自述：“那段‘非常时期’是否直接跟情绪病挂钩？我实在难以确定。因为我没有看过任何医生，也没有吃过一颗半粒药丸。我很害怕他人看到我的忧伤脆弱来攻击我，伤害我，故此一直很抗拒用‘抑郁症’这个词。”

当时她还患有腮腺炎，搭档梁家辉不断鼓励她，但她当时并不知如何解说自己状况。因为腮腺炎阻碍了拍摄进度，她还赔了片商200万元，“赔得甘心、乐意，那不是用钱可以衡量的。”拍了《长恨歌》之时，她养成了一个习惯，爱睡在上海住所的大厅，而且喜欢将双腿伸进羽绒大衣的两个衣袖，她觉得最安全。《长恨歌》之后，她把自己关在家中，如同走进死胡同。她说当时的情绪不波动，就是乱，不想说话，沉浸在画画与文字的世界，以睡觉逃避现实。她还迷上下厨做菜来疗养心灵，厨艺生疏的她被烫出几道黑疤，因此当时还传出过她要割脉自杀的消息。

现在的郑秀文活得很自在，闲时画画、阅读或与朋友聚会，心灵很满足。对于爱情，她说：“感情不能刻意追求，刻意追求就不真挚。”2009年有很多艺人结婚，她是否有此想法？郑秀文回答：“我已经过了很想结婚那个年纪了，当然，我不是独身主义者，但并不一定是要结婚，有个好伴侣已经足够。”她还自嘲：“其实我也不是很丑，为什么没有人走过来？”

你的观点：____

____

____

____

____

____

教师评语：____

____

____

____

【结论】

现代社会，物质文明高度发达的时候，人类的精神疾病却越来越多了，抑郁症如同感冒一样普遍。在大学生当中也不例外，大学生面临着学业压力、感情问题、就业压力、人际关系等问题，也使得很多大学生面临着抑郁情绪的困扰。抑郁是一种常见的精神疾病，主要表现为悲观绝望、烦躁、失眠，兴趣减少，甚至有自杀念头，感觉极度疲劳感，反应迟钝或敏感等。一旦发现有抑郁情绪，首先要重新建立自信心，然后要为自己安排有规律有节奏的生活，经常锻炼身体，保持健康的体魄。尽量做自己喜欢的事情，经常与朋友联系感情，使自己尽快走出抑郁阴霾。

4. 压抑情绪与调适

【师生讨论】

《黑天鹅》压抑是一种残缺的活法

芭蕾舞女演员尼娜，好不容易获得了演出《天鹅湖》女主角的机会，一人饰演白天鹅与黑天鹅。但精神压力接踵而来，导演一再说她没有黑天鹅的激情；女同事热情笑容之背后，似乎试图取代她。尼娜与母亲同住，母女关系不和谐。尼娜抓挠身体留下伤痕的旧习惯逐渐加剧，随着演出临近，她的压力到达顶点。

白天鹅是传统好女孩——单纯美丽被动柔弱，黑天鹅野性欲望诱惑，充满激情。电影开头的尼娜远做不到，她只是白天鹅。这个好女孩力求每个舞蹈动作精准到位，即便导演一再提醒她：完美不是控制，而是爆发，但她无法爆发。母亲从小给她良好艺术熏陶，也进行严格管教，这个乖乖女很受束缚。当她不敢认可真实自己，总努力去符合某种完美标准时，那是戴着镣铐跳舞。当她的生命活力备受压抑时就是一种残缺活法。

尼娜很费力却跳不出黑天鹅，让人叹息。对尼娜而言，她何时敢允许自己不用那么乖，而自然释放出真性情？她具备演好白天鹅的技巧，但还欠缺的正是活力与激情。

被压抑之后，要找回活力，常常得让长期束缚之下累积的愤怒、恐惧、挫败感等有合适出口。在教练培训之下，尼娜最后在心里杀死了竞争对手，演好了黑天鹅。她压抑的内心终于爆发了，在很久的担忧、恐惧之后，她有了愤怒，有了不顾一切的执著，即便多年活在压抑中，她渴望把握住机会，渴望在倾注了无数心血的舞台上做到完美，这份渴望，使她找回与释放生命活力的力量。

最后她以生命诠释了黑天鹅，释放了压抑的内心，我们生活中又有多少人像之前的尼娜那样压抑的生活着呢？今后又将如何继续面对生活？

你的观点：____

____

____

____

____

教师评语：____

____

____

____

【结论】

学习压力，就业压力，家庭期待，朋友关系等周围情感的挫折，都容易导致大学生的压抑情绪。当这种压抑情绪强度较大或者持续时间过长时，但又找不到或者没有适合的可宣泄途径之时，加上个体素质缺陷，往往会导致心理异常，甚至出现精神疾病或者自杀情况。面对的压抑情绪，首先要坦然面对，不要与之对抗，有条不紊地做该做的事情。其次要通过一些事情放松自己，例如听音乐、打太极、散步、绘画等。最后是经常和自己的亲友多交往，多沟通，增强感情交流，敞开心扉。

【自我测试】

第1～9题：请从下面的问题中，选择一个和自己最切合的答案，但要尽可能少选中性答案。

1．我有能力克服各种困难：

A．是的　　B．不一定　　C．不是的

2．如果我能到一个新的环境，我要把生活安排得：

A．和从前相仿　　B．不一定　　C．和从前不一样

3．一生中，我觉得自己能达到我所预想的目标：

A．是的　　B．不一定　　C．不是的

4．不知为什么，有些人总是回避或冷淡我：

A．不是的　　B．不一定　　C．是的

5．在大街上，我常常避开我不愿打招呼的人：

A．从未如此　　B．偶尔如此　　C．有时如此

6．当我集中精力工作时，假使有人在旁边高谈阔论：

A．我仍能专心工作　　B．介于A．C之间　　C．我不能专心且感到愤怒

7．我不论到什么地方，都能清楚地辨别方向：

A．是的　　B．不一定　　C．不是的

8．我热爱所学的专业和所从事的工作：

A．是的　　B．不一定　　C．不是的

9．气候的变化不会影响我的情绪：

A．是的　　B．介于A．C之间　　C．不是的

第10～16题请如实选答下列问题，选择一个和自己最切合的答案，但要尽可能少选中性答案。

10．我从不因流言蜚语而生气：

A．是的　　B．介于A．C之间　　C．不是的

11．我善于控制自己的面部表情：

A．是的　　B．不太确定　　C．不是的

12．在就寝时，我常常：

A．极易入睡　　B．介于A．C之间　　C．不易入睡

13．有人侵扰我时，我：

A．不露声色　　B．介于A．C之间　　C．大声抗议，以泄己愤

14．在和人争辨或工作出现失误后，我常常感到震颤，精疲力竭，而不能继续安心工作：

A．不是的　　B．介于A．C之间　　C．是的

15．我常常被一些无谓的小事困扰：

A．不是的　　B．介于A．C之间　　C．是的

16．我宁愿住在僻静的郊区，也不愿住在嘈杂的市区：

A．不是的　　B．不太确定　　C．是的

第17～25题：在下面问题中，每一题请选择一个和自己最切合的答案，同样少选中性答案。

17．我被朋友、同事起过绰号、挖苦过：

A．从来没有　　B．偶尔有过　　C．这是常有的

18．有一种食物使我吃后呕吐：

A．没有　　B．记不清　　C．有

19．除去看见的世界外，我的心中没有另外的世界：

A．没有　　B．记不清　　C．有

20．我会想到若干年后有什么使自己极为不安的事：

A．从来没有想过　　B．偶尔想到过　　C．经常想到

21．我常常觉得自己的家庭对自己不好，但是我又确切地知道他们的确对我好：

A．否　　B．说不清楚　　C．是

22．每天我一回家就立刻把门关上：

A．否　　B．不清楚　　C．是

23．我坐在小房间里把门关上，但我仍觉得心里不安：

A．否　　B．偶尔是　　C．是

24．当一件事需要我作决定时，我常觉得很难：

A．否　　B．偶尔是　　C．是

25．我常常用抛硬币、翻纸、抽签之类的游戏来预测凶吉：

A．否　　B．偶尔是　　C．是

第26～29题：下面各题，请按实际情况如实回答，仅须回答"是"或"否"即可，在你选择的答案下打"√"。

26．为了工作我早出晚归，早晨起床我常常感到疲惫不堪：

是________否________

27．在某种心境下，我会因为困惑陷入空想，将工作搁置下来：

是________否________

28．我的神经脆弱，稍有刺激就会使我战栗：

是________否________

29．睡梦中，我常常被噩梦惊醒：

是________否________

第30～33题：本组测试共4题，每题有5种答案，请选择与自己最切合的答案，在你选择的答案下打"√"。

答案标准如下：1=从不，2=几乎不，3=一半时间，4=大多数时间，5=总是

30．工作中我愿意挑战艰巨的任务。

1　2　3　4　5

31．我常发现别人好的意愿。

1　2　3　4　5

32．能听取不同的意见，包括对自己的批评。

1　2　3　4　5

33．我时常勉励自己，对未来充满希望。

1　2　3　4　5

计分方法：请按照记分标准，先算出各部分得分，最后将几部分得分相加，得到的分值即为最终得分。

第1～9题，每回答一个A得6分，回答一个B得3分，回答一个C得0分。计____分。

第10～16题，每回答一个A得5分，回答一个B得2分，回答一个C得0分。计____分。

第17～25题，每回答一个A得5分，回答一个B得2分，回答一个C得0分。计____分。

第26～29题，每回答一个“是”得0分，回答一个“否”得5分。计____分。

第30～33题，从左至右分数分别为1分、2分、3分、4分、5分。计____分。

总计为____

分数解释：

90分以下EQ较低，常常不能控制自己，极易被自己的情绪所影响。很多时候，容易被激怒、动火、发脾气，这是非常危险的信号——你的事业可能会毁于你的急躁，对于此，最好的解决办法是能够给不好的东西一个好的解释，保持头脑冷静，使自己心情开朗。记住富兰克林的话：“任何人生气都是有理的，但很少有令人信服的理由。”

得分在90～129分，说明你的EQ一般，对于一件事，你不同时候的表现可能不一，这与你的意识有关，你比前者更具有EQ意识，但这种意识不是常常都有，因此需要你多加注意、时时提醒。

得分在130～149分，说明你的EQ较高，你是一个快乐的人，不易恐惧担忧，对于工作你热情投入、敢于负责，你为人更是正义正直、同情关怀，这是你的优点，应该努力保持。

得分150分以上，EQ高手，你的情绪智慧不但是你事业的阻碍，更是你事业有成的一个重要前提条件。

【团体素质拓展训练】

婚宴上的宾客

1．活动目的

一个人面对变化的时候往往是他们最能发挥其潜在创造性的时刻，你的亲朋好友的婚礼，也许正是这样一个场合。

（1）培养学生的创造性。

（2）锻炼学生管理和控制情趣的能力。

2．活动地点

教室

3．活动内容

（1）准备好婚礼请柬数个，婚礼请柬角色分配如下：

婚礼请柬：

敬请参加××和××的婚礼

（给新娘或新郎最要好的朋友的）

你是新娘或新郎最要好的朋友，而你非常不喜欢你的朋友的配偶。你的角色：否认。在这个阶段，典型行为是，好像没什么不对，情况和变化并没有影响我们。本质上来说，我们正在逃避应付变化的情况。典型的语言有“他现在结婚了又怎么样？我们还不是像以前一样， 每周末去酒吧喝酒。”“我的朋友结婚只是为了得到更好的健康保险。因此，他并没有真的爱上她。”“我还能再吃四块儿蛋糕——在婚礼上多吃点儿东西，含的热量多一点儿，算不了什么。”“并不能因为我在啜泣，就说我心烦意乱。我没事儿。真的，我为他们感到高兴，胡扯。”

敬请参加××和××的婚礼

（给新人过去的恋人的）

你是新娘或新郎过去的恋人。你的角色：生气。在这个阶段，我们最终承认情况已经改变，但我们感到无助和懊恼。我们相信我们正在失去对我们来说很重要的东西，并认识到我们无力改变它。典型的语言有“我真不敢相信这两个家伙居然结婚了。”“去参加葬礼也比来参加这个宴会要好得多。”“这个婚姻一定不会有什么好结果。”“那两个人没有一点儿共同语言。我敢打赌，这段婚姻只能维持一个月。”

敬请参加××和××的婚礼
（给长辈的）

你是新娘行事谨慎的长辈。你知道她本可以做得比这次失败的婚姻更好。你的角色：讨价还价。在这个阶段，感到内疚和困惑。我们想要重新获得控制的感觉，因此我们讨价还价，或者做“交易”来阻止情形失控。这些交易，可以是和我们自己或者他人进行的。典型的语言有“那好，我会让他们维持这段婚姻直到蜜月之后，然后我们看吧。”……“我在等待时机，等到她能自己醒悟过来，而同时我还看到，她的表弟马文对她仍旧很迷恋。”“如果上帝允许我脱离这个困境，我将永远再也不要求什么了。”

敬请参加××和××的婚礼
（给新郎的堂妹的）

你是新郎仍旧独身的堂妹，你本来希望你们能够结合。你的角色：沮丧。在这个阶段，我们已经逐步认识到，改变的情形再也不可能逆转了，我们感到很伤心。我们可能意识到了，也可能没有意识到，这就是我们的感觉。我们的沮丧通过我们的行为清楚地表现出来。如：睡得太多或太少，消沉，过量的饮食（角色扮演的暗示：过量饮酒）。典型的语言有：“不，我太累了，不想诅咒什么。我还是坐在这儿，写一曲死亡的挽歌吧。”“我好像弄坏了这双昂贵的新鞋的后跟儿，哼，谁在乎呢？”“这儿有什么地方可以让我躺一会儿吗？”“没有希望了，我打算永远也不结婚了。”

敬请参加××和××的婚礼
（给新人过去的挚友的）

你是新娘或新郎的挚友。你的角色：接受。在这个阶段，我们逐渐被正在变化的情形所吸引。我们正在努力重新获得力量并寻求新的方法来满足我们的需要。典型的语言有“好啊，很明显，我是这里唯一的独身人。哦，也许我可以和乐队的那个人聊聊？”“我应该面对现实，他现在结婚了。”“也许这儿的什么人能给我提供一份好工作。我的名片放哪儿了？”

敬请参加××利××的婚礼
（给新郎年幼的弟弟或妹妹的）

你是新郎年幼的小弟弟或妹妹。你的角色：希望。在这个阶段，我们已经无可奈何地接受了新情况，并有乐观感。我们开始观察，这种新状况能如何为将来创造机会。其他人把我看作是非正式的领导者，可以帮助他们把问题处理好。典型的语言有“我很高兴又能有一个姐姐！我们会成为好朋友的。”“只要一想到我现在可以拥有哥哥的房间了，我就兴奋不已！”“哇，如果有人愿意嫁给我哥哥这种人，那我是不会有什么问题了。”

（2）将预先准备好的婚礼请柬发给大家，确保每个角色都有一个人扮演，给大家一点时间让他们对自己的角色进行熟悉；

（3）给每个人一张卡片，让他们写上自己的姓名和他（她）将要送给新郎、新娘的礼物，可以是最古怪的或者最俗气的，但一定要符合他所扮演的人的身份。他（她）可以选择在婚礼的任何时候将礼物交给培训师扮演的新郎、新娘，以最能表现他们的情绪为佳（如果在现实生活中，他确实送过这样礼物，给他加分）；

（4）培训师现在宣布婚礼开始，大家可以随意走动，聊天，其间他们要想方设法按照卡片给他的角色表达情感，他们必须不断地相互交流，直至双方都明白了对方的意思为止；

（5）10 分钟以后，结束游戏，让大家描述一下他所扮演的角色和他所送的礼物，以及他所用的表达情感的方式，选出最具创意的演员。

4．注意事项

请柬里的角色分配要写清楚，留给不同角色以思考时间，鼓励各个参与者发挥自己的想象力，鼓励随机应变。

5．填写上交实践报告

第十章

大学生挫折应对及压力管理

本章提示

核心词：

压力与挫折

大学生压力和挫折的产生和特点

压力和挫折对大学生心理的影响

压力管理与挫折应对

重点：

压力和挫折对大学生心理的影响

大学生压力管理与挫折应对

实践路径：课前浏览—师生互动—课本记录—自测评价—实践报告

第一节　压力与挫折概述

压力主要是指心理压力、精神压力，现代生活中每个人都有深刻体验，心理压力总的来说有家庭、工作与人际关系等方面。压力过大、过多是会损害身体健康的。现代医学已经证明了，心理压力过大将削弱人体的免疫系统，使外界致病因素容易引起肌体患病。现代生活压力如同空气一样时时刻刻地挤压着现代人。挫折即人们在有目的的活动之中，遭遇无法克服或者自认为无法克服的困难，导致其需要或者动机无法满足而产生挫败感。心理学中是指个体有目的的行为受阻而产生紧张状态或情绪反应等。压力与挫折都是人生中难免的遭遇，面对人生中的压力与挫折，匡衡选择刻苦奋斗，华罗庚选择勇往直前，林肯选择坚持到底……你会选择什么方式面对呢？

【师生讨论】

霍金的故事

伟大科学家霍金，在他 21 岁患上了不治之症后他也曾经消沉过一段时间，极度失望时他做了一个梦，梦见自己努力去帮助一些人们。医生当时预测他最多只能活 2 年，但 2 年过后情况也没有那么糟糕。后来他又想到了以前曾与自己一个病房的男孩，那个男孩第二天就死了。他似乎明白了什么，不应该就这样放弃，他17岁考上剑桥大学，拥有异乎常人的头脑。不久他还找到了真爱。

患病后，为了家庭，为了理想，他选择果断“站了起来”，继续研究。他自己在个人传记中谈到，他并不认为疾病对他有多大影响，他每天都陶醉在自己的世界之中，不去思考疾病。同时，他又努力证明自己能够像常人那样生活！霍金在生活中，只要自己能做到的事情就不麻烦别人，他憎恨别人将自己当做残疾人，他说：一个人身体残疾了，决不能让精神也残疾。霍金的意志力非常坚强，同时他对生活很有主见。他对生活永远充满了乐观与幽默态度。患病之后，曾有6次非常近距离地与死神交手，他都顽强的活了下来。

他的人生正如他自己所言，活着就有希望，人永远不能绝望！

面临挫折，一般人会说那是伟人才能做到的，自己是平常人做不到。

这样的励志故事也是多不胜数的，这些能够坚强面对挫折的人的共同特点是什么？

你的观点：____

____

____

____

____

____

教师评语：____

____

____

____

【结论】

压力是个人在生活过程中一种身心紧张的状态，因环境要求与自身应对能力不平衡所致。这种紧张状态往往会通过非特异心理与生理反应表现出来。挫折是指一个人目的性行为受到阻碍或者中断而感受到的情绪体验。压力与挫折都是人生的平常之事，只要选择正确对待方式即可。

1．压力来源

（1）家庭

【师生讨论】

克莱默先生的压力

这是一个关于中年危机的电影故事，突破危机的最后关键钥匙是他们的孩子。

克莱默先生是一个标准的“巨蟹式”丈夫，碎嘴的暖心男人，他辛苦在职场打拼，其实根本就不是事业心追求，他只是让家人过得更好。妻子在家带孩子，他一个人成了家里的顶梁柱，生活压力不断地强加给他。

克莱默夫人在享受了恋爱与结婚初期的甜蜜之后，开始归于照顾孩子与做家务的平淡生活，20世纪六七十年代美国女性主义思想开始盛行，克莱默夫人受到楼下邻居影响，或者是社会思潮潜移默化影响，开始反思自己的社会地位与人生状况，她也想开始拥有自己的事业，但母爱的妥协让她不忍心离开孩子，只能以离家出走为借口，将“离婚”搁置……

于是，克莱默先生一个人照顾家庭。

中国社会也出现了妇女解放思想。但是，这几年里，社会开始回避了妇女解放的突破现象，原因在于中国人自身物欲增长并没有停止，女主内男主外的模式依然是伴随着一种对物质消费的崇拜而不断加剧的。这是必然的，因为社会规律正是如此，也无法逆转，所以说《克莱默夫妇》里提到的女性自身突破现象，应是物质消费崇拜的后期现象，人们更多在追求一种主动追求生活状态的觉悟。

但是，现实总是很无奈的，克莱默先生就遇到了如此的尴尬处境，家庭的压力不断加大，令他无法思考其他的事情，一开始他还无法适应，但后来他也就认命了，一个自己服务了很多年的公司解雇了他，他竟然在24小时之内又找到了工作，而且当这份不如意的工作得到时，他却开心地笑了，足见他已经完全以家庭为中心了。

家庭对每一个人都是至关重要的，不同的人生阶段，来自家庭的压力也不一样，你现在面临着什么样的家庭压力？

你的观点：____

____

____

____

____

____

教师评语：____

____

____

____

【结论】

来自家庭的压力是指在家庭中，因为长辈、晚辈之间的冲突，家庭成员相处问题，子女教育与成长问题等导致的压力。人们都想将家庭经营得红红火火，但是，岂能事事顺心呢？家庭中也是压力源头之一，例如离婚、再婚、孩子养护与管教、家庭成员相处、经济忧虑等。

（2）工作

【师生讨论】

《穿普拉达的女王》

电影女主角安迪是一个法律专业毕业的穷学生，没有工作经验，但是却想尝试做一个编辑，以一身“朴素”的装扮到堪称“时尚圣经”的杂志社面试总编米兰达的行政助理。首次面试，安迪没能凭借惊人的外貌与漂亮的服饰获得了米兰达的认可，但是她临走之前，她说了一席话“我聪明、学东西快、工作努力……”表现了自己的真实诚意与内在才能，终于使得主编改变了主意，聘她为第二助理。上班以后，安迪地狱般的职业生涯正式展开了。每天的工作都是买咖啡、帮上司收拾办公室、接电话等很多琐事。更要随时随地准备好接上司随手扔下的大衣，并无条件地满足上司的各种无理要求等。

安迪也曾经向造型师同事抱怨过自己的繁琐工作，在造型师的提醒与帮助下，安迪开始努力适应新的工作环境。对于上司的无理要求，也努力超额完成任务。米兰达让安迪去买还没有上市的新一集《哈利·波特》，安迪利用自己的人脉顺利完成任务，并注意到了上司有两个孩子，有心地复印了两份，最终获得了上司的肯定，让她代替第一助理的位置参加法国巴黎的时装大展。后来，安迪在新男朋友的家中无意中发现了新一期《Runway》杂志的封面，她觉得很奇怪。新男友说杂志社老板打算换主编了，于是将欧洲版的那个女人换去做主编让米兰达下岗，安迪特别震惊，想马上去告诉米兰达。知道上司的不利情况之后，安迪克服一切困难，第一时间跑去给米兰达报告。通过这件事，米兰达终于把安迪当作了心腹，把她正式提拔为自己的第一助理。

但是为了自己的工作，安迪疏远了男友与朋友。随着同米兰达到了巴黎，参加了同事艾米莉盼望了一年的时装大展。巴黎之行成为了安迪事业的转折点，看到了自己的上司在工作后不过是一个一无所有的疲惫妇人而已，也看到了职场中权力斗争的残酷。

巴黎之行后，安迪慎重考虑，还是离开了杂志社。因为她知道她所追求的并非自己事业上无休无止的"上迁"。在电影里，安迪潇洒地将自己的手机扔进了池子里，最后进了一家并不出名的报社当了记者，最终也找回了最初的自己。

进入社会，工作压力是难免的，对于工作压力与自己的爱情，安迪最终放弃了一份容易使自己异化的工作，如果你是安迪又将如何抉择？

你的观点：____

____

____

____

____

____

教师评语：____

____

____

____

【结论】

工作也是导致压力的重要因素，是指在工作中产生的各种压力，它的起源有多种情况。如工作环境，工作场所的物理环境，组织环境等，工作任务多少、难易程度，工作所要求完成时限，职场人际关系、工作职位变更等，这些都可能是引起工作压力的诱因。

（3）人际关系

【师生讨论】

复杂的人际关系

电视剧《金枝欲孽》中，五个女人尔虞我诈，使尽各种招数来讨得皇上宠爱，胆小心善、不谙世事的人可能会看到手心冷汗齐出，背后阴风乍起的感觉。剧中的五位宫女们勾心斗角、机关算尽。如妃因为龙种夭折而与皇后水火不容，后因与近身侍卫关系过密，皇后趁皇上不在宫中而将如妃定罪打入冷宫，带走小格格，母女分离。玉莹表面单纯，但是内心却复杂，入宫后千方百计得到皇上、孔武、安茜等人协助而获得皇上宠幸，一度与如妃明争暗斗。尔淳是太医院万总管的义女，为保住义父地位而入宫，先是陷入义姐妹之间的斗争，后与玉莹争宠而斗得你死我活，最后当自己的爱人与别的女人死去之后，心灰意冷地逃出皇宫。一心想离开紫禁城的安茜，但是也因为奶奶的死而卷入后宫斗争，最后想逃出宫时中箭身亡。

为了争得皇上的宠爱，三千佳丽争得头破血流，但是有哪一个可以是永远的胜利者呢？尔淳？玉莹？如妃？皇后？

你的观点：________________

教师评语：________________

【结论】

人际交往是协调集体关系、形成集体合力的重要纽带。良好人际关系能促进一个人优良个性品质形成，例如正义感、同情心、乐观向上等都是在民主、和睦、友爱等人际关系中成长起来的。人际关系是人与人之间的互动。不良的人际关系往往给人带去心理压力，不利于个人全面健康发展。

2．挫折来源

（1）社会因素

【师生讨论】

16岁到26岁，我就和盲流一样

画家陈丹青说，“我的16岁到26岁就和现在的盲流一样，没有户口没有口粮，什么都没有。”他从1969年初中毕业到现在将近40年，只有9年是有工作的，31年没有工作，而能够生存下来，令他自己都感到很吃惊。

1970年插队江西赣南，1972年快当了3年农民的陈丹青因出身不好等条件限制而处处找不到工作。19岁的陈丹青，白天在地里干活，晚上只能在家信中描述自己的梦想。后来南昌有个文艺学校要组个舞台艺术班，需要会画画的，舅舅在那个经济拮据的年代好不容易凑了50元“贿赂”了当时招生的人。但事情拖了半年后也毫无音信，后来陈丹青自己坐车去了南昌，结果发现工作早已有人干了。作为上海知青的他再次回赣南了。于是，他的第一次找工作失败了。

1973年，江西人民出版社要出版宣传连环画。陈丹青因绘画小有名气，就被“借”调到省城，但是户口关系还在农村。那一年他画了三本连环画、一本插图，每月仅18元津贴。但干了一年后，就有人贴他大字报，说他出身不好，连环画的宣传工作应该由无产阶级做。“当时，我只记得晴天霹雳打下来！领导说，我需要再回到农村继续接受再教育了，我立刻就明白了这句话的意思，很显然，我失业了。”第二次工作失败。

1974年，下放知青陆续回离家近的地方。幸运的是，陈丹青终于可以在一个他所在大队企业办的骨灰盒厂画画，其工作就是在骨灰盒空白处画青松、白鹤、夕阳、落日、兰花等。他还记得从1975年到1976年一整年内，他大概共画了600多个骨灰盒。但没有工资，只记工分，年底结算。改革开放之后，陈丹青终于等到一个全民编制工作机会，“当时，我就觉得我每根头发都竖起来了，我狂喜啊，一夜都睡不着。那是我的第一次工作机会——南京市商业局的装卸工。”但陈丹青说，他还是想做一名油画家，他自信自己做几天装卸工后就可以进橱窗去做美工。但事与愿违，在入职体检过后，“所有人都带包走了，只有我一个人在马路上。”原因是其他人都是南京本地知青，而他是上海知青。这件事，给了陈丹青很大的打击，回农村后，他开始发高烧，说胡话。第三次找工作失败。

后来，在参加招工的过程中，他在江浦文化馆以一个见习美工的身份工作了一年；1980年研究生毕业后，在中央美院工作一年；2000年从美国回来后，在清华美院任教授7年，此外都是一个人单干。但他说，对画画，从来没有动摇过。

面对如此多来自时代的、社会的各类挫折，他依然走了过来。其实像他这样的人很多很多。来自社会的挫折是各种各样，遇到挫折不痛苦是不可能的，但是就没有解脱的办法了吗？如果有，是什么？

你的观点：____

____

____

____

____

____

教师评语：____

____

____

____

【结论】

来自社会的挫折，主要是指在生活过程中遇到的阻碍自己实现目标的各种障碍，例如邻里不和、社会阴暗面、社会不良风气等。这些都会导致人在社会中遭受各种打击，产生挫败感。

（2）主观心理因素

【师生讨论】

“要强”大学生涉险三峡深山

2012年3月6日，湖北宜昌的三峡大瀑布景区发生了惊险的一幕。一位大学生擅闯景区危险地带，迷路坠落悬崖，命悬一“树”。被困大学生王某是宜昌某大专院校大一学生。事发那天他与寝室另外3人一起到夷陵区黄花乡三峡大瀑布景区游玩。王某在抵达景区尽头后，却不听室友劝阻而执意翻越铁门，进入深山，结果自己失足坠崖。他被挂在一棵生长在峭壁的杂树上，离崖底15米左右，离崖顶20多米，进退两难。

一个多小时后，室友拨打他的手机询问情况。王某在电话里称：“你们不要等我了，今天我不回去了。”但是室友发现不对劲，他们再次拨打他的电话，王某这时候才不得不承认自己迷路坠崖了。于是室友们赶紧报警求救，后来，当地消防官兵赶到了，发现王某被困在悬崖上，因气温下降，浑身冻得僵硬，冻得直打哆嗦。针对现场的情况，消防官兵在被困者上方固定绳索，悬垂下降营救。经过3个多小时的紧张营救，王某终于被救下，幸得身体无大碍。

自身主观因素与挫折有密切关系，除了过分要强之外，还有哪些主观因素比较容易导致挫折心理？

你的观点：

教师评语：

【结论】

经过讨论，可以发现个体完善程度也与挫折有关，一个人思想成熟程度、性格坚强与否、社会适应能力强弱等都与这人遭遇的挫折有关。另一个有关的是动机冲突在现实生活中，一个人经常可以产生多个动机。如果这些动机受条件限制无法同时满足时，就会产生难以抉择的矛盾。如果这种心理矛盾持续得太久，或一个动机满足而其他动机受阻而也会产生挫折感。总之，个人因为需求、动机、气质、性格等心理因素可以导致自己活动的失败或者目标难以实现等。

（3）生理因素

【师生讨论】

大四女生省钱整容

2013 年 5 月 22 日，广东某医院整形美容中心，有一位特殊的整容者，她整容是因为求职受挫，被主管认为相貌一般而拒绝。她曾经应聘过一份高薪房地产市场总监助理，但是被面试主管以一句“相貌一般”为由婉拒了。她男友身高 1.86 米，而且特别帅，男友妈妈也是个很时尚的阿姨，所以对未来儿媳外貌要求较高。她无意中听到准婆婆对男友说，“女孩哪里都好，就是脸太宽了，鼻梁不够挺”。“他家条件太好，我条件普通，很怕他们家长怂恿他与我分手。”她不想失去男友，又想找份好工作，所以决定整容。她整容的钱还是从父母给的生活费中省出来的。

如今这样的事情越来越多，外貌真成了招聘单位的标准之一了吗？

你的观点：

教师评语：

【结论】

生理因素也可以导致挫折，即由于生理素质、体力、外貌等生理缺陷，导致需要不能满足或者不能实现目标而产生挫折。例如有人很想考军校、当军官，但是因染肝病而不能如愿；有些人因为长相问题找对象受挫；有些人体育成绩一直没有起色而怪罪自己体质太弱或脑袋太笨等。这方面的挫折也不可忽视。

第二节 大学生压力和挫折的产生和特点

大学生越来越沉重的心理压力与挫败感是值得重视与急待解决的问题。大学生已经是成年人了，应当认真学习并具备心理卫生方面的知识与能力了。大学是一种多元文化与多元化选择的时期，已经离开了中学时代老师家长的手把手教育与密切关注，这使得一部分大学生可能在面临压力与挫折时感觉无所适从，甚至手足无措，不知如何排解心理压力，面对人生挫折。这些学生是十分有必要掌握心理自我疏导方法的，可以主动找心理辅导老师辅导，或找好友倾诉等。

【师生讨论】

盖西伯拘而演《周易》；仲尼厄而作《春秋》；屈原放逐，乃赋《离骚》；左丘失明，厥有《国语》；孙子膑脚，《兵法》修列；不韦迁蜀，世传《吕览》；韩非囚秦，《说难》、《孤愤》；《诗》三百篇，大底圣贤发愤之所为作也。从古人的事迹当中，对于当代大学生的人生有何启示？

你的观点：______________________________

____

____

____

____

____

教师评语：______________________________

____

____

____

【结论】

压力与挫折的打击可能摧毁弱者的意志，使之消沉而一蹶不振，但是对于人格健全内心强大的人，会在磨练中变得更加坚强。所以大学生学着承受压力与经历挫折也是有必要的。

1．大学生压力来源

（1）学习压力

【师生讨论】

大学生考研压力大报警谎称遭追杀

2008 年 4 月 16 日凌晨 3 时左右，特巡警一大队夜巡民警李海波与汪琦接到报警之后，立刻赶到了报案学生的寝室。原来报警的人姓王，今年 27 岁，是该校大四学生，正在准备紧张的考研复试。

他一见到民警，立刻惊慌地抓住民警的手说："救救我，有人要杀我，还说要杀我们全家！"民警看到宿舍内并无异常情况，于是一边安慰他，一边向其同学了解情况。经他室友介绍，发现最近一段时间他经常会在夜间从床上爬起来，大喊有人追杀他。"可能是他考研的压力太大了吧，每天精神都很紧张，晚上总是做噩梦，吓得我们晚上也不敢睡。"

为防止出现意外情况，民警建议他去找心理医生咨询，并嘱咐他的室友们要多与他交流沟通，帮助他放松心情。

大学生想通过考研缓解就业压力，但是考研所带来沉重的学习压力，反而加重了大学生的心理压力。难道就没有摆脱压力的办法了吗？

你的观点：____

____

____

____

____

教师评语：____

____

____

____

【结论】

大学生虽然学习上比较自由了，但是其学习负担并不意味着减轻了，大学的专业学习更多需要自己去努力钻研，不再是中学时期的老师手把手教了，而且专业学习的范围、深度明显区别于中学时期，这都给大学生带去新的学习压力。

（2）就业压力

【师生讨论】

90后大学生求职失败而吸毒排遣压力

来自安徽淮南的女孩张茹（化名）今年已经22岁，大学毕业之后，张茹选择在合肥的一些娱乐场所做兼职，工作其间，结识了同样来自淮南的老乡大龙（化名）等好友。在这些"朋友"的影响下，张茹尝试利用吸毒排遣内心苦闷。她说"大学毕业后，一直没有找到满意的工作，心理压力很大。"此后，张茹开始欲罢不能。这时，大龙又找到她，希望她帮忙向其他吸毒人员"送"毒品。尽管知道这是违法犯罪行为，但是，由于自己兼职的收入难以支付吸毒毒资，"送"毒又能赚取不菲报酬，张茹犹豫再三，还是答应了。

2013年6月，张茹在位于新蚌埠路某小区住处被公安机关抓住，当场从她房间的床头柜内查获了大龙交给她的毒品冰毒1包，她还多次参与贩卖毒品冰毒11.4克。

经法院公开审理，张茹因为犯贩卖毒品罪，被判处有期徒刑三年零二个月。

当就业压力快将自己打倒的时候，有人吸毒、有人沉迷网络游戏、有人陷入传销等，难道真的没有其他更好的方法使自己摆脱了吗？

你的观点：____

____

教师评语：

【结论】

如今大学生的就业压力是不断增强，大学毕业生面临着严峻的就业形势，容易产生焦虑心理也是在所难免的，老师与家长对此要宽容与理解。但是大学生要顺利就业，大学生自己也应该改变自我认知与社会认知的一些错误看法，以平常心待之，冷静客观地选择，排除诸如不满、嫉妒、焦虑、恐惧等负性情绪对正常思维、决策的不良干扰，打破一些陈旧的观念，使自己尽快找到满意的工作。

（3）家庭期望压力

【师生讨论】

家庭压力下的公考一族

小卢是宁波大学工业设计班的毕业生，眼看就要毕业了，正为工作的事犯愁。他们班很多人都参加了 2013 年的国考以及省考，并且没有成功的还想着继续考，很多同学都是一边复习公考，一边找工作的。如今社会上一边是毕业生找不到工作，一边企业喊找不到人，于是像公务员这种待遇好的工作大家都想去。公务员待遇好，工作又轻松，谁都想当。但是也不能这么等着考试，很多人还是先随便找个轻松的工作干着，等到考上了就换工作。小卢也是这其中的一员。

小卢虽然知道公考给他最大的感受就是无奈，其实很多同学其实并不想考公务员，但是来自家庭、社会各方面的压力使他们不得不去考试。考上了以后就安稳了，对象好找了，工作轻松了。大人们成天在耳边念叨，都快出茧了。用他们的话来讲就是‘一生为公’。

他自己也清楚相比机关，企业里只要工作效益好了，会有很大的上升空间，机遇很大，不像机关里可能还要靠人际关系。未来如何，还真不好说。如果能考进，那是再好不过。如果考不上，小卢还是想去实现自己当初的理想——自己创业。

如今公务员考试竞争相当激烈，千军万马过独木桥的情况每年可见。而促使大学生选择公考的主要原因还是来自家庭的期待，希望子女可以找到一份稳定的工作，这样使得大学生承受着巨大压力。

当大学生自己的理想与父母期望冲突时，你会如何解决呢？

你的观点：

____

教师评语：______________________________

____

____

____

【结论】

“望子成龙，望女成凤”反映出每个家庭对子女的期待，中国很多家庭中“万般皆下品，唯有读书高”的观念使得他们对于家里的大学生是格外重视的，所以对他们的期望之高也是可以理解的。但是有时候又往往会出现期望过高的现象，导致子女压力巨大。这时候需要家长与子女进行良好的沟通，以缓解当下大学生的巨大压力。

2．挫折对大学生的意义

（1）利于培养坚强的意志

【师生讨论】

越王勾践的故事

吴王阖闾打败楚国，成了南方霸主。吴国跟附近的越国（都城在今浙江绍兴）一直不和。公元前496年，越国国王勾践即位。吴王趁越国刚刚遭到丧事，就发兵攻打越国。吴越两国在槜李（今浙江嘉兴西南，槜音zuì）发生一场大战。吴王阖闾满以为可以打赢，但是没想到打了个大败仗，自己又中箭受了重伤，再加上年纪已大，回到吴国，就咽了气。吴王阖闾死后，儿子夫差即位。阖闾临死时对夫差说：“不要忘记报越国的仇。”夫差记住这个嘱咐，叫人经常提醒他。他经过宫门，手下的人就扯开了嗓子喊：“夫差！你忘了越王杀你父亲的仇吗？”夫差流着眼泪说：“不，不敢忘。”他叫伍子胥和另一个大臣伯嚭准备攻打越国。

过了两年，吴王夫差亲自率领大军前去打越国。越国有两个很能干的大夫，一个叫文种，一个叫范蠡。范蠡对勾践说：“吴国练兵快三年了。这回决心报仇，来势凶猛。咱们不如守住城，不要跟他们作战。”但是勾践不同意，也发大军去跟吴国人拼个死活。两国的军队在大湖一带展开了大战，越军果然大败。越王勾践带了五千个残兵败将逃到会稽，被吴军围困起来。勾践一点办法都没有了。他跟范蠡说：“懊悔没有听你的话，弄到这步田地。现在该怎么办？”范蠡说：“咱们赶快去求和吧。”于是勾践派文种到吴王营里去求和。文种在夫差面前把勾践愿意投降的意思说了一遍，吴王夫差想同意，可是伍子胥坚决反对。文种回去后，打听到吴国的伯嚭是个贪财好色的小人，就把一批美女和珍宝，私下送给伯嚭，请伯嚭在夫差面前给越王讲好话。经过伯嚭在夫差面前一劝说，吴王夫差不顾伍子胥的反对，答应了越国的求和，但是要勾践亲自到吴国去。文种回去向勾践报告了。勾践把国家大事托付给文种，自己带着夫人与范蠡到吴国去。勾践到了吴国，夫差让他们夫妇俩住在阖闾的大坟旁边一间石屋里，叫勾践给他喂马。范蠡跟着做奴仆的工作。夫差每次坐车出去，勾践就给他拉马，就这样过了两年，夫差认为勾践真心归顺了他，于是就放勾践回国。但是勾践回到越国后，立志要报仇雪耻。他唯恐眼前的安逸消磨了志气，在吃饭的地方挂上一个苦胆，每逢吃饭的时候，就先尝一尝苦味，还自己问：“你忘了会稽的耻辱吗？”他还把席子撤去，用柴草当作褥子。这就是后来人传诵的“卧薪尝胆”。

勾践决定要使越国富强起来，他亲自参加耕种，叫他的夫人自己织布来鼓励生产。因为越国遭到亡国的灾难，人口大大减少，他订出新的奖励生育制度。他叫文种管理国家大事，叫范蠡训练人马，自己虚心听从别人的意见，救济贫苦老百姓。全国老百姓都巴不得多加一把劲，好叫这个受欺压的国家改变成为强国。

公元前482年，吴王夫差率精兵北上黄池会盟，仅留老弱与太子留守，越王于是派遣善于水性的水军两千人，训练素的战士四万人，受过良好教育的核心近卫军六千人，技术军官一千人攻打吴国。吴国军队大败，勾践乘机伐吴，杀吴太子。吴王夫差紧急回国，越国自觉无力灭吴，迫使吴国求和。公元前478年，勾践再度率领大军攻打吴国，彻底打败吴国。

勾践有知错能改的勇气，也有忍辱负重的毅力，为何有人说他是一个坐上王位的普通人？

你的观点：____

____

____

____

____

____

教师评语：____

____

____

____

【结论】

大学生作为社会未来的主要接班人，家庭的希望，今后的人生当中必然要面临很多的磨难，没有经过千锤百炼的磨难，是难以培养顽强意志的。挫折带给大学生巨大心理压力的同时，也有其积极的一面，即可以锻炼大学生的心理素质，在战胜挫折中得以真正的成长。

（2）增强个体承受能力

【师生讨论】

韩信胯下之辱

汉初淮阴侯韩信是一位叱咤风云的战将，为汉王朝的建立立下了赫赫战功。虽然最后被吕后诛灭，但毕竟也是一位盖世英豪。这位叱咤风云的盖世英豪，早年却忍受了不少奇耻大辱。韩信本为淮阴人，出身贫寒。既不能被推举做官吏，又不会从事生产或者做生意赚钱，所以，常常到熟人家里去蹭吃蹭喝，这些人家都不喜欢他。

当时，淮阴城有个年轻屠户很看不起韩信，他轻蔑地对韩信说："别看你身材高大，又喜欢带刀佩剑，其实你是个胆小鬼！"韩信不予答理。那年轻屠户又当众侮辱他说："怎么你不吭声呢？难道你不承认吗？那好，如果你不是胆小鬼，就刺我一刀；要是你不敢刺我，那就承认你是胆小鬼，从我的胯下爬过去吧！" 韩信把那年轻屠户看了好一会儿，又想了一想，居然低头俯身从他的胯下爬了过去。那人哈哈大笑，满街的人也都嘲笑韩信，认为他胆小怕事。

后来，项梁率兵起义，韩信拔剑从军，但一直没有名气，项梁兵败后，韩信又跟随项羽部队，但是只做到郎中官。他多次向项羽献计都没有被采纳。当汉王刘邦率兵进入蜀地之时，韩信从楚军中逃出来投奔了汉军。开始仍然没有得到重用，只做了一个管理粮仓的小官。后来终于得到萧何的赏识，被萧何全力保举给刘邦当了一员大将。从此一举成名，为刘邦打下了半壁江山。

垓下会战彻底打败了项羽后，刘邦封韩信为楚王。韩信到达封地，找到当年曾分给他饭吃的那位老大娘，赏给黄金一千两作为报答。又找到曾经的亭长，只赏给他一百钱，对他说："你是个小人，做好事有始无终。"最后，他召来那位曾让他受到胯下之辱的屠户，不但没有杀他，反而还任命他为楚国中尉，并对将领们说："他是一个壮士。当时他侮辱我时，我难道真的不敢杀他吗？不是的。但我杀了他就不能成名，不能实现自己的抱负了，所以我忍辱而达到了现在的境地。我真该谢谢他啊，他磨练了我的意志！"

韩信胯下之辱是无奈还是忍耐？

你的观点：____

____

____

____

____

____

教师评语：____

____

____

____

【结论】

韩信的心理承受能力确实令人赞叹，这对于大学生具有很重要的启示意义。

一个人遭遇挫折仍能够正常地坚持自己的理想，说明这个人的承受力很强，一个人历经艰辛，遇到的挫折比较多，那么他对挫折的承受能力会也随之增强，一次次挫折及相应的措施，日积月累，奠定了以后他面对挫折的策略与心理准备。这种预期可以大大降低挫折程度，从而提高自己对挫折的耐受力。

（3）提高认识水平

【师生讨论】

战胜疾病的巴雷尼

巴雷尼小时候因病导致身体残疾，他母亲的心如同刀绞一般，但是她还强忍住自己的悲痛想好好培养孩子。她想，孩子现在最需要的是鼓励与帮助，而不是妈妈的眼泪。母亲来到巴雷尼病床前，拉着他的手说："孩子，妈妈相信你是个有志气的人，希望你能用自己的双腿，在人生的道路上勇敢地走下去！巴雷尼，你能够答应妈妈吗？"

母亲的话，像铁锤一样撞击着巴雷尼心扉，他当时就扑到母亲怀里大哭起来。从那以后，母亲只要一有空，就帮助巴雷尼练习走路，做体操，常常累得满头大汗。有一次母亲得了重感冒，她想，做母亲的不仅要言传，还要身教。尽管自己发着高烧，她还是下床按计划帮助巴雷尼练习走路。黄豆般的汗水从妈妈脸上淌下来，她用干毛巾擦擦，咬紧牙，硬是帮巴雷尼完成了当天的锻炼计划。

体育锻炼弥补了由于残疾给巴雷尼带来的不便。母亲的榜样作用，也深深地教育了巴雷尼，认识到了母亲的用心良苦，他知道自己能做的就是更加热爱生命与珍惜时间，他终于经受住了命运给他的重大挫折。他更加刻苦学习，学习成绩一直在班上名列前茅。最后，以优异的成绩考进了维也纳大学医学院。大学毕业后，巴雷尼致力于耳科神经学研究。最后，他终于登上了诺贝尔生理学与医学奖领奖台。

挫折是会带给人痛苦，但是挫折也会能提高一个人对人生的认识。

经过这些挫折，巴雷尼对于人生的认识表现在哪方面？

你的观点：____

____

____

____

____

____

教师评语：____

____

____

____

【结论】

心理素质较强的面对挫折与失败，不会手足无措、被动等待，而会选择积极总结失败经验，反思自己的认识过程，找出不足并及时采取补救的措施。往往会知不足而后学，学好之后再去用。如此反复，使自己的知识结构不断优化。同时，吸收经验教训，改变人生策略，提高自己解决问题的能力。大学生经历挫折后，如果采取这样的方式对待，将会大大提高自己的认识水平。

第三节 压力和挫折对大学生心理的影响

在错综复杂的社会生活中，大学生有目的的活动常常会受到多种因素的影响，这些因素有可能阻碍着目标的实现，制约着需要或欲望的满足，从而给大学生的心理带来挫折感。面对各方面的压力与挫折，有的大学生是勇敢地面对并努力克服，有的则是沉沦而一蹶不振，有的则选择了逃避不面对……

【师生讨论】

“是挫折使骨头坚如磐石，是挫折使软骨变成肌肉，是挫折使人战无不胜。”这是一句外国著名的格言，表明挫折可以增强人的承受能力，这是人生的一笔财富。当然这只是认识了挫折的一方面，如果挫折超过了一定限度会出现什么后果？

你的观点：____

____

____

____

____

____

教师评语：____

____

____

____

【结论】

经过讨论可以发现，如果超过了一定限度，挫折是会令人崩溃的，所以必须全面认识挫折。所谓挫折承受力即一个人在遭遇挫折之时，是否经得起打击与压力，有没有摆脱与排解困境而使自己避免心理与行为失常的耐受能力。也就是一个人适应挫折、抵抗与应付挫折的能力。一般而言，挫折承受力较强的人，对挫折的反应比较小，挫折时间也短，挫折消极影响小；相反，挫折承受力弱的人，很容易在挫折面前手足无措，挫折的不良影响较大而容易受伤害，甚至导致心理与行为失常。

1．大学生挫折承受力的影响因素

（1）生理因素

【师生讨论】

研究生整形意外死亡

小李老家在湖南益阳市。小李 1 岁时，被厨房热油泼到身上，脸部严重烫伤。因为当时家中经济条件有限，只在镇医院做了简单治疗。他的伤愈后，小李的脖子与下腭发生了变形，尤其是嘴巴变得很小。

尽管相貌存在缺陷，但小李成绩优异一直是家人的骄傲。2008 年，小李顺利考上了湖南某大学的研究生，2011 年毕业。小李本想从事外贸的，毕业后去了深圳，但没有找到理想的工作，两个月后回来了。小李的姨妈说，外贸这个行业需要经常与人打交道，难免会涉及形象问题，尽管用人单位没有明说因为相貌问题不要他，但肯定会考虑其形象问题的。

2012 年 5 月份，家人们将小李送到长沙某医院的烧伤整形科，亲属与同学们还帮忙凑了三万元钱。为了照顾小李，母亲特意在医院找了清洁工工作。第一次手术将其嘴巴拉大了一点，但小李仍然很痛苦，有时吃东西会流出来。2012 年 12 月 12 日，小李在医院接受了第二次手术。但是小李回到病房不久后就出现高烧、上吐下泻，随后失去了意识。12 月 14 日，小李被送入重症监护室，15 日晚家属们被告知，小李因抢救无效死亡。

在同学们看来，小李没有因为长相问题而自卑，自暴自弃。小李的高中同学说，小李从初中到高中，一直是班上的前 3 名，得奖无数。研究生同学介绍，小李是学院排球队的教练，喜欢唱歌且人缘很好，大家都很喜欢他。

在 2012 年 8 月 18 日，小李在他的微博上说："生活有多困难，你就要有多坚强。"第二次手术前一个星期，小李还在 QQ 空间告诉自己："在路上的人最美。"虽然小李在微博、QQ 空间总是显得很阳光，但是也难以掩饰其内心的自卑，他的内心或许已经无法承受相貌所带来的挫折了。

他的死亡除了这个职场对于相貌的在乎之外，也与自己的挫折承受力有关。看他人的故事简单，处自己的事情困难，如果你遇遇这样的事情，是否会选择整容？

你的观点：____

____

教师评语：

【结论】

一个身体健康的人，一般对挫折的承受力要比一个体质较弱、有生理缺陷的人强一些。前者可以经受更大挫折。挫折会引起人的情绪及生理反应，给人心理带来压力与紧张感等，对体弱多病的人是会加重身体虚弱与病情的，甚至发生意外情况。大学生生理因素指个体天生的身体、相貌、健康状况、生理缺陷等限制，例如身材太矮、体型太胖、长相不佳，等等。例如，因为口吃而无法从事教师与主持人工作等，这些生理因素都会导致学生产生挫折感。

（2）挫折频率

【师生讨论】

毕业求职屡遭挫折　大学生当街“乞讨”

2005 年 10 月 9 日，在青岛一个路口，有一位 20 多岁的男青年手持一个长方形的纸牌，上写“乞讨”两个大字在马路边走来走去，引得过路的市民驻足观看。纸牌上还有两行不起眼的小字：“我不需要您的钱！但我需要一份信心和工作的机会。”

他毕业于一所名牌大学，是体育专业的。现年 22 岁的他先到一家物流公司上班，后因工资太少、假期时间有限而辞职。后来，他去了很多家单位找工作却屡屡碰壁，这大大打击了他的信心。无奈之下他竟突发奇想到街上“乞讨”工作。

青年人在求职的过程中难免遭受挫折，但是信心与勇气是不可丢失的。你赞同这种个性化推销自己的方式吗？理由是什么？

你的观点：

教师评语：

【结论】

大学生挫折承受力与遭受挫折的频率有密切关系，如果一个人屋漏偏逢连夜雨，船破又遇顶头风，例如刚刚挂科不久，又恋爱亮红灯，没过几天又不小心丢失了计算机，被父母骂了一顿……在承受能力之内接连遭受挫折是可以提高挫折承受力的。如果挫折频率过高，反而会降低挫折承受力。

（3）需求满足

【师生讨论】

都是虚荣心惹的祸

2003 年，小黄还是南京雨花台区一所高校的大三学生。那年她才 20 岁，是江苏人，父母都是地地道道的农民，家里以种田为生，经济十分拮据。三年前，她以优异的成绩考到南京读大学，生活在这座城市的诱惑实在太大，渐渐地她发现自己像很多女孩一样越来越爱慕虚荣，但是别人有钱买名牌手机，买各种化妆品与时髦衣服，她却不能，因为她没有钱，当看到同龄的女孩拥有这一切时她只能暗自流泪。2002 年国庆节期间，她参加了一个朋友的聚会，认识了在南京做生意的老乡王老板。王某已经 40 出头，自认识小黄之后，他经常去学校看望她。2002 年 12 月的一天晚上，王老板邀请她外出小聚。当晚她喝了点酒，回到学校的时候校门已锁，无法回到宿舍。王老板见状，急忙在学校附近一家宾馆给她开了房间。那一晚她拥有了一个梦寐以求的价值 2000 多元的手机，但是也付出了少女贞操。

从此她的生活彻底改变，身着高档时装，出入星级酒店，大把花钱成了习惯。可是人有旦夕祸福，2003 年春节，她的母亲患了胃癌，需要手术。家里难以支付巨额医疗费。为了救母亲，她赶到南京找王老板。王老板说钱可以借，但必须继续做他的情人。小黄无奈答应了。第二天带着 2 万元钱回家里。母亲手术完成了，但还是离开了人世。

回南京后，她就再没有住在学校，与王老板同居。王老板不断折磨她，稍有不从就拳脚相加。后来她再也无法忍受，千辛万苦挣脱他的束缚，重回学校。然而很多同学都不再理她了。

出生贫寒的小黄禁不住诱惑而失足，导致人生遭遇巨大挫折。不排除所有人都没有虚荣心，如果你发现自己的虚荣心过度膨胀该怎么办？

你的观点：____

____

____

____

____

____

教师评语：____

____

____

____

【结论】

大学生挫折承受力与需求满足也有关系。渴望独立，一方面大学生基本上达到了生理成熟，人生观价值观基本形成，个性开始稳定，但经济没有独立，还必须依赖父母。另一方面，他们还是学生，还是被保护者，被约束者，还不能完全享受成人权利，他们的很多意见常常不能被家庭与社会真正重视，这种独立需要得不到满足就会产生挫折感。

2．大学生应当正确认识挫折

（1）挫折是人生的一部分

【师生讨论】

不言败的林肯

1832 年，林肯失业了，这使他很伤心，但他下决心要当政治家，当州议员。不幸的是他竞选失败了。一年之内遭受两次打击，这对他来说很痛苦。

接着，他着手开办企业，一年不到企业倒闭。在以后 17 年间，他不得不为偿还企业倒闭时欠下的债务而奔波，历经了磨难。后来，林肯再一次决定参加竞选州议员，这次他成功了，这给了他内心一丝希望，认为生活有了转机："可能我可以成功了！" 1835 年，他订婚了，但离结婚的日子还差几个月时，未婚妻去世了。这对他精神的打击太大了，他心力交瘁，数月卧床不起。1836 年，他得了神经衰弱症。

1838 年，林肯觉得自己身体转好，于是决定竞选州议会议长，可失败了。1843 年，他又参加竞选美国国会议员，仍没成功。林肯虽然一次次地尝试，但却是一次次地失败：企业倒闭、情人去世、竞选败北。但是林肯没有放弃，他也没有说："要是失败会怎样？" 1846 年，他又参加竞选国会议员，终于当选了。两年任期很快过去，他决定要争取连任。他认为自己作为国会议员表现是出色的，相信选民会继续选举他。但结果很糟糕，他落选了。因为这次竞选他还赔了一大笔钱，林肯申请当本州土地官员。但州政府退回了他的申请，上面指出："做本州的土地官员要求有卓越的才能和超常的智力，你的申请未能满足这些要求。"

又是两次失败。然而，林肯不服输。1854 年，他竞选参议员，还是失败。两年后，他竞选美国副总统提名，结果失败。又过了两年，他再一次竞选参议员，依然失败了。但林肯一直没有放弃自己的追求，他一直在做自己生活的主宰。1860 年，他成功当选为美国总统。

没有无缘无故的成功，林肯的最后胜利与他之前遭遇过无数挫折有何关系？要是你碰到这一切，你会不会放弃？为什么？

你的观点：____

____

____

____

____

____

教师评语：____

____

____

____

【结论】

挫折是人生的一部分，如果能够正确看待挫折，这将是人生的一笔财富。大学生不久将要面对充满挑战的社会，会有更多挫折，但是只要摆正心态，将其视为一种财富即可。

（2）从挫折中认识自己的不足

【师生讨论】

潘侠克：感谢挫折

2011 年潘侠克顺利保送进清华大学。他在高中三年收获了一颗平静心。

从小到大他的生活可用“顺利”二字形容。高二之前，他几乎没尝到“压力”的滋味，他的考试状态一直比较好。高二时，他的重心在于竞赛，几乎一年没上文化课，在教练的悉心指导下，顺利拿到全国信息学联赛一等奖，之后参加省队选拔。如果进入省队至少能与复旦大学签约，他的心态开始微妙地发生变化，逐渐脱离文化科，总想着自己可保送，就越来越浮躁。省队选拔赛中他考砸了，让他将近一年的汗水付诸东流，而其他四位一起的同学都与北大提前签约。

随后他度过了最艰难的几天，那几天也是潘侠克收获最大的日子。他终于认识到自己的不足，遗憾自己对目标渴望却又没有尽最大努力，认识到自己总是随大流，以别人慰藉自己的不良习惯。当他终于从失败中走出时，感觉自己淡定了很多，虽有保送机会，但不再为之魂牵梦萦。他重新确立目标，要把自己做得最好，至于是否成功已经不是最重要的了。

高二快结束时潘侠克回到久违的教室，重新拿起课本。这一次，他觉得自己是真正认真地学习了一回，也发掘出了自己在文化科上的很大潜能。六个月之后，他坐在清华大学保送生考试的考场中，平静的心中并没有什么太多想法，也没有很大压力，最终他发挥出了自己最好的水平。平静的心与不懈努力给予了他成功。

后来，他很庆幸那一次挫折，如果没有那次挫折，他也不会认识到自己有多少不足，也难以迈进清华大门。

挫折或许会令人失落，但是在挫折中才能真正看到自己的不足，也才更能理解自己的成功，激发自己的潜能。

挫折可以击垮一个人，挫折也可以成就一个人，挫折令自己更加认识自己，你希望从挫折中收获什么？

你的观点：____

____

____

____

____

____

教师评语：____

____

____

____

【结论】

大学生必须认识到，挫折可以更加清楚地认识自我。挫折最能反映个人性格或能力上的不足之处，所以，要通过自己失败的经验教训来发现个人特征，在自我反思与自我检查中重新认识自己，认识自己的长处与短处。

（3）挫折是社会的普遍现象

【师生讨论】

古今中外名人的"挫折"

天汉二年，司马迁因为"李陵事件"，帮助李陵辩护而触怒了汉武帝，遭受宫刑，忍受着奇耻大辱。在狱中司马迁发奋图强，忍受了常人所不能忍受的痛苦，继续编写《史记》。司马迁出狱后任中书令，继续发愤著书，终于完成了《史记》。

邰丽华2岁时因发高烧注射链霉素导致双耳失聪。从那以后，她就生活在无声的世界里，但自己却不知道。直到5岁时，幼儿园小朋友轮流蒙眼睛玩辨声游戏，她才意识到"声音"，但已不属于她了。7岁时，邰丽华进入宜昌市聋哑小学。有一天，律动课老师踏响木地板上的象脚鼓，把震动感传递给孩子们，邰丽华震颤了。一种从未有过的幸福体验撞击着她的心。她趴在地板上，用身体去感受声音。从此舞蹈吸引了她，只要有时间就要练习舞蹈。直到2005年春节联欢晚会上，邰丽华作为领舞，以温柔的眼神、缤纷的手姿完美地诠释了千手观音的慈悲与善良。

美国曾经有一个小男孩认为自己是世界上最不幸的人，因为患脊髓灰质炎而留下了瘸腿与参差不齐的牙齿。

一个春天，父亲从邻居家讨了些树苗，他想把它们栽在房前。他叫孩子们每人栽一棵。父亲对他们说，谁栽的最好就给谁买礼物。小男孩也想得礼物。但看到兄妹们开心地提水浇树，他却希望自己栽的那棵树死去。因此浇过一两次水后再也不理它。几天后，小男孩再去看那棵树，发现它不仅没枯萎，还长出了几片新叶子，比兄妹们种的都好。父亲为小男孩买了礼物，并对他说，他以后能成为植物学家。从那以后，小男孩变得乐观起来。一天晚上，小男孩躺在床上睡不着，忽然想起生物老师说的话：植物都在晚上生长。当他来到院子时，看见父亲用勺子在向自己栽种的那棵树下泼洒东西。这时他明白了，是父亲一直在为自己种的小树施肥！他回到房间后默默流泪。

几十年后，瘸腿小男孩没成为植物学家，却成为了美国总统，他就是罗斯福。

挫折是很普遍的现象，古今中外的人都会遭遇挫折。

从这些勇敢面对挫折的名人身上，你看到了什么共同点？

你的观点：____

____

____

____

____

____

教师评语：____

____

____

____

【结论】

大学生必须认识到，挫折是一种正常的事情，从古至今，从中到外，上至国家领导人，下至平民百姓，谁人没有经历过挫折呢？所以，何不摆正心态勇往直前。

第四节 压力管理与挫折应对

人生在世，每个人都会遇到各种挫折，适度的挫折对人生具有一定积极意义，可以帮助人们驱走惰性，催人奋进。挫折又是一种挑战与考验。人在遭遇挫折之时，往往会感到缺乏安全感，使人难以平静内心，工作与生活都会受干扰。人们都希望自己的生活能够更多的快乐，减少痛苦，多些顺利，少些挫折，然而命运似乎总爱捉弄人，总是给人更多压力、失落、痛苦与挫折。

【师生讨论】

英国哲学家培根说过："超越自然的奇迹多是在对逆境的征服中出现的。"面对压力与挫折关键的问题在于如何进行调适？

你的观点：______________________________

____

____

____

教师评语：______________________________

____

____

____

【结论】

面对压力与挫折，调适的方法各种各样，可以运动、听音乐、倾诉、看书、写日记等。

人生在世，不可能事事都春风得意。面对压力与挫折能够虚怀若谷，大智若愚，保持一种恬淡平和之心，才是彻悟的人生。一个人要想保持健康的心境，就需要不断地升华自己的精神，加强修炼道德，保持乐观心态。正如马克思所说的："一种美好的心情，比十副良药更能解除心理上的疲惫和痛楚。"

1．压力管理方法

（1）写日记

【师生讨论】

感谢日记

这是一个研究生小王的故事。

2004 年暑假，因为就业形势严峻，一直决定不考研的他也加入了浩浩荡荡的考研大军。而当时已是 8 月底了，也就是说他只有 4 个多月时间进行复习，而且当时他还报考了很热门的新闻专业，所以心理压力巨大，但转念一想也只有拼一次了。

转眼间到了 2004 年 10 月，离考研时间只剩下三个多月了。有一天与一考友聊天，他说自己已经看了三四遍书了，问他看了几遍。他当时听了心里好紧张："天哪，我连一遍都还没有看完呢！"他突然感到疲惫与焦虑。他一想到还有那么多的书要看，那么多知识点要去背，感觉自己的头都要炸开了，甚至还想到放弃考研。

当天晚上，他不想看书了，就拿出了好久没有翻过的日记本，写下这样一段话："现在的我不应该被周围的压力打倒，而应该勇敢面对这些压力，要相信自己是最后的胜者！”

写完日记之后，他顿时感觉很轻松，紧张与焦虑减少了很多，又拿出书继续看，不觉就看到了夜里 12 点多。睡觉前，他又打开日记本，在上面写了一句话：“今天我战胜了自己，值得鼓励！希望明天再接再厉！”

从此之后，他将记日记当成消减压力的一种方式，而且效果很好！

有一次，他看英语看得心里很烦躁了，就把书摔在一边，拿出日记本，在上面狠狠地写了个大大的“烦”字，由于用力过大，把那一页纸都划破了。但还是很烦躁，于是就一页一页地在上面写着“烦”、“我好烦”、“我烦死了”……，居然一连写了十几页，最后心里才舒服了。

几个月之后，他终于如愿拿到了研究生录取通知书。看着日记本上被自己写得满满的或整齐或潦草的字迹，他突然很激动。他感谢自己的日记，帮助他消减了考研的压力与焦虑，帮助他取得了考研的胜利！

写日记缓解自己的压力是一种很好的方法，但是这种方法是否对所有人都奏效呢？

你的观点：______________________________
____
____
____
____
____

教师评语：______________________________
____
____
____

【结论】

结论是不一定的，日记管理压力的方法只是对一部分人有效果。写日记可以将自己内心郁闷书写出来，记录自己每天会遇到哪些压力，自己是什么感受，是如何应对的。书写压力的过程也就是整理、清晰自己思路的过程，这对减压非常有效果。

（2）经常运动

【师生讨论】

勒夫海边慢跑散步减压

2014 年足球世界杯在巴西火热开赛。

尽管世界杯决赛在即，但是德国勒夫依旧与往常一样每天早上一个人在巴伊亚大本营前面的海难上慢跑与散步。每天早上 6: 50，勒夫总会一个人穿着背心、短裤，光着脚，听着音乐，在海滩上慢跑散步，半个小时内没人打扰他，不过这时候在他脑子里正在刻画决赛时的阵容与打法，如果赢得这场比赛对于他自己、德国国家队和整个德国、全体德国人民的意义不言而喻。

2014 年，7 月 14 日凌晨 3 点，第 20 届世界杯决赛在巴西里约热内卢的马拉卡纳球场打响，最终凭借格策在加时赛中的一粒进球，德国队 1:0 击败阿根廷，时隔 24 年后再次捧起了大力神杯，德国战车也以四次夺冠追平意大利了。

运动之所以能缓解压力，让人保持平和心态，主要与腓肽效应有关。腓肽是身体的一种激素，叫做“快乐因子”。当运动达到一定量之时，身体产生腓肽效应可以愉悦神经。正确的运动锻炼，利于消除疲劳。还有哪些运动能减压呢？

你的观点：________________________________

____

____

____

____

____

教师评语：________________________________

____

____

____

【结论】

这里减压运动主要是指有氧运动，使人全身放松。定期参加一些缓和的、运动量小的运动，使心情先平静下来，如跳绳、跳操、游泳、散步、打乒乓球等。

如果带着太大压力与不良情绪去锻炼，在锻炼中思绪杂乱，注意力不集中，反而会影响运动效果。例如，有人刻意做激烈的、运动量大的运动，认为出了一身大汗，压力与不良情绪都会全部释放，而实际效果恰恰相反，这种激烈的锻炼，不但会导致身体疲劳，加上原来精神紧张，压力不但不能排解，反而败坏情绪。为了达到放松身心的目的，其实可以选择喜爱的、能产生愉悦感的运动。运动完后要及时洗浴，防止感冒，运动时间也尽量不要过长，避免过度疲劳或兴奋。

（3）学会倾诉

【师生讨论】

同性恋者拨打心理热线倾诉能减压

已经是两孩子父亲的老黄从16岁时开始，每当自己看到充满阳刚之气的男子就会有性冲动，20多年来一直从不敢暴露这隐私，如今只能依靠每周拨打一次心理热线电话来缓解压力。

16岁时当周围的男同学都在谈论女孩子时，他发觉自己喜欢的不是女孩子而是男孩，特别是高大、帅气、充满阳刚之气的男子，但是他不敢对外人透露这一点，直到22岁时，结婚后才发现。老黄在电话中与心理热线工作人员说自己对妻子很内疚。

老黄从事保安工作，每天可以看到很多人，当他看到一些充满阳刚之气的男子经过时就会有性冲动，很想去抱抱对方，但是理智告诉他不可以这么做，一旦如此很可能就破坏了自己的家庭，两个孩子也会因为自己蒙羞，这个他也不愿看到。

2006年7月之前，他在《广州日报》上看到了东莞市心理卫生咨询热线开通，就打电话倾诉。

多次接听老黄电话的医生说，从电话中可以听出来，老黄是个理智的人，每次医生教他一些缓解压力的方法之后，老黄都会按照医生所说的去做，如今，老黄仍会每周打一次电话倾诉。

医生建议他也可以与医生当面咨询，这个建议可行吗？

你的观点：________________________________

____

____

____

____

____

教师评语：____

____

____

____

【结论】

人的郁闷情绪，仇恨情结，深重伤痛，思想纠结等，如果长时间压抑于内心里，就容易引发心理疾病。而倾诉是减压的一个好方法，倾诉出去就会好受很多。但是，倾诉要有合适的对象，一个人不可能见人就倾诉自己的心理压力，所以找一个合适的倾诉对象也很重要。

2．应对挫折的策略

（1）改变不合理观念

【师生讨论】

三只狐狸的故事

在一个果园里，紫红色的葡萄挂满了枝头，令人垂涎欲滴，当然，这种美味也逃不过安营扎寨在附近的小狐狸们。

第一只狐狸来到了葡萄架下，它站在高高的葡萄架下面，心情十分不好，它想：为什么我吃不到呢，我的命运怎么如此悲惨呢，想吃个葡萄的愿望都满足不了，我的运气怎么这么糟糕啊？越想越郁闷，最后它就郁郁而终。

第二只狐狸，它刚刚读过《钢铁是怎样炼成的》，深深地被主人公的精神打动了。它看到高高的葡萄架并没有气馁，而在想：我可以向上跳，只要我努力，就一定能够得到。“有志者事竟成”的信念支撑着它，可是事与愿违，它跳得越来越低，最后累死在葡萄架下，做了葡萄的肥料。

第三只狐狸来到葡萄架下面，它发现葡萄架要远远高出自己的身高，自己是够不着的。但它不愿意放弃葡萄，因为机会很难得啊！想了一会儿，它发现葡萄架旁边有个梯子，回想农夫曾经用过它。所以，它也学着农夫的样子爬上去了，顺利地摘到了可口的葡萄。

以上三只想吃葡萄的狐狸引入的是心理学上的“情绪 A（事件）B（信念或者想法）C（行为）”理论。第一只狐狸的情况是“抑郁症”的表现，即持久的心境低落状态为特征的神经性障碍。第二只狐狸的行为，在心理学上是“固执”，即反复重复某种无效行为，有时也称强迫症。它说明，不是任何问题都可以完美解决，而要看自己的能力、当时的环境等多种因素。第三只狐狸使用了用智慧解决，直接面对挫折，最后解决了问题。

三只狐狸对这一事件的解释不同而所采取的态度也不同，不同的信念支配下的不同的行为使它们产生不同的结果。

你的观点：____

____

____

____

____

____

教师评语：____

____

【结论】

心理学研究表明，引起强烈挫折感的是挫折、冲突，确切地说受挫者对挫折的看法，以及所采取的态度。常见的不合理观念有首先此事不应该发生，有些人将生活不顺利、学习与交往挫折、失败看作是不应该发生的事情。他们认为，生活本来是愉快的、丰富的，人际关系就是和谐的、互助的。所以，一旦生活中出现了诸如人际冲突，成绩滑坡，评不上优秀等等事，就认为它是不应该发生的，而变得束手无策、痛苦不堪，失去信心等。其次以偏概全，有些人常常以片面思维方式看待事情，总是简单地以个别事件来断言自己的全部生活，一叶障目。最后是无限放大后果，有些人遇到小挫折，就喜欢将后果想得十分严重、可怕，这导致人越来越消沉，情绪越来越恶劣。

所以，从上面三只狐狸的故事中，可取的是第三只狐狸的做法，改变这些不合理想法，要勇于面对挫折，战胜挫折。

（2）直面挫折，战胜挫折

【师生讨论】

梅兰芳锻炼眼神

谁能想到放养鸽子会与一位演员的灵活眼神有关呢？京剧表演艺术家梅兰芳先生的一双充满魅力、神光四射的眼睛则完全是得益于青年时代放养鸽子的经历。梅先生直到晚年都对鸽子有着深厚感情。

梅兰芳幼年时身体并不结实，眼睛有些近视，眼皮下垂，迎风流泪，眼珠转动不灵活。没有一双灵动眼睛，是很难吃唱戏这碗饭的。对此，他被师傅批评过很多次，少年梅兰芳常常为此发愁，即使有好嗓子，而脸上没戏，也难成为一名大演员。后来，不知听谁说起养鸽子可以锻炼眼神，抱着试一试的想法，十七岁的梅兰芳开始养起了鸽子。

开始时总是放养几对鸽子，后来养了几十只。梅兰芳先生后来回忆起养鸽时说，养鸽子如同训练一个空军部队，没有组织能力是养不好的。他说自己训练它们的方法就是把鸽子买来，两个翅膀用线缝住，使它们仅能上房，不能高飞。为的是先让它们认识房子部位方向。等过了一个时期，大约一星期到十天，先拆去一个翅膀上的线，再过几天，两翅全拆，就可以练习起飞了。

鸽子起飞是需要指挥的，梅兰芳用一根长竹竿，上面挂着红绸，一挥动是令鸽子起飞；竹竿上挂上绿旗，一挥动，是令鸽子下降。他先训练一部分熟悉的鸽子，使其能飞得高远并能返回，然后逐步加入一两只生鸽子。他养的鸽子有几个种类，有些是珍品。每天天刚亮，大约五六点钟，梅兰芳就起床，洗漱完毕，打开鸽子窝，打扫卫生，然后给鸽子喂食、喂水。之后，就要开窝放鸽。

他先让飞行力量强的一队飞上天，过了一会儿，再放第二队、第三队……望着天上飞翔的鸽子，他的眼睛要随时追随它们，眼睛圆睁，眼球灵活转动，而且要极力远望，久而久之，梅兰芳眼皮下垂的毛病终于改过来了，迎风不再流泪，眼球转动很灵活了。

演出时，人们看到梅先生眼睛异常有神，精气内涵，即使坐在最后一排的观众，也能感到梅先生的眼睛在注视着他，他养鸽子，不仅训练了自己的眼神，也锻炼了体力。每天举着竹竿子挥动，使两臂的肌肉、腰腿得到了锻炼。这样，他在舞台上表演《霸王别姬》中的剑舞、《天女散花》中的红绸舞，都得心应手了。每天早起，呼吸新鲜空气，有益于肺活量的增加。这些，都为梅派艺术形成提供了良好的身体条件。

从梅兰芳的励志故事中，对于战胜挫折你有何新的认识？

你的观点：______________________________

____

____

____

____

____

教师评语：______________________________

____

____

____

【结论】

要提高挫折承受力，就必须主动自觉地让自己直面遭遇的挫折，而不是逃避与退缩。同时要敢于尝试各种办法去战胜挫折。积极主动的面对、坚持不懈的磨练，会使自己的心理更趋成熟，不断提高自己化解挫折的能力，促进心理健康。

（3）培养良好的意志品质

【师生讨论】

许三多的意志力

“步兵就是一步一步走出来的兵！”这是《士兵突击》封面的一句话，它意味深长。该剧讲的是许三多在军队的事，他并不聪明，在村里大家叫他三呆子，可在他坚强的意志下他如同变了一个人，在战友中变得很突出。

许三多天生不聪明，在家的时候大哥帮他骂人，二哥帮他打架，只到他当兵后才逐渐培养了自己坚定的意志，这使得村里人几乎认不出他了。因为他在艰苦的磨练中成了一名好兵；他的朋友成才很是聪明，可在部队里反而不受欢迎，几次都是许三多帮他，历经多次变化他才产生了新的认识，像许三多一样也有了意志，最终他们都成功了。

这些都说明“不怕无能只怕无恒”，做事要一步一步前进才能成功。

如果许三多没有意志力，呆板的他可能早退伍了；成才若没有意志力，聪明的大脑也无处施展。

所以，人要有意志力，不然将一事无成。许三多犹如大智若愚，诚实、朴素、无华，脚踏实地，一步一步走向成功。

意志力令愚笨的许三多走向成功了，走出草原五班，进入钢七连，最后进入老 A，成为杰出的特种兵。同样成才的意志力也不容置疑，但是为什么却遭遇了更多的挫折？

你的观点：______________________________

____

____

____

教师评语：____

____

【结论】

大学生如果要提高挫折承受能力，必须积极主动地培养自己良好的人格品质，改变那些不适应发展的不良的人格品质，而且要重点培养自己的自信乐观、自强不息、宽容豁达、开拓创新等优秀品质。

【自我测试】

测试你的意志力有多强？

本测试共 20 题，每题五个选项：A 完全符合；B 比较符合；C 无法确定；D 不太符合；E 很不符合。请选择适合你的一项。

1．我喜欢长跑、爬山等体育运动，并不是因为我的天生条件适合这些项目，而是这些运动能增强我的体质和意志力。

2．我给自己定的计划，常常不能如期完成。

3．我信奉“凡事不干则已，干就要干好”的格言，并努力做到。

4．我认为凡事不必太认真，做得好就做，做不好就算了。

5．我对待事情的态度，主要取决于这件事情的重要性，即该不该做，而不是我对这件事情的兴趣，即想不想做。

6．有时，我临睡前发誓第二天要干一件重要的事，然而，第二天这种干劲又没有了。

7．当学习和娱乐发生冲突时，即使娱乐很有吸引力，我也会坚持学习。

8．我常常因为读一本妙趣横生的小说或看一个精彩的电视节目而忘记时间。

9．我下决心坚持的事情（如学画画），不论遇到什么困难（如学习忙、身体不适），都能坚持不懈，持之以恒。

10．我在学习中遇到了困难，首先想到的是先问别人有没有办法。

11．我能长时间做一件无比枯燥的事。

12．我的爱好一天一变，做事常常是“这山望着那山高”。

13．我只要决定做一件事，一定说干就干，绝不拖延。

14．我做事喜欢挑容易的先做，困难的能拖就拖，实在不能拖时，就三下五除二干完拉倒，敷衍了事。

15．遇事我喜欢自己拿主意，当然也可以听一听别人的建议。

16．生活中遇到复杂的情况时，我常常拿不定主意。

17．我敢于挑战自己从未做过的事情，因为这是一个锻炼的好机会。

18．我生性胆小怕事，从来不做没有百分之百没把握的事。

19．我希望做一个坚强、有意志力的人，而且我深信“功夫不负有心人”。

20．我相信，一个好机会的作用大大超过个人的艰苦努力。

以上20道试题中，凡题号为单数的试题（1，3，5，7，9…），选择ABCDE分别得5、4、3、2、1分；凡题号为双数的试题（2，4，6，8，10…），选择ABCDE分别得1、2、3、4、5分。

86分以上，说明你意志力相当强。不管做什么事，都不轻言放弃。每当开始新任务时，任何人都希望尽早看到结果，不少人因而在做事时很焦急，最后反而失败。然而，如果你是从长远角度考虑问题的人，就会吸取别人的教训，用长远眼光与心态看问题、做事情，最终达到目标。

61～85分，说明你的意志力一般。基本上，你做出决定就会坚持到底。但是，你很容易被环境左右。如家人反对、没朋友支持时，你通常会放弃最初计划，半途而废。你会因环境变化来计算自己努力到什么程度。你最需要进一步加强意志力，让自己成为有始有终的人。

46～60分，说明你的意志力比较薄弱。对自己喜欢的事还能发挥出意志力，但一遇挫折就会很快放弃；对不感兴趣的事你会不做任何努力就放弃。这样的性格很可能使你视野狭窄。假如你对不感兴趣的事也能做到不轻易放弃，坚持到最后，相信你的意志力等级一定会节节攀升。

45分以下，说明你的意志力十分薄弱。一碰到需要耐心的工作，或者必须做出思考的复杂问题，你就会嫌麻烦，毫无耐心地半途而废。你可能会兴致勃勃地去做一件事，但往往只有三分钟热度。你应从小事做起，养成每天重复做同一件事的习惯。

【团体素质拓展训练】

齐齐拍纸片

1．活动目的

使参与的学生在游戏中体验挫折。

2．活动地点

教室

3．活动内容

（1）游戏前的准备：选择一个位置，把正确的卡片（50张，1～50）顺序打乱摆成一个圆，再用绳子围成一圈。

（2）第一回合：每一组成员从起点走到终点，把终点的号码按照从小到大顺序拍打一次，然后返回来，计算这个过程所用的时间，时间最短者为优胜者。在这过程中，每组可以采取任何策略，可以由一个人全部拍完，也可以每个组员都拍。在拍打纸片的时候只能使用一只手，另一只手和身体其他部位不准碰到包括绳子及绳子以内的地方。如果犯规了，或者拍错顺序了，必须重返起点重新再来。时间是持续计算的。

（3）第二回合：在第一回合规则的基础上，再加一条规则就是不能出声。在游戏的过程中不可以讲话或者发出其他除了拍纸片以外的声响，否则需要受罚。

（4）分享：

① 第一个回合是不是觉得很简单？

② 当听到第二个回合不能出声的时候，大家想到了什么？

③ 一个队员出错，则整个队伍失败，面对这样挫折时，你们当下有什么样的心情？

④ 当队伍面对挫折时，你们通过什么方法去调整心态，以及如何应对？

⑤ 哪位同学出现了犯规现象？你又如何面对这个挫折呢？

4．注意事项

每组完成游戏的时间要分别及时计算，否则计算不及时容易打消学生参与游戏的积极性。

5．填写并上交实践报告

第十一章

大学生生命教育与心理危机应对

本章提示

核心词：

大学生生命教育

生命教育的作用

危机干预

创伤治疗

重点：

生命教育的主要内容

大学生心理危机的诱发因素

实践路径：课前浏览—师生互动—课本记录—自测评价—实践报告

第一节 大学生生命教育

“生命教育”是个舶来品，大约20世纪90年代传入中国。那么什么是生命教育呢？生命教育是在生命活动中进行教育，是通过生命活动进行教育，是为了生命而进行教育。从事生命教育的肖敬在《浅谈生命教育读本》中认为生命教育是以生命为核心，以教育手段，倡导认识生命、珍惜生命、尊重生命、爱护生命、享受生命、超越生命的一种提升生命质量、获得生命价值的教育活动，让包括大学生在内的青少年认识生命和珍惜生命成为这一活动的重中之重。

【师生讨论】

写给5000年后人类的一封信

在1938年埋下的巨大的“时间舱”里，人类历史上最伟大的物理学家之一——爱因斯坦写给5000年后人类的一封短信只占据了一个小小的角落。其余空间里装着不同的布料、金属、种子和日常生活用品，包括电话、电动剃须刀、丘比特娃娃，甚至还有一包万宝路香烟。相比于为科技高速发展而自豪的我们普通人，这位“划时代的物理学家”在信中所表达的内容，沉重得有些不大协调。他在信里是这么说的：

"我们的时代充满了创造性的发明，这也大大方便了我们的生活。我们使用电能把人类从繁重的体力劳动中解放出来。我们能横渡大洋，我们学会了飞行，甚至通过电波，我们能轻松地把消息传送到世界的每一个角落。但是，商品的生产和分配却完全是无组织的，人们不得不为自己的生计焦虑地奔忙。而生活在不同国家的人们，总是过一段时间就要互相杀戮。这让每个想到将来的人，都会充满忧虑和恐惧。这是因为，与那些真正为社会做出贡献的人相比，普通大众的智力水平和道德品格都要低得多。我相信我们的后人，应当会怀着一种理所当然的优越感，来阅读上面这几行文字吧。"

请讨论分析，爱因斯坦为什么会在信里表达对未来人类世界的担忧？我们人类的智力水平和道德品质究竟哪个更重要？

你的观点：____

____

____

____

____

____

教师评语：____

____

____

____

1．生命教育的作用

（1）了解生命特点，感悟生命美好

【师生讨论】

《平凡的世界》

对大多数人来说，生活的变化是缓慢的。今天和昨天似乎没有什么不同；明天也可能和今天一样。也许人一生仅仅有那么一两个辉煌的瞬间，甚至一生都可能在平淡无奇中度过。

不过，细想起来，每个人的生活同样也是一个世界。即便是最平凡的人，也要为他那个世界的存在而战斗。从这个意义上说，在这些平凡的世界里，也没有一天是平静的。因此，大多数人不会像飘飘欲仙的老庄，时常把自己看作是一粒尘埃——尽管地球在浩渺的宇宙中也只不过是一粒尘埃罢了。幸亏人们没有都去信奉"庄子主义"，否则这世界就会充斥着这些看破红尘而又自命不凡的家伙。普通的人时刻都在为具体的生活而伤神费力——尽管在某些超凡脱俗的雅士看来，这些芸芸众生的努力是那么不值一提……

以上文字摘自路遥的小说《平凡的世界》，从这段文字中，你对生命有哪些感悟？

你的观点：____

____

____

____

____

____

教师评语：____

____

【结论】

生命教育首先是从认识生命、了解生命的特点开始，以此来体验生命的特质与美好。人的生命之所以如此宝贵，那是因为生命是有限的，任何人都摆脱不了自然生命终会消逝的宿命。再强大的生命也始终对抗不了时间的流逝。更何况人生在世，祸福旦夕，无人能料。所以，选择怎样一种生活方式来度过生命的旅程将是每个人不得不面对的问题，生活没有预演和重来，他是短暂的、脆弱的。

（2）体认生命尊严，珍视生命存在

【师生讨论】

生命与尊严——费城故事

美国影片《费城故事》讲述了一个艾滋病患者用法律维护自己权益的故事，它被称为“好莱坞面对艾滋病”的影片。它标志着好莱坞不再逃避社会现实，而正式向泛滥美国的艾滋病宣战。

安德鲁和乔都是费城的两名年轻律师，他们工作努力，都有美好的前途。安德鲁是一名同性恋者，并且染上了艾滋病。他没有将这些告诉老板。就在他刚获提升不久，却因老板发现了这个秘密而以他丢失文件为由把他解雇了，安德鲁为了维护自己的尊严，找到乔希望他接受这个案子。乔本来拒绝受理，但出于对安德鲁的同情以及对法律公平平等原则的追求，最终答应出庭。

安德鲁的家人支持他走上法庭。开庭审理时，众多示威者聚集在法院门外，要求给同性恋者合法权益，不准歧视艾滋病人。但同时也有反对者拦截安德鲁质问。被告坚持不承认是因此原因解雇安德鲁的。安德鲁衰弱的身体已无法承受剧烈的抗艾滋病药物的静脉注射，他预感到自己快不行了。但他仍坚强地挺过了激烈的法庭答辩。

安德鲁是个同性恋，他要维护尊严去打这场官司，乔是出于不情愿去帮助他，对他来说，他的本能还是讨厌安德鲁或者他们这样的群体的，可是在接触的过程中，他发现他们之间是那么近，除了性取向，由为他争取法律的公正，到自己的职业操守，从接受到包容再到爱的理解，他做到了，他去参加他们的同性恋 PARTY，他们一起狂欢，他们靠的那么近，不是他的性取向发生了转变，是他的爱更宽容了，当他注视安德鲁和他的同性恋恋人翩翩起舞的时候，从他的目光中看到爱和祝福。整个影片用时间来贯穿，以不同的时间来表现安德鲁的变化和剧情的推进。乔对证人一步一步的提问，逐渐引到了对同性恋及艾滋病患者的歧视上，这是他和安德鲁胜利的关键，也是影片的主题。影片有这样一段剧情催人泪下：开庭审理时，众多示威者聚集在法院门外，要求给同性恋者合法权益，不准歧视艾滋病人。

最后，官司胜了，安德鲁却永远的倒下了。但是他为自己赢得了生命的尊严。有时候当一个人的尊严受到践踏、不公正的对待时，法律也得为尊严让步。

有时候，一个人的尊严甚至比他的生命更重要，对此你怎么理解？

你的观点：____
____
____
____
____
____

教师评语：____
____
____
____

【结论】

德国著名哲学家康德认为，人的尊严的价值是高于一切、重于一切的，是人生的最高价值。不管是高官显赫的大人物，还是生活窘迫的小人物，都应该有尊重别人的尊严和被别人尊重的权力。每个人都不可以被其他人当作工具来使用，人的尊严正在于此。只有这样，人才能使自己区别于其他动物，超越一切无生命的事物。

生命是教育之本，是教育存在的根本依据，离开了生命的教育，教育就毫无意义。当今社会盲目追求产出和效益，渐渐背离了我们对生命最原始的敬畏法则，生命常常被遗忘在角落里。一旦有悲剧事件发生，人们才突然意识到生命是如此的脆弱。很多人都是在失去之后才理解拥有时的可贵。因此，生命教育就是要让学生懂得敬畏生命、尊重每个人平等的尊严。

（3）追寻生命意义，实现生命价值

【师生讨论】

生命的价值

在一次讨论会上，一位著名的演说家没讲一句开场白，手里却高举着一张20美元的钞票。面对会议室里的200个人，他问："谁要这20美元？"一只只手举了起来。他接着说："我打算把这20美元送给你们中的一位，但在这之前，请准许我做一件事。"他说着将钞票揉成一团，然后问："谁还要？"仍有人举起手来。

他又说："那么，假如我这样做又会怎么样呢？"他把钞票扔到地上，又踏上一只脚，并且用脚碾它。尔后他拾起钞票，钞票已变得又脏又皱。

"现在谁还要？"还是有人举起手来。

"朋友们，你们已经上了一堂很有意义的课。无论我如何对待那张钞票，你们还是想要它，因为它并没贬值，它依旧值20美元。人生路上，我们会无数次被自己的决定或碰到的逆境击倒、欺凌甚至碾得粉身碎骨。我们觉得自己似乎一文不值。但无论发生什么，或将要发生什么，在上帝的眼中，你们永远不会丧失价值。在他看来，肮脏或洁净，衣着齐整或不齐整，你们依然是无价之宝。"

你认为选择怎样的生活，生命才显得有价值？

你的观点：

教师评语：

【结论】

我们总是在找寻生命意义的所在。每个人就是这样对自己生命不断地批判和审视，以此来认识生命的意义。正是用对自己生命的不断升华和不断超越来证明生命的可贵的，正是在对自己生命不断严肃认真的自我反省和自我考察中发现生命的尊严的，正是在对自己生命的不断建构和不断丰富中实现生命价值的。所以，对生命意义的追寻是人类发展和完善的最原始和最持久的驱动力。

2. 生命教育的主要内容

（1）生命磨练教育

【师生讨论】

校园里的“破烂王”

在安徽的一所大学里，小王和同学们一起开了一家回收公司。说得好听是回收公司，说得难听就是“校园里的破烂王”。创业之初，社会各界褒贬不一，质疑者众多，他们认为大学生创业却选择了在学校里“收破烂”，有些令人难以接受，是不是为了“赚眼球”呢？

面对社会各界的不同声音，小王和同学们并没有退缩，他们自信，自己也是在做一番事业。

为了公司的正常运营，这群带着梦想的学生从最基础的废品回收加工做起。经过半年的发展，公司在校内各宿舍楼设置了 30 余个回收点；校内还设置了绿色回收亭，方便学生丢弃不需要的东西。校内的超市和水果店等积攒的纸盒，他们也会推着三轮车，带着电子秤定期收购。

慢慢地公司开始盈利，员工们却因为毕业面临着是去还是留的选择，小王说他不干涉员工的选择，但这件事情他一定会做下去。

大学生在校园里收破烂，对此你怎么看？

你的观点：

教师评语：____

____

____

____

【结论】

人生是无法避免苦难的，苦难与人生共存，没有经历过苦难的人，是无法真正领会生活的真谛的。所以，生命教育的目的就在于培养大学生挑战苦难和挫折、磨练自己的意志。多一份苦难就多一份磨练，这便是一种体验。

（2）生命审美教育

【师生讨论】

请分析以上这幅图片为什么会让人有种伤感美的感觉？

你的观点：____

____

____

____

____

____

教师评语：____

____

____

____

【结论】

这幅图所描绘出的伤感美，源自画里的情境对于人的心理暗示。破败的门和年久失修的栅栏，暗示着人去楼空的无奈；光秃的树枝，暗示着时光的流逝。天空中硕大的月亮以及那几个越行越远的星系，则给人以苍茫浩瀚的感觉，由此便联想到生命的短暂和渺小；而没有尽头的小路，留给人们无尽的遐想……总之，这幅图暗含着时光如白驹过隙的无奈，生命如沧海一粟的悲伤。故而很多人会认为它是美的。但是如果不是上来就告诉你这幅图具有伤感的美，那么一些乐观主义的人未必会觉得这幅图有多美。

从以上这个例子不难看出，美学和心理学的关系确实是相当密切的。南朝梁代刘勰说：“登山则情满于山，观海则意溢于海”；英国诗人济慈说：“美是一种永恒的愉快”；美国美学家桑塔耶纳说：“美是在快感的客观化中形成的，美是客观化了的快感”；在人们的审美活动中总是伴随着各种心理活动——情感、愉悦、想象等。李白的诗：“寒山一带伤心碧”，其中“寒”“伤心”，这不是纯客观的摹写，而是心情的表达。在某种意义上我们甚至可以说，美的发生离不开人心理因素的参与。

康德曾说过：“美是沟通道德和知识的桥梁。”美育的宗旨是培养、塑造人的生命意识，引导教育对象用审美的态度对待生活。对大学生进行审美教育，就是帮助他们具有认识美的觉悟、追求美的理念和创造美的能力。因此，生命美育从理论形态来讲，是要求大学生运用生命审美的意识来实现生命个体的崇高化；从操作方式来讲，是要求大学生实行生命审美的实践来体现生命个体的价值性，从而使他们的生命之舟可从容抵抗挫折和困境的袭扰以及不良风气的伤害。

（3）死亡教育

【师生讨论】

死亡实验

美国的一些小学校里开设了别具一格的“死亡课”。由接受过专门训练的殡葬行业从业人员或护士走进课堂当起教师，跟孩子们认真地讨论人死时会发生什么事，并且让他们轮流通过演剧的方式，模拟一旦遇到亲人因车祸死亡等情形时的应对方式，体验一下突然成为孤儿的凄凉感觉，或走进火葬场参观火葬的全过程，甚至设计或参加一台模拟的“向亲人遗体告别”仪式等等。尽管也有人认为这么做可能会给孩子心中留下阴影，但大多数教育专家和家长却对此表示支持。孩子们还在家长或老师的带领下，来到郊外专为绝症患者提供善终服务的疗养院，把准备好的花瓣轻轻撒向临终者的床榻，送上祝福的话语，微笑着目送他告别人世。

对于孩子提出的“死亡问题”，美国家长总是做出最为直截了当、简单明了的回答。此外，他们也较少利用神话或宗教中的诸如天堂、地狱之类的来对死亡做出解释。当然，美国人更不赞成跟孩子说“人死后都会变鬼”这样的说法。他们认为：要是同时还把“鬼”描绘成面目狰狞的怪物，副作用可能就会更大——这样的“解释”除了可能误导孩子外，无疑还会增加孩子做噩梦的可能，并人为地加大了孩子的恐惧感等其他种种心理压力，以至于当家里真的死了人时，惊恐的孩子甚至不敢参加亲人的追悼会。更确切地说，绝大多数美国家长是将“死亡”视为一种“情感知识”存入孩子的“知识库”的。他们断言：可能有那么一天，家中一只小狗小猫或家庭成员真的归西时，孩子便能动用他所需要的“情感知识”，来理解他将面临的深深悲伤究竟是怎么回事了。当面对亲人或朋友的不幸离世时，除了痛苦，你还有哪些感悟？你是否惧怕死亡？

你的观点：____

____

____

____

____

____

教师评语：____

____

____

____

【结论】

死亡的发现是人类意识和个体意识走向成熟的必经环节。死亡教育是要对大学生开展关于死亡的教育，一方面帮助大学生正确认识死亡、接纳死亡；另一方面，通过死亡教育使大学生积极反思生命的意义，从而增强他们的生命意识。只有懂得死亡的意义，我们才能更加积极地生活。

（4）生命信仰教育

【师生讨论】

《五月花号公约》——以上帝的名义我们先订一个约

1620 年 11 月 11 日，在经过在海上 66 天的漂泊之后，一艘从欧洲驶来名为“五月花”的帆船已经可以看到美洲的陆地了。船上幸存的 102 名乘客，其目的地原本是哈德逊河口地区，但由于海上风浪导致帆船偏离航向，他们错过了既定目标，于是，就在现在的科德角外普罗温斯顿港抛锚。

美洲大陆就在眼前了，他们行将登陆。由于他们到达的地方不是事先在英国取得使用权的纽约的哈德逊河地区，而是马萨诸塞的普利茅斯地区，因此，他们即将登陆的这片土地对他们而言没有任何的法律约束力。这意味着他们上岸之后，他们想干什么，就可以干什么。那种寻常英国百姓无法想象的绝对自由一定有点让人如醉如痴，可能还有点不知所措。这些人，一边是风纪严明的莱登弥撒团成员——他们久已习惯由首领和教会为他们的人生赋予含义和指点迷津，另一边则是“陌路人”——纪律松散而又野心勃勃的乌合之众。

有没有人发表扣人心弦的演说呢？摆在他们面前的逻辑是不言自明的道理——无政府状态对每个人来说都是致命的。除非他们做出决定，否则，他们可能这一辈子都将生活在一个无法无天的世界里。

船上的全体乘客，为了建立一个大家都能接受的“新社会”制度这个共同的理想和目标，在上岸之前，由船上的 41 名成年男性乘客在船舱里签了一份简短的公约。在这份被后人称之为《五月花号公约》的文件里，签署人立誓要创立一个不同于欧洲的自治社会，这个社会最核心的理念是：基于被管理者的同意而创立，且将依法而行自治。这就是美国在建国之前，其历史上第一份极为重要的政治文献：

“以上帝的名义，阿门。我们，下面的签名人，作为伟大的詹姆斯一世的忠顺臣民，为了给上帝增光，发扬基督教的信仰和我们祖国和君主的荣誉，特着手在弗吉尼亚北部这片新开拓的海岸建立第一个殖民地。我们在上帝的面前，彼此以庄严的面貌出现，现约定将我们全体组成政治社会，以使我们能更好地生存下来并在我们之间创造良好的秩序。为了殖民地的公众利益，我们将根据这项契约颁布我们应当忠实遵守的公正平等的法律、法令和命令，并视需要而任命我们应当服从的行政官员。”

有了这份由众人签署的文件，他们将能够实行自治。这是一个非凡的心理台阶，因为没有一个签约的人曾经经历过这样的生活。以此公约为基础，他们将在没有任何可供参考的先例的条件下制定和执行他们自己的法律！

更重要的是，他们登岸之后，无论他们面临了怎样的困境，公约被众人维持住了，自治的政府也行之有效。更为重要的是，随着时间的流逝，更多的移民来到了美洲，他们不断地向内陆推进，而“五月花号公约”，在新大陆的辽阔的土地上，新英格兰、德克萨斯、加利福利亚、爱荷华和奥利根这些向西扩张的前沿州里，得到了自然而然却又严格的遵守。这个模式很稳定，让世世代代的定居者感受到法治之下的安全感，并为美国的政体的建立创造了条件。

《五月花号公约》的信仰是什么？

你的观点：____

教师评语：____

【结论】

信仰表征着人类对终极关怀的追问。一些大学生常称自己什么都不信，是无信仰的自由人。这是一种令人担忧的倾向。有学者曾郑重指出：最可怕的人生是没有信仰的人生。无信仰则无所惧，无所惧则无法形成自我约束的道德律令。于是，随意践踏生命也就不足为怪。

生命信仰的重建是大学生生命教育至关重要的环节。青年大学生在那些代表着社会地位的等级、身份等问题的认识上，权威和优越意识的心理积淀浓厚，缺乏超越这些世俗观念的生命信仰，即缺乏来自于对生命价值的深刻体会和对生命神圣至上的敬畏。而这种体会和敬畏，又必须以爱心和同情作为人性的“基本底色”，对生命的敬畏与尊重才会成为一种根植于灵魂的“黄金律”。

第二节 大学生心理危机干预和创伤治疗

心理危机这一概念是美国心理学家卡普兰（G. Caplan）首次提出的。他认为，心理危机是当个体面临突然或重大生活事件（如亲人死亡、婚姻破裂或天灾人祸）时所出现的心理失衡状态。每个人都在努力保持一种内心的稳定状态，使自身与环境稳定协调，当重大问题或剧烈变化使个体感到问题难以解决时，平衡就会打破，正常的生活受到干扰，内心的紧张不断积累，继而出现无所适从甚至思维和行为的紊乱，进入一种失衡状态，这就是心理危机的状态。心理创伤在精神病学上被定义为“超出一般常人经验的事件”。创伤通常会让人感到无能为力或是无助感和麻痹感。创伤的发生都是突然的、无法抵抗的。也有学者将创伤定义为“任何一种突然发生的和潜在的生活危险事件”。如今社会竞争激烈，学习和就业压力增大，加上身心疾病、感情波折和经济困难等因素，大学生心理危机和创伤时有发生，甚至出现自杀和违法犯罪等恶性事件。大学生心理危机干预和创伤治疗问题已经开始引起全社会的广泛关注。

【师生讨论】

困境

这时是星期五的黄昏。小王原本已经下楼打算回家，忽然想起一份周末要用的资料忘记在9楼的办公室了，于是，他又走进电梯。可是电梯启动不久，突然一片漆黑，电梯因为故障停在中间。拿出打火机，按动一遍电梯的按钮，纹丝不动。电梯很老式，警报装置也失灵了，小王不知所措。他拿出自己的钥匙，拼命撬开电梯门，只是一片上下直通的墙体。想到接下来的两天都是休息，想到电梯中的空气会越来越稀薄，小王慌乱了。不知过了多久，小王听到不远处的楼梯上有人上下的脚步。小王赶紧大叫——终于，他得救了。其实，在小王被困电梯的那一个多小时里，已有不少同事因为电梯故障而步行走下楼梯，可是，此前小王根本就没有听到脚步声。

人们可能在毫无戒备的情况下随时陷入困境。此时，如果能够保持镇定是难能可贵的。镇定地面对一切的危机和创伤，那是一种最接近生存智慧的勇气。

你的观点：____

____

____

____

____

____

教师评语：____

____

____

____

1．大学生心理危机常见诱因及干预

（1）自我认知模糊和思维模式偏差

【师生讨论】

付某，男，20岁，大学一年级学生。在平时说话犹豫，思前顾后，缩手缩脚，缺乏应有的胆量和气魄。在公共场合拘谨，不善于自我表现，形成了孤僻、自卑的封闭性格。学习生活中遇到一点问题就感到无助，失望，无法自己解决，又不敢向老师大胆求助。在遇到事情时往往采取回避行为，处处敏感退缩，不敢和别人交往和主动地融入社会。甚至得到别人中肯的评价时也在怀疑其真实性，没有承受成功的能力。经调查发现，该生家庭结构不完整，父母早年离异，母亲的缺失使其缺乏安全感。父亲身体残疾，生活困难，但坚持供养其读大学，使之精神压力大，又无处诉说。家庭贫困，和班级的同学差距大，也让他感到很难为情，不愿意让别人了解自己。而以往只是埋头读书，来到大学后，缺乏处理人际关系的能力和沟通的技巧，故而愈发缺乏勇气和自信。

肖某，男，19岁。大学一年级学生。在班级活动中表现异常活跃，发言易激动，急于表达自我。在学生会纳新竞选中失败后，常无法接受其他同学去参加学生会工作的事实，对别人的工作努力表现出不屑和嫉妒。同时更加喜欢以夸张的行为吸引别人的注意，或不切实际地吹嘘炫耀自己的优点和长处。由于他的这种行为表现，使得他的人际关系不太好，他班同学提出不想让他继续做班干部。经与之多次谈话发现，该生高中期间一直是老师的重点照顾对象，在班级工作中说一不二。但来到大学后，他发现周边的同学入学成绩比他要好，也各自有各自的想法，以往的优越感瞬间消失。他越来越没有“底气”，对自己产生了极大的怀疑。但为了掩饰或躲避自己的不安和不自信，他愈加追求成功，威信，而这也带给他更大的压力，让他无法坦然面对自己的失败和他人的优秀。

请你为以上两个案例中的学生，找出他们的心理问题所在。

你的观点：______________________________

____

____

____

____

____

教师评语：______________________________

____

____

____

【结论】

人对挫折和困难的感觉不在于所遭受的应激事件，而在于个体对应激事件的观念和态度。出现心理危机的人，一般会出现自我意识失真，不能客观评价自己，容易产生强烈的挫折感，表现出过分的自卑、自尊、自恋或自暴自弃。在思维模式上，往往采取单一或偏激的方式认识和分析问题，缺乏发散式的思维活动，割裂了内心世界与外界的一切联系，将全部思维聚集于眼下的遭遇上。如此一来容易出现意志消退或情绪失控，从而产生心理危机。通过对危机大学生的情况分析发现，很多大学生存在自我认知和思维模式的偏差。

（2）挫折承受力差

【师生讨论】

挫折只是他们的踏脚石

一个年轻人，在大学四年级将要毕业时，突然查出得了严重的肺结核病。别人毕业离校，他只能在家养病。为了替他排忧解闷，哥哥就陪他下围棋玩。天长日久，兴趣渐浓。最后，他大学虽然未能毕业，却走上了棋弈之路。他就是邱百瑞先生。人们敬称他“邱百段”，因为他教的学生得到的段位加起来已超过“一百段”。

有位记者访问了一所名牌中学的 7 位高考单科状元，问他们在学习上有什么好的经验。虽回答各异，但有一个惊人的共同点是：他们都能从失败和错误中吸取营养，滋润成功。甚至有 4 人不约而同地拿出一个本子，封皮上工工整整地写着 3 个字：错题集。

原来他们把作业或考试中做错的题都收集在这个本子里了。他们先把做错的解答原封不动地抄下来，用铅笔标出错的地方；然后认真做一遍，把正确的解答写在错的下面；最后用简明的语言归纳出错误的类型和失败的原因。他们把这个过程叫作改正错题的“三部曲”。说来也怪，开头一两个月，要收入“错题集”的题目一个接一个，每天要花不少时间。半年以后，需要“登记”的错题就越来越少了。

有位哲人说：“失败的味道挺苦，包含其间的道理却是甜的。”可见，经营“失败”也是一种高明。关键是，你必须别出心裁，另辟蹊径。

你的观点：

教师评语：

【结论】

出现心理危机的学生在遇到挫折之前，有很多都是一帆风顺的，他们本来对人生、事业有着美好的憧憬，对爱情、友谊充满了纯真的期待。他们有强烈的自尊心和自立自强的意识。但是他们缺乏社会经验，有较大的依赖性。当体验到了理想与现实的差距时，他们脆弱的心理便很难承受。很多大学生都存在挫折能力差的特点。

（3）就业压力

【师生讨论】

大学生就业压力有多大

2009年，河北唐山师范学院音乐系的女生刘伟跳楼自杀。她留下的日记表明，她是因为找不到工作。“找不到工作”真的是刘伟自杀的主要原因吗？刘伟在日记里写道：“如果我没上大学，可能会遗憾一辈子，而现在上了大学，也没有得到自己想要的，更觉得遗憾。”“我想逃避……亲人和邻里会怎么看，堂堂正正一个大学生竟然连个工作都找不到？面子往哪放……总想睡着后不要醒来，醒来就要面对现实。”

你觉得为什么现在时有发生大学生因就业压力大，而选择自杀的事件？面对就业压力大这种现实，你将如何做心理准备？

你的观点：

教师评语：

【结论】

大学生就业压力大，工作不好找，其实这只是表面现象。根本问题在于，大学生找个与其大学毕业生身份相符的好工作比较难。由于找好工作难，其心理冲突或个人遭受挫折以及可能要遭受挫折而产生了紧张和恐惧。如果这种状态持续下去，不仅会抑制大学生的正常思维，而且会使大学生注意力难以集中，记忆力明显减退，从而影响正常的学习和生活。

大学毕业生面临严峻的就业形势，产生焦虑心理在所难免，老师和家长对此要宽容和理解，多给学生一些鼓励，多给他们一些空间。但要实现顺利就业，大学生就必须以平常心面对，冷静选择，排除诸如不满、嫉妒、焦虑、恐惧等负性情感对正常思维、决策的干扰，打破传统意义上的就业"从一而终"的旧观念。郁闷的心情可以找同学、老师、家长倾诉，而不是因自我压抑造成各种心理疾病。多听听前辈的经验，或者长辈的建议，避免不必要的错误。用积极的自我暗示、主动的就业学习来提高自己的工作能力，摆正求职心态，迈好工作第一步。

【知识点连接】

1．对自杀认识的误区

误区一：只有专家能预防自杀。

事实：防止自杀是每个人的事，每个人都可以通过自己的行动，防止自杀悲剧的发生。

误区二：一旦一个人决定了要自杀，你做什么都阻止不了了。

事实：自杀是一种可阻止的死亡方式，而且任何正面的行为都可能拯救一条生命。

误区三：那些谈论自杀的人不会真的自杀。

事实：谈论自杀的人会尝试，甚至能够成功实施自杀。

误区四：自杀者的计划是保密的。

事实：大多数自杀者在尝试之前的某个时候都会表达出他们的意图，这表现了自杀者在要结束自己生命前的矛盾心理。

误区四：谈论或询问关于自杀的事情，会使某些人产生自杀的想法。

事实：不是这样的。直接询问自杀意图可以降低焦虑，敞开谈话的机会，降低做冲动行为的风险。

2．"QPR"自杀防止法

QPR 三步法，即 question（询问）、pursued（说服）、refer（转介），具体做法是：

第一步，Q（提问）。

提问的问题要直接，如"你看起来情绪很低落，你是不是有自杀的想法？""一般人在像你这么沮丧的时候，通常都希望自己已经死了。我想知道，你是不是也是这样想的呢？"

值得注意的是，在问问题时，不能带有价值倾向性，就是不要让对方感到你认为自杀是不好的事情，否则她是不会对你说实话的。因为她害怕你会批评她，看不起她。不能问的问题，比如"你不是要自杀吧？"或者"你不会做那么愚蠢的事情吧？"

第二步，P（说服）。

首先要认识到，自杀本身不是问题，而是人们解决一些看起来无法解决的问题的办法。所以在对方说他有自杀的想法或计划的时候，你首先要做的就是说服——认真倾听对方的想法，告诉对方，你很关心她，希望她活下去，你会支持她。或者问对方，"你可以和我一起去寻求帮助吗？""你能答应我，在我们寻求到帮助以前不去自杀吗？"等。

第三步，R（转介）。

在说服对方以后，把对方转介到能够帮助他的人那里。

2. 大学生常见心理创伤及治疗

（1）家庭不幸导致的心理创伤

【师生讨论】

家庭不幸导致的悲剧

2005 年 6 月 13 日，一个黑影突然从顶楼天台上掉了下来，重重地砸在了地面上。附近居民走近一看，吓了一大跳，只见一名女子血肉模糊地斜趴在地上，场面十分恐怖。邻居立即告诉了小区保安，保安赶紧打“120”求救，并报了警。医院救护车很快赶到了现场，但该女子已经不治身亡。现场留下半瓶“二锅头”。

原来这名女子叫阿兰，是广州某大学的在校学生，她为了勤工俭学在快餐店打工。阿兰父母已经离异了，阿兰一直跟着母亲住，父母感情问题一直让她很痛苦很纠结，常常一个人发愣。最终，当她实在忍受不了之后，选择了早早地结束自己的生命。

家是避风的港湾，家是温暖的天堂，但是不幸的家庭却令人更痛苦。如何拯救不幸家庭的大学生呢？

你的观点：____

____

____

____

____

____

教师评语：____

____

____

____

【结论】

家庭是作为大学生多年来成长的环境，对大学生心理状况与行为模式的影响是十分深远的。面对家庭不幸的情况，大学生可以通过友情、爱情等弥补家庭的伤害，积极参加学校集体活动，获得同学们的关爱，减轻自己内心的创伤。当然，更重要的还是要保持积极乐观的心态，善待自己，用自己的努力去赢得新的人生。

（2）社会恶性事件导致的心理创伤

【师生讨论】

男大学生被“强奸”以后

2008 年 7 月 2 日，郑州某大学的一名男大学生小郑在洛阳火车站售票厅准备购票返校时，被人诱骗误入一个卖淫团伙巢穴。他几次抗拒均未成功，在招待所里他被胁迫同卖淫女发生了性行为，还遭到搜身，被掠走了 250 元。

小郑说，那简直就像一场噩梦。此事在他的心里留下了巨大阴影。如今，小郑一想起遭“强奸”就会伤心落泪。他说，他有很高的道德原则与人生理想，洁身自爱了 26 年，第一次性行为却是被胁迫与卖淫女发生的，这让他对自己感到十分的不齿。但是他最终放弃了报警念头，也不敢向身边的人说起此事，他不得不生活在压抑中……最近，精神几近“崩溃”的他以匿名方式向北京一家健康网站的医生求救，说自己觉得自己有点承受不了，不知道自己是不是被强暴了。这给他的生活带去了很大困扰。

为什么他会对自己是否被强奸了感到困惑呢？

你的观点：____

____

教师评语：____

____

【结论】

遭遇社会恶性事件导致的心理创伤，是需要通过专业心理辅导帮助走出伤痛的，可以去寻找心理咨询师，在其帮助下走出心理阴影。如果一个人挣扎郁闷是容易导致心理扭曲的。也可以寻找自己信赖的比较理智的好朋友，这个人是很了解你的，不会因你谈了某些深入的问题而对你产生异样看法，可以将遭遇与之诉说，在好友的帮助下度过困难的日子。

（3）自身个性因素导致的心理创伤

【师生讨论】

好友反目成仇

两名同窗好友女大学生，在共同经历了一场恶性事件之后，两个人的人生从此改写：一个变为伤残少女，一个变为杀人犯。一个曾是母亲眼中的乖乖女，老师眼中的“好干部”，为何会沦为今日的杀人犯？一个女大学生为何要对唯一的大学好友痛下杀手？

2006 年 5 月 1 日上午 10 时许，长沙某高校女生宿舍楼内一片寂静，楼顶的深红色瓷砖在暖阳照耀下显得格外刺目。该校大一学生小李正与同学小曾在楼顶闲聊，两人脸上不时露出欢快的笑容。“你快看那边是什么？”小李大呼，小曾顺着对方所指方向看去，顿时感觉背后一阵刺痛，回头一看，好友小李正挥舞着一把滴血的菜刀。“救命啊！”惊慌失措的小曾拼命呼救，但小李却越砍越凶，其脸部的肌肉抽搐着，面目狰狞。

连续砍了数刀，19 岁的小李将自己唯一的大学好友砍倒在血泊中，然后匆忙逃回宿舍，后因为事情败露而跳窗逃走，在途中被警方擒获。“我也不知道，自己怎么就下得了手，当时头脑里一片空白。”小李双手掩面，不敢再回忆那不堪回首的一幕。

经事后警方调查透露，小李的杀人动机竟只是因为盗打了室友的电话。原来，小李所在的宿舍住了 6 名同学，性格较温和的小曾是小李唯一的好朋友。2006 年 4 月份时，小李“悄悄”使用了小曾的小灵通给其外地男朋友打电话，由于是长途，话费自然不便宜了。到了月底，小曾发现自己的小灵通话费猛增，于是决定去电信局查询话费详单。

小李得知此事之后，害怕小曾发现是自己偷拿了小灵通打长途，从而责怪自己，于是决定将小曾杀死。为了杀害小曾，小李来到学校对面某超市购买了绳子与水果刀，准备将小曾绑了后再用水果刀刺死。但她买好凶器后，售货员无意中提醒她："绳子买得过短，捆不了什么东西。"小李听后，又购买了一把菜刀，决定用菜刀将小曾砍死。

4月30日，小李准备在当日凌晨趁小曾熟睡之机将其勒死，后因内心矛盾没有下手。"她毕竟是我唯一的朋友，我还是下不了手。"小李在那个夜晚辗转难眠。五一节前夕，小曾决定回老家过节。5月1日上午，小曾又提出要去调取话费详单。于是，小李最终痛下杀手，一起校园悲剧终究不幸上演了。

亲手伤害自己的好朋友，小李内心已经发生了什么变化？

你的观点：____

____

____

____

____

____

教师评语：____

____

____

____

【结论】

大学生正处于青年时期，是情感最丰富、最强烈、最微妙、最动荡时期，同时也是最危险时期，是心理问题高峰期。一部分大学生因为缺乏适应社会环境的能力与适应身心变化的机制，在多重压力作用下而引发各种心理问题，做出一些不理智的事情，导致心理受到创伤。

当大学生受到心理创伤的时候，首先要感受到外在的支持，向心理老师、好朋友求助，使自己感到不会孤独。其次，承认现实，既然不幸已经发生，创伤已经形成，承认现实会比懊悔好得多。最后，重新树立正确的人生观、价值观等，"来者犹可追"，好好面对今后的生活才是最有必要的。

【自我测试】

身心状况自评量表（SRQ）

以下问题与某些痛苦和问题有关，在过去30天内可能困扰着你。如果觉得问题适合你的情况，并在过去30天内存在，请回答"是"。如果问题不符合您的情况且在过去30天内不存在，请回答"否"。在回答问题时不与任何人讨论，请尽量给出你认为最恰当的回答。

	是	否
1. 您是否经常头疼？	□	□
2. 您是否食欲差？	□	□
3. 您是否睡眠差？	□	□
4. 您是否易受惊吓？	□	□
5. 您是否手抖？	□	□
6. 您是否感觉不安、紧张或担忧？	□	□
7. 您是否消化不良？	□	□

8．您是否思维不清晰？ □ □
9．您是否感觉不快？ □ □
10．您是否比原来哭得多？ □ □
11．您是否发现很难从日常活动中得到乐趣？ □ □
12．您是否发现自己很难做决定？ □ □
13．日常工作是否令您感到痛苦？ □ □
14．您在生活中是否很多事不能起到应起的作用？ □ □
15．您是否丧失了对事物的兴趣？ □ □
16．您是否感到自己是个无价值的人？ □ □
17．您头脑中是否出现过结束自己生命的想法？ □ □
18．您是否什么时候都感到累？ □ □
19．您是否感到胃部不适？ □ □
20．您是否易疲劳？ □ □

评分：

所有 20 个项目的评分都为 0 或 1 分，过去 30 天内存在症状计 1 分，不存在计 0 分。总分在 7 分或 8 分以上时需要心理干预帮助。

【团体素质拓展训练】

蜘蛛网

1．活动目的

让学生体会在解决问题时都有什么步骤，聆听在沟通中的重要性，以及面对复杂局面时如何保持冷静的心态。

2．活动地点

户外

3．活动内容

（1）老师让每组圈着站成一个向心圈。

（2）老师说：先举起你的右手，握住对面那个人的手；再举起你的左手，握住另外一个人的手；现在你们面对一个错综复杂的问题，在不松开手的情况下，想办法把这张乱网解开。

（3）告诉大家一定会解开，但答案会有两种，一种是一个大圈，另外一种是套着的环。

（4）如果活动过程中实在解不开，老师可允许队员决定相邻两只手断开一次，但再次进行时必须马上封闭。

（5）讨论：

① 你开始的感觉怎样，是否感觉思路混乱？

② 当解开一点以后，你的想法是否发生变化？

③ 最后问题解决以后，你是否感觉很开心？

4．注意事项

户外互动游戏对身体有好处，但是要注意安全。

5．填写上交实践报告

第十二章

大学生生涯规划与能力发展

本章提示

核心词：

生涯规划

能力概述与发展目标

大学生生涯规划制定

重点：

大学生生涯规划制定

实践路径：课前浏览—师生互动—课本记录—自测评价—实践报告

第一节　生涯规划的概述

生涯是指个人通过从事某项工作而创造出一种有目的的、可以延续一定时间的生活模式。根据中国职业规划师协会定义，生涯规划是指对职业生涯甚至整个人生进行长久的系统的计划过程。完整生涯规划包括职业定位、目标设定以及通道设计三部分。“延续一定时间”指生涯不是某个事件或者因某个选择而发生的事情，本质上看生涯是持续整个人生的过程，受个人内在与外在力量影响。“创造出”即生涯是某个人愿望与可能性、理想与现实妥协与权衡的结果，生涯发展是因一系列选择连续发展的结果。“有目的”即生涯对于个人而言具有重要意义。“生活模式”即生涯不仅指一个人的职业，也包括其生活中的所有角色。

随着我国市场经济发展，社会竞争更加激烈，生涯规划意义非凡。实际上，要求大学生在高考之前就必须选择既满足社会发展需要，又符合自己兴趣的专业，做好自己的职业生涯规划，并及时积累知识、技能，培养心理素质等能力。这对于迟早要步入社会的大学生具有重要意义，就职业生涯规划之于大学生的必要性，你知道多少？

【师生讨论】

你的观点：____

____

____

____

____

____

教师评语：______________________________________

____

____

____

【结论】

大学生职业生涯规划是指在认识自己兴趣、爱好的基础上，认真分析个人性格特征，结合专业特长与知识结构，对以后从事的工作所做的规划。大学生步入社会之前，应当把现实情况与长远规划结合起来，合理定位职业生涯，这是求职的关键一步。大学生必须对自我进行评估，测试自己的职业兴趣与性格特点，判断职业发展方向，再确定职业选择与发展目标，设计职业生涯，然后制定可行的行动计划，并认真执行。大学生在校期间要进行持续的完善与补充，以培养自己的各方面能力，夯实所学专业，开发自身潜力等。

职业生涯规划对工作年龄的人而言很重要。而对于在校大学生而言，职业生涯规划对其一生的影响更是不言而喻的。

1．利于建立科学择业观

【师生讨论】

升学面前，读中专还是上高中

几十年后，曾是高中同学的小郭与小李再一次重逢了。

小郭和小李曾是初中同桌，那时候，两个人学习都很好，是一对学习搭档。“我还清楚地记得为了做一道几何题，我们放学都忘了回家，还是你妈来找你的时候，我们才发现已经很晚了。”小郭笑着对小李说。“当时你学习甚至比我还好，我一直为你选择了上中专而感觉可惜，如果你上高中的话，也一定能考上好大学，不至于像现在这样当工人。”小李说。“我选择上中专也是感觉家里经济条件不是很好，读了中专可以早出来工作，给家里减轻一下负担。”小郭回忆说。

于是，1996 年成为两人人生的分水岭，小李考入市重点中学，小郭考取一所技术学校。

1998 年，小郭技校毕业参加工作，小李 1999 年参加高考，考取北京一所高校中文系。

从 1998 年技校毕业，如今小郭是有近 10 年工作经验的“老工人”了，他技术过硬，模具钳工又是一个抢手工种，2004 年，已有高级工职称的小郭被浙江一家乡镇企业高薪聘走，如今月薪达 4000 元以上。“我早就拿到了钳工高级资格证书，现在是我们厂里钳工的技术指导，我们培养年轻工人，都是采用师傅带徒弟的方式，我的徒弟都已经有徒弟了，你说我辈份得多高了啊？”小郭笑着说。

当然小郭也没放松学习，已经顺利通过了成人高考，拿到了本科学历。

小李的发展似乎并不太顺利，担任了两年经理助理之后被调到了公司公关部，当了公关专员，“公司里升职和加薪主要看业绩，没有业绩一切都免谈，但是像我们做媒体公关这类工作，不是公司主要的业务部门，也很难用业绩来衡量我们的工作，因此要想获得更高的职位和薪水，就只有通过跳槽了。”于是，小李去年年底跳槽到现在的公司，担任公司高级公关经理，目前月薪达到 6000 多元。虽然职位上优越一点，但小李认为，“以北京和地方的物价差异来衡量，两个人的待遇其实差不多。”

从两人当初的选择到如今的结果，对于你的择业观有哪些启示呢？

你的观点：____

____

____

____

____

____

教师评语：____

____

____

____

【结论】

从以上案例可以看出，择业必须根据自身实际情况为基础，选择合适的职业发挥自己的才华。目前大学生择业存在随意性、功利性、盲目性、矛盾性等问题，这极大地影响了大学生就业问题。所以，为了避免这些问题，以职业生涯规划指导大学生树立科学择业观是十分有必要的，指导学生做好职业生涯规划，确立科学职业目标；应实施全程化择业指导模式；进行有针对性的、个性化的择业指导，减少大学生就业问题。

2. 发掘自我潜能

【师生讨论】

路径不可重复，精神却可复制

方文山是周杰伦的最佳拍档。周杰伦说：“没有方文山，我的歌不会这么成功。“方文山的歌词充满了画面感，文字剪接如同电影场景般跳跃，在传统歌词创作领域中独树一帜。方文山如今已经已经是继林夕之后华语乐坛最优秀的词作人。但从媒体上看，如果他不说话，很多人会把他当送外卖的，实际上他曾经确实是个送外卖的。方文山原本毕业于电子专业，为了圆梦而去台北打拼。他曾经做过防盗器材推销员，帮别人送过外卖与报纸，做过中介、安装管线工等。

他当初的理想是当一个优秀电影编剧，再成为电影导演，但当时中国台湾地区电影整体滑坡现状令他望而却步，只好退而求其次创作歌词。方文山最初最喜欢的是电影，当初写歌词是认为可以通过写歌词这个渠道迂回进入电影圈。所以，即使方文山当一名还算称职的管线工之余，也花费大量时间在创作歌词上，最后选出 100 多首，集成词册。

这时，方文山才开始了自己的求职之路。他翻了半年内所有 CD 内页，找最红歌手与制作人，将集成册子的歌词邮寄给他们，一次寄了 100 份。为什么要寄这么多份？方文山仔细计算过，他估计经过前台小姐、企宣、制作人等层层碾转，大概只有五六份被目标人物收到。但是他想的太乐观了，这样求职方法持续了一年多，结果都是没有任何消息，直到有一天接到吴宗宪电话，同时吴宗宪也签约了一位会弹钢琴的小伙子——周杰伦。

被吴宗宪发掘与赏识，方文山才进入华语流行音乐界，与周杰伦结成黄金搭档，被广泛接受与认可，成为了“华语乐坛回避不掉人物”。这时候可以发现，他真正的潜能还是在于歌词而非电影编剧的。

看到方文山的成功之路，每个有梦想的人都会兴奋不已，感觉自己都找到了成功的捷径。实际上成功之路没有那么简单，不是所有成功途径都可以被复制。别人走通这条路，你不一定也可以。但是，方文山的求职之路有否可以借鉴的地方呢？

你的观点：____

____

____

教师评语：____

____

【结论】

经过讨论可以发现，方文山的求职之路过程中发现自己真正才华所在，成为华语流行乐坛不可回避的人物。他的求职经历启示在于，发掘自己的真正潜能很重要。但是不是每个人都会像他那么幸运被人发掘的，所以，必须通过一个合理的职业生涯规划来发掘自我潜能，以找到自己真正的职业方向。

3．提高职业发展目的性与计划性

【师生讨论】

思想有多远．我们就能走多远

以前在美国有一个十多岁的穷小子，他自小生长在贫民窟，身体很瘦弱。但他却立志长大后要做美国总统，可是这么远大的理想如何实现呢？年纪轻轻的他，思考了几天几夜之后，拟定了一系列连锁目标。

做美国总统必须先当美国州长——要竞选州长必须有雄厚财力支持——要获得财团的支持必须得融入财团——要融入财团就必须娶一位豪门千金——要娶一位豪门千金必须先成为名人——成为名人的最快方法是当电影明星——做电影明星之前必须有很好的身体，练出阳刚之气。

按照这以上思路，他开始步步为营。一天，当他看到著名体操运动主席库尔后，他相信练健美是强身健体的好办法，因而有了练健美的兴趣。他开始刻苦并持之以恒地练习健美，他希望成为世界上最结实的男人。三年后，凭着发达的肌肉与健壮的体格，他开始成为健美先生。

在以后的几年中，他成了欧洲乃至世界健美先生。22岁时，他终于进入美国好莱坞。他花了十年时间，利用自己在体育方面的优势，塑造一系列坚强不屈、百折不挠的硬汉形象。终于，他在演艺界闯出了一片天地。当他的电影事业如日中天之时，女友的家庭在他们相恋九年后，终于接纳了他。他的女友就是肯尼迪总统的侄女。

婚姻生活过了十几个春秋，他与太太生育了四个孩子，建立了一个幸福美满的家庭。2003年，年逾57岁的他，退出了影坛，转而从政，并成功地竞选为美国加州州长。

他就是阿诺德·施瓦辛格，他的经历让人们记住了这样一句话："思想有多远，我们就能走多远"。

施瓦辛格的成功向人们抛出了一个问题：生涯规划之于人生具有什么意义？

你的观点：____

____

____

____

____

____

教师评语：____

____

____

____

【结论】

施瓦辛格的成功很大一部分在于他精心为自己制定人生计划，由此启发人们，要想获得成功，一个良好的职业生涯规划是十分必要的。尤其对于当代大学生，一个完善的职业生涯规划可以大大提高发展目的性与计划性，保证人生每一步都可以有计划地进行，达到相应的目的。

4．提升个人竞争能力

【师生讨论】

一个美国小伙子立志做一名优秀的商人

他中学毕业之后顺利考入麻省理工学院，选择了工科中最普通最基础的专业——机械专业。大学毕业之后，他也没有立刻投入商海，而是再考入芝加哥大学，攻读三年经济学硕士学位。出人意料的是，获得硕士学位后，他仍然没有从事商业活动，居然考了公务员。在政府部门工作了五年后，他再辞职下海经商。两年之后，他才开办自己的商贸公司。20 年后，他的公司资产从最初的 20 万美元发展到 2 亿美元。

这位小伙子就是美国知名企业家比尔·拉福。

1994 年 10 月，比尔·拉福率团来中国进行商业考察，在北京长城饭店接受了《中国青年报》记者采访，他谈到他的成就必须感激他的父亲，因为他们共同制定了一个生涯规划。最终这个生涯设计方案使他走向成功。

我们来看一下他的成功简图：工科学习→工学学士→经济学学习→经济学硕士→政府部门工作→锻炼处世能力，建立广泛的人际关系→大公司工作→熟悉商务环境→开公司→事业成功。

第一阶段：工科学习。中学时代，比尔·拉福就立志要经商。他父亲是洛克菲勒集团的一名高级职员，他发现儿子具备商业天赋，机敏果断，但是磨难太少，缺乏经验，缺乏必要知识。于是，父子俩进行了一次长谈，并描绘出职业生涯蓝图。所以，升学时他并没有像其他人那样直接攻读贸易专业，而是攻读了工科中最基础的专业——机械制造。

从事商贸必须具备相关专业知识。在商品贸易中，工业品占绝大多数，如果不了解产品性能与生产制造等情况，很难在贸易中获益。学习工科不仅培养知识技能，而且帮助他建立了一套严谨求实的思维体系，使他拥有了推理分析能力、踏实的工作态度。所以，比尔·拉福在麻省理工学院的四年，他还广泛接触了其他专业，例如化工、建筑、电子等，这些知识对他后来的经商具有重要作用。

第二阶段：经济学学习。大学毕业之后，比尔·拉福并没有立即投入商海，而是去芝加哥大学进修，攻读三年经济学硕士课程。因为在市场经济下，一切经济活动都必须通过商业活动实现，如果不了解经济规律，不学习经济学知识，将难以在商场立足。这三年，比尔·拉福掌握了经济学基本知识，弄清了与商业活动相关的因素，也认真研习了法律与微观经济活动的管理知识。三年之后，他精通了会计、财务管理，在知识上已完全达到经商要求。

第三阶段：政府部门工作。比尔·拉福获得经济学硕士学位后选择当公务员，在政府部门工作了五年。因为经商必须有人际交往能力，要获得商业成功，必须熟悉处世规则，善与人交往，建立良好的合作关系。培养这种人际关系能力必须到社会工作中才能实现。五年工作之后，比尔·拉福形成了自我保护意识，由一个热血青年蜕变为一个处世不惊的公务员，并结识各界人士，建立了良好的人际关系网络。

第四阶段：通用公司锻炼。结束了五年的政府工作，比尔·拉福已经完全具备了成功商人所必须的素质，于是决定辞职下海，选择去通用公司。这时候他已经获得各种知识，但知识必须通过实践才能转化为实际技能。在闻名国际的通用公司，比尔·拉福为自己实践找到了宽阔的平台，同时也学习了丰富经验，最终积累了原始资本。这其实也是当下大学生创业可以借鉴的，不仅仅需要一腔热情，同时也必须考虑现实。

第五阶段：自创公司。在通用公司大展拳脚两年之后，他已经熟练掌握了商务技巧，他最终婉言谢绝了通用公司高薪挽留，自己建立了拉福商贸公司，开始了自己梦寐已求的经商生涯。比尔·拉福之前的准备工作，几乎考虑到了自己今后职业目标的所有细节。拉福公司迅速成长，二十年之后，公司资产从最初 20 万美元发展为 2 亿美元，这使得比尔·拉福也成为奇迹。

比尔·拉福的生涯设计步骤合理，每一步都是提高自己竞争能力的重要一环，不仅考虑个人兴趣与个人素质，而且很重视培养个人职业技能，这种生涯设计在他不懈努力之下，终于成功了。

没有无缘无故的成功，只有辛辛苦苦的付出！比尔·拉福的成功确实令人感叹，但是他带给当下大学生更多的是启发，作为当下大学生，又该如何通过职业生涯规划提高自己的竞争实力？

你的观点：______________________________

____

____

____

____

____

教师评语：______________________________

____

____

____

【结论】

科学合理地制定职业生涯规划，是高等教育人才培养的重要组成部分，也是大学生职业生涯发展过程的必然要求。当前社会就业压力巨大，一个合理的职业生涯规划能够帮助大学生完善各方面的素质，以提高求职竞争能力。

第二节　大学生能力概述及发展目标

“没有金刚钻，别揽瓷器活”，这是我们都耳熟能详的教诲。在一般理解当中，就是人必须清楚自己能力究竟有多大，当我们太高估自己能力的时候，往往容易将事情弄糟；当我们过分低估自己能力的时候，我们往往会觉得自己没有尽力。很多时候我们都在想方设法经历一些磨练以提升自己能力，但是“能力”究竟是什么呢？

【师生讨论】

你的观点：____

____

____

____

____

____

教师评语：____

____

____

____

【结论】

经过讨论可以发现，能力就是人们顺利完成某项活动所必须具备的个性心理特征。能力就是一个人完成一项目标或者任务所体现出来的素质。人们在完成某种活动过程中所表现出来的能力是不同的，能力必须与人完成一定社会实践联系在一起，离开了具体实践既不能表现人的能力，也不能发展人的能力。

（1）发明创造能力

【师生讨论】

大学生发明无红绿灯立交桥

如今大城市都为堵车而疼，有人因为遇红灯不耐烦，但是大部分人并不是动脑子去想办法解决问题。但是张耀坤却不一样——3 年前，她还在石家庄市读高二，就发明了能缓解堵车及减少路口红灯时间的立交桥。今年 9 月，她的“无红绿灯立交桥”发明获得了国家专利。

今年 19 岁的张耀坤长着一张娃娃脸，戴眼镜，说话很甜美，一笑眼睛弯成一弯新月。有记者采访过她，她说“那是 3 年前的事，我当时还在读高二。我坐爸爸的车常在路口遇红灯并且老是堵车，于是便想发明一种能不设置红绿灯的桥。”张耀坤笑称，最初只是玩玩儿，没想到越钻研越上瘾。经过半年实地考察与咨询专家之后，相关发明就完成了。

去年，张耀坤为自己的发明申请了国家专利。今年 9 月，该发明获批国家专利，张耀坤已经是安徽工业大学国际经济与贸易专业的大二学生。她说“‘无红绿灯立交桥’适用于十字路口，能让四个方向的车辆无论左拐、直行、右转，都不会碰面，因此就不用设置红绿灯了。”张耀坤介绍，“我在省会街头考察了十几次，发现高架桥以及十字路口堵车最严重的就是左转车道。没有红绿灯肯定要快得多，堵车自然也会少了。”张耀坤还高兴地介绍，“设计这个桥时，我请教了很多交通设计专家；获批国家专利后，我希望它出现在省会街头。”张耀坤说，她发明的立交桥弧形道最小半径只需 50 米，“比省会目前有的高架桥和立交桥的规格都小，不浪费地。”今后，她会特别关注省会桥梁征集方案，希望自己的发明能变为现实。

从最初的“玩玩儿”的想法，到成为国家专利，作为大学生的你有什么感想？

你的观点：________________________________

教师评语：________________________________

【结论】

“创造”指在事物的原有基础上发展和提高，作出新成绩。发明是创造新的事物，首创新的制作方法。发明创造能力是大学生全面发展的必要素质之一。当代大学生作为祖国的建设者与接班人，时代发展对大学生的发明创造能力提出了更高要求，对大学生自身而言，是挑战也是实现其全面发展的重要能力，从大学生自身来讲，要不畏常规，用于超越，增强创新意识，培养大学生的发明创造能力。

（2）决策能力

【师生讨论】

西方联合电报公司大意失荆州

1876 年，亚历山大·格雷厄姆·贝尔发明了电话，并先于伊莱沙·格雷几小时申请了专利。但是，其所做的一切努力也使贝尔几乎倾家荡产，所以贝尔的岳父加德纳·哈伯德打算将电话专利权卖掉。当然，他的目标在于当时长途通信业的霸主西方联合电报公司。

但是西方联合电报公司总裁威廉·奥顿不以为然地拒绝了哈伯德的请求，他认为，贝尔的“电话”存在很多缺点，所以严格地说不能作为通信方式，这种装置对他们而言不存在任何的价值。奥顿拒绝哈伯德一方面是因为他们之间以前有过节，另一方面他认为电话以后无论取得多大成就，他们公司都有实力将贝尔挤出市场。

但是事实证明他错了，西方联合电报公司为这个短视的决定付出了巨大代价。公司客户纷纷放弃电传打字机，而转向从新成立的贝尔公司租借电话机。西方联合电报公司被迫被动跟进时代步伐，利用格雷的专利与托马斯·爱迪生的设计推出了自己公司的电话机。随后，两个公司爆发激烈诉讼，结果西方联合电报公司败诉，被迫从贝尔公司租用电话设备。

威廉·奥顿不顾市场实际情况而失去了大好的发展情景，这不禁令人思考一个关键的决策会产生怎样的影响？

你的观点：________________________________

教师评语：

【结论】

培养与提升大学生决策能力有助于帮助大学生正确择业与顺利就业，缓解大学生就业压力，利于大学生准确定位、实现人生价值。对于大学生而言，终要走向社会，这是人生一大转折。面临求职择业，虽有别人的各种意见与建议，但是终要靠自己拿主意。就业是对自己决策能力的一次重要检验。在将来的工作中，面临各种问题都需要迅速作出反应，并及时处理。所以，训练与培养大学生决策能力十分重要。培养决策能力必须从日常生活的小事情做起，不要事事依赖别人替自己拿主意，自己要养成多谋善断习惯。如此日积月累，日后遇到重大事时才能不至于手足无措。

（3）组织管理能力

【师生讨论】

“将相不和”

“负荆请罪”是我国著名的历史故事。故事是从和氏璧开始的，和氏璧是一件极其珍贵的奢侈品，“价值连城”说的就是和氏璧，但秦昭王“愿以十五城请易璧”明显很不可能，这个交易也未发生。赵国的蔺相如运用自己的勇气与智慧为赵国保住了和氏璧，让国家免受攻击。而且在一次外交场合，蔺相如又为赵王保住了颜面，维护了国家尊严。就这样，蔺相如被赵王提拔为赵国“上卿”。而将军廉颇，是战功赫赫的人，在赵国他有举足轻重的地位。一次，秦王邀请赵惠王访问秦国，赵国朝廷判断这次会面风险很高，赵惠王很可能有去无回，但是不去又恐招人耻笑，于是最终决定赴会。于是廉颇送行时说道，“王行，度道里会遇之礼毕，还，不过三十日。三十日不还，则请立太子为王，以绝秦望”。他能够与赵惠王探讨领导继承人问题，必然是国家重臣。但是这位重臣的地位却依然排在了蔺相如之后。

赵惠王在如何评价廉颇与蔺相如的国家贡献与确定职位排序方面，明显缺乏明确的绩效评价与职位任职资格标准的，而且显然与廉颇沟通不足，否则，廉颇也不会抱怨“我为赵将，有攻城野战之大功，而蔺相如徒以口舌为劳，而位居我上，且相如素贱人，吾羞，不忍为之下”。而且，赵国上下“将相不合”之事闹得沸沸扬扬，蔺相如的手下甚至认为他太懦弱而要求辞职了。

如果你是赵惠王，作为组织管理大臣的领导者，是导致“将相不合”的主要人物，会有何作为？如果不是两个大臣廉颇与蔺相如之间的胸怀和坦诚，这件事情该如何收场呢？

你作为一个领导者，是否考虑过上卿的任职标准是什么？这些标准是否与下属经过充分沟通并达成了共识？“舍人”能否当“上卿”？如何衡量蔺相如的外交贡献与廉颇的国防贡献的差别与大小？对于蔺相如的两次卓越的贡献应该如何褒奖？是适合提供物质奖励，还是提供职业发展机会奖励？面对下属之间的冲突又如何应对？

你的观点：

教师评语：

【结论】

上述故事中，从赵惠王的处境中可知一个领导者必须具备较强的组织管理能力。

虽然并非每个大学生毕业后都可能从事管理工作，但是每个人在未来工作中都会程度不同地利用到组织管理能力。尤其是现代社会，组织管理能力不再仅仅是领导干部、管理人员等必须具备的能力，而是所有专业人员都必须具备的。大学生培养一定的组织管理能力可以提高自己的竞争能力，以利于解决求职就业问题。

（4）表达能力

【师生讨论】

“屡战屡败”与“屡败屡战”

曾国藩曾经练兵出山，踌躇满志，以为荡平太平天国指日可待。谁料一开始就接连遭遇岳州、靖港大败，想到自己堂堂清王朝二品大员，连太平军的一个林绍璋都打不过，还谈什么扫平太平天国的宏图伟业。于是他不堪受辱，急得想跳水自杀，幸被部下拦下。后来，偶打一些胜仗，不料竟在九江湖口被石达开打得几乎全军覆没，也令咸丰皇帝对他很失望。

后来自杀不成，那就要向朝廷汇报，这也难煞了曾国藩，但是曾国藩有个好习惯，每封奏折都要亲自反复修改，直到满意为止。在这封自请处罚奏折中，在最后曾国藩把自己对太平军作战以来的屡战屡败改成了屡败屡战。就这一改，彻底改变了整个朝廷对他的看法，塑造了一个倔强的曾国藩。

屡战屡败是描述战事的客观事实，突出了一个“败”字，说明战者无能，战多少次，败多少次，只要开战，结果总是失败，给人传达出一种无能、失败、痛苦的感觉。屡败屡战则是一种顽强倔强的精神表现，突出了一个“战”字，说明战者很勇猛，面对失败却毫不气馁，仍然百折不挠，永往无前。曾国藩就是这么实践的。

正是因为这种建立在理想中的不屈不挠的执着，成就了“修齐治平一完人”的曾国藩，代表了成功人士一种不服输的倔强精神，这种精神的本质就是：立志奋发，坚忍坚韧，屡败屡战。

曾国藩的“屡战屡败”与“屡败屡战”的故事也是一个关于书面表达能力的精彩故事，除了书面表达能力，还有哪些表达能力？表达能力的重要性体现在哪里？

你的观点：

教师评语：____

____

____

____

【结论】

表达能力即运用语言阐明自己的观点、意见或者抒发自己的思想、感情等的一种能力。表达能力包括口头表达能力、文字表达能力、数字表达能力、图形表达能力等。对大学生而言，表达能力是必须具备的一种能力，其重要性不言而喻。当大学生求职或者工作之后，很快会意识到这一能力的重要性。例如，写求职自荐信，整理个人求职材料，回答面试问题等，都需要很强的表达能力。

（5）实际操作能力

【师生讨论】

纸上谈兵

公元前 262 年，秦昭襄王派大将白起进攻韩国，已经占领了野王（今河南沁阳）。截断了上党郡（治所在今山西长治）与韩都的联系，上党形势危急。上党的韩军将领不愿投降秦国，派使者带地图将上党献给赵国。赵孝成王（赵惠文王的儿子）派军队接收了上党。两年后，秦国又派王龁（音 hé）围住上党。

赵孝成王得知消息后派廉颇率二十多万大军救上党。他们刚到长平(今山西高平县西北)，上党就已被秦军攻占。王龁还想进攻长平。廉颇死守阵地，命兵士修堡垒，挖壕沟，与秦军对峙，准备长期抵抗。

王龁几次挑战赵军，廉颇下令不与之交战。王龁没有办法，只好派人回报秦昭襄王说："廉颇是个富有经验的老将，不轻易出来交战。我军老远到这儿，长期下去，就怕粮草接济不上，怎么好呢？" 秦昭襄王请范雎出谋划策，范雎说："要打败赵国，必须先叫赵国把廉颇调回去。" 秦昭襄王说："这哪儿办得到呢？" 范雎说："让我来想办法。"

过了几天，赵孝成王得知众人议论，说："秦国就是怕让年轻力强的赵括带兵；廉颇不中用，眼看就快投降啦!" 于是就有大臣举荐赵括代替廉颇指挥战斗。赵括是赵国名将赵奢之子。赵括自幼爱兵法，谈起用兵是头头是道，自以为天下无敌，连父亲也不放在眼里。赵王听信了大臣意见，召见赵括，问他能否击退秦军。赵括说："要是秦国派白起来，我还得考虑对付一下。如今来的是王龁，他不过是廉颇的对手。要是换上我，打败他不在话下。" 赵王听了很高兴，拜赵括为大将去接替廉颇。蔺相如说："赵括只懂得读父亲的兵书，不会临阵应变，不能派他做大将。" 可赵王不采纳。

赵括的母亲也向赵王上奏章，请求赵王别派儿子去。赵王把她召来，问她原因。赵母说："他父亲临终的时候再三嘱咐我说，'赵括这孩子把用兵打仗看作儿戏似的，谈起兵法来，就眼空四海，目中无人。将来大王不用他还好，如果用他为大将的话，只怕赵军断送在他手里。'所以我请求大王千万别让他当大将。" 但赵王说："我已经决定了，你就别管吧。"

公元前 260 年，赵括领兵二十万到长平，请廉颇验过兵符。廉颇撤回邯郸。赵括统率四十万大军，声势浩大。他废除廉颇规定的一套制度，下令说："秦国再来挑战，必须迎头打回去。敌人打败了，就得追下去，不杀他们个片甲不留不算完。"

那边范雎得知赵括替换廉颇的消息，知道反间计成功了，于是秘密派白起为上将军指挥秦军。白起一到长平，布置好埋伏，故意吃几阵败仗。赵括不知是计，拼命追赶。白起把赵军引到预先埋伏好的地区，派精兵两万五千人，切断赵军后路；另派五千骑兵，直冲赵军大营，将四十万赵军切为两段。赵括这才知晓秦军的厉害，只好筑起营垒坚守，等待救兵。但是秦国又发兵切断赵国救兵与粮草的道路。

最后赵括的军队，内无粮草，外无救兵，守了四十多天，兵士叫苦连天。赵括带兵想冲出重围，而秦军万箭齐发，将赵括射死了。赵军听到主将被杀，也纷纷投降。四十万赵军，就在"纸上谈兵"的主帅赵括手里全部覆没。

赵括只谈理论却不懂实践导致长平之战的惨败，那么现实生活中理论与实践脱节会导致什么后果呢？

你的观点：____

____

____

____

____

____

教师评语：____

____

____

____

【结论】

经过讨论，可以知道理论是很重要，但是必须与实践相结合。

实际操作能力即将智力转化为物质力量，这是专业工作者应具备的实践能力。现实生活中，尤其是工科、科研、生产等领域，大学生实际动手操作能力将直接影响到其就业前途。例如一名科技人员，如果只懂得技术原理，而缺乏操作能力，要完成技术任务是比较困难的。一名教师如果只有丰富知识，却不具备较强的讲授能力，那么将妨碍其自己把知识传授给学生。学化学的人的实验能力强弱直接影响实验效果。这类例子俯拾皆是。所以，大学生应当将理论学习与实践操作结合起来。

第三节　大学生生涯规划的制定

"凡事预则立，不预则废"，人要想有一个成功的人生，进行合理的人生规划是必不可少的。生涯规划是人一生中最为关键的一个步骤，无论哪个行业、哪个阶层的人、哪个时期的人，都应当认真面对的问题。大学生认真制定生涯规划是其对自己人生负责的一个表现，那么究竟如何制定自己的生涯规划呢？

【师生讨论】

你的观点：____

____

____

____

____

教师评语：____

____

【结论】

经过讨论，可以发现大学生生涯规划的制定是一个持续的连续过程，但是其基本步骤包括：认识自我、评估环境、确定职业发展目标、设定职业生涯发展路线、制定大学生涯发展计划，以及生涯规划的实施、评估与修订等。

1．认识自我

【师生讨论】

他有点白

草丛中住着一群快乐的小田鼠，他们大多为灰色。只有维维不一样，他比别的田鼠白多了！维维想："我有点白，也许我不是一只田鼠吧？"于是，维维不再和田鼠朋友们在一起玩了，他感觉有点孤独，也很无聊。

有一天，一只大白猫经过草丛。维维高兴地喊住他："嗨，可以和我一起玩吗？你看我也挺白的呢！大白猫说："好吧，跟我来！"一看见维维，白猫们眼睛直发亮。"太好了"，小白猫想：我们已经好久没吃到田鼠肉了。可是维维却在傻乎乎的想："太好了，也许我是只小白猫。"白猫们看起了田鼠食谱。这时候维维发现情况不好，"不好！""赶快逃命吧！"维维总算逃了出来。"看来我不是一只小白猫。"他想。

孤独无聊的日子又开始了。"这样可不行！"维维又想出门去了。"北极，好白啊！我也许属于那儿，我也许是只小北极熊？"维维决定去北极。它准备了很多东西，维维终于登上了去北极的飞机！真开心啊！"哇——哇——"维维吐了。再后来，维维睡着了……北极到了！"小北极熊维维来啦！"维维对着白皑皑的冰雪大声说。

"欢迎来到北极，小田鼠！"北极熊亲切地说。"不，我是小北极熊。"维维说。"北极熊不怕冷，北极熊会下水抓鱼。"北极熊告诉维维。这时候维维有点难过了，可是维维真想和他们一起玩儿，可是自己怕冷，也不会下水抓鱼。

北极熊对维维说："你不是北极熊，你是一只有点白的小田鼠。不过，你能到北极来，真不简单耶！" 维维很失落，开始想念草丛了，想念自己的田鼠朋友们了。最后他决定回家去。

终于维维回家了，回到草丛的感觉真好！和田鼠朋友们一起玩真开心！

维维现在明白了：自己确实是一只有点白的小田鼠。

后来，维维还是会想起北极和他的北极熊朋友，它给他们写信，说自己生活很快乐。当然，它还是有点白。

在古希腊帕尔索山上，一块石碑上刻着一句箴言："你要认识你自己。"生活中人们常说"我对自己最清楚！""难道我还不了解我自己吗？"但是你真的认识你自己吗？

你的观点：____

____

____

____

教师评语：____________________

____

【结论】

从白色小田鼠的故事中可以看出，它经过一番折腾之后终于认识到了自己，才开始属于自己真正的生活。

大学生生涯规划是一个动态的过程，最基础工作就是认识自我，就是要客观全面地认清自我，充分了解自己的职业兴趣、能力现状、职业价值观、行为风格、自己的优势劣势等等。只有正确全面地认识自己，才能进行准确的职业定位并确定自己的职业发展目标，才能制定适合自己发展的职业生涯路线，自己的职业生涯目标才有可能实现。

2．环境评估

【师生讨论】

敏锐眼光，打开空白市场

19岁高中读完后，湖北荆州青年小贺毅然决定放弃自己的学业，步入社会。他说："不是不愿意读书，也不赞成读书无用的说法，每个人都有自己的生活方式，社会是一所综合大学，可学的东西很多。我选择了创业我就一定会走下去，坚定目标，不断提升自己，挑战自我。"

在西部大开发政策引导下，2011年他孤身一人来到云南，发现云南地理环境特别，农业反季种植的前景广阔。但当地农业种植使用材料传统，好的温室大棚使用冷镀锌管，差的就直接用竹竿，抵抗自然灾害能力太差，冷镀锌管加工过程有污染且难以确定长度。小贺认为这是一个很好的商机，别看就一个字之差，热镀锌板管原料加工集中，可以避免酸洗镀锌导致的污染，而且长度可确定，耐腐蚀性很强，最关键的是价格与冷镀锌管相差无几。花卉、蔬菜、药材等，以及民用领域的巨大市场需求，都使小贺坚定了将热镀锌板管引入云南市场的决心。

可是，新材料代替传统用材的过程是比较艰难的。为了解决这一难题，小贺与他的团队开始一步步探索与实验。建立了样板大棚，提供结构设计与技术指导，购买材料帮忙安装，到昆明周边花卉蔬菜基地走村串户进行推销。后来，小贺干脆采取先安装，等商户有了经济效益后再付款的方式，让商户无后顾之忧。"这个风险挺大的，筹集来的资金都投到里面去了，万一收不回来整个公司就垮了"，小贺说道。好产品会以事实说话，这一大胆举措的确收到了好效果，商户们争相定做，口口相传，热镀锌板管逐渐被市场接受，公司订单越来越多。

公司经济收益越来越好，不仅云南，而且广西、贵州、重庆、四川等地商户也都前来订做。面对这些订单，小贺思路清晰，他说发展现代农业远不止生产钢管与制作大棚这么简单，云南是农业大省，农业市场巨大，怎样把绿色、环保、节能、减排融入生产中去，那才是真正高效高产的现代农业，"我们还有很长的路要走。"

小贺的成功在令人称赞的同时，也启发人们：如何以敏锐的眼光捕捉市场机会？

你的观点：____________________

____

____

____

教师评语：____

____

【结论】

经过讨论可以知道，大学生生涯规划必须认真分析外部环境，以弄清环境对职业发展的要求、影响及作用，对各种因素加以衡量、评估，并做出正确的反应。首先是学校环境分析，分析所在学校教学特色与优势、专业优势、社会实践经验等。其次是社会环境分析，认真分析当下的社会政策，尤其是人事政策与劳动政策，以及社会变迁、社会价值观等。第三是企业环境分析，分析单位类型、企业文化、发展前景、发展阶段、产品服务、员工素质、工作氛围等。再据此确定自己适合哪种企业文化、企业环境，从而找到真正适合自己的职位。

3. 确定职业发展目标

【师生讨论】

制定目标，达到目标

1952 年 7 月 4 日清晨，加利福尼亚海岸笼罩在浓雾中。在海岸以西 21 英里的卡塔林纳岛上，一个 34 岁的女人涉水进入太平洋，开始向加州海岸游去。如果她成功了，她就是第一个游过这个海峡的妇女。这名妇女名叫费罗伦丝·查德威克。在此之前，她是从英法两边海岸游过英吉利海峡的第一个妇女。

那天早晨，海水冻得她全身发麻，而且雾气很大，她连护送她的船都几乎看不到了。时间一个小时一个小时地过去，千千万万人在电视上注视着她。有几次，甚至有鲨鱼靠近她，被人开枪吓跑了。但是她仍然在游着。在以往这类渡海游泳中她的最大问题不是疲劳，而是冷得刺骨的水温。

15 个小时之后，她被冰冷的海水冻得浑身发麻。她知道自己不能再游了，再继续的话会有生命危险，于是就叫人将她拉她上船。她的母亲与教练在另一条船上。他们都告诉她海岸已经很近了，鼓励她，叫她不要放弃。但是她朝加州海岸望去，除了浓雾其他什么也看不到。

几十分钟之后——从她出发算起 15 个小时零 55 分钟之后——人们将她拉上了船。又过了几个小时，她渐渐觉得暖和多了，这时却开始体会到了失败的打击。她不假思索地对记者说："说实在的，我不是为自己找借口。如果当时我看见陆地，也许我能坚持下来。"人们拉她上船的地点，离加州海岸只有半英里！后来她自己说，真正令他半途而废的不是疲劳，也不是寒冷，只是因为她在浓雾中找不到自己的目标。查德威克小姐一生中就只有这一次没有坚持到底。两个月之后，她终于成功地游过了同一个海峡。她不但是第一位游过卡塔林纳海峡的女性，而且比男子的纪录还要快了大约两个小时。

查德威克虽然是个游泳好手，但也需要自己能够看见目标，才能达到她有能力达到的目标。

所以，她的事启发我们，当你规划自己的成功时千万别低估了制定可测目标的重要性。而对于大学生的职业生涯规划你又有何启示呢？

你的观点：____

____

____

____

____

____

教师评语：____

____

____

____

【结论】

职业生涯目标即个人在选定职业领域内未来所要达到的具体目标。职业生涯规划也是一个人对自己不断进行认识的过程，也是对社会不断认识的过程。职业生涯的目标包括人生目标、长期目标、中期目标与短期目标，与之分别对应的是人生规划、长期规划、中期规划与短期规划。大学生生涯规划应当根据个人专业、性格、气质等，以及社会发展趋势而确定自己的人生目标与长期目标，然后将人生目标与长期目标细化，根据个人人生经历与所处环境确定自己的中期目标和短期目标。

4. 设定职业生涯发展路线

【师生讨论】

张艺谋的职业生涯发展路线

经过奥运开闭幕式，张艺谋俨然已经是中国电影的标志性人物了。张艺谋导演拍摄的电影不仅优秀，他的职业发展路线也值得大家借鉴。

“前半生”：从农民到摄影师与演员。

1968 年初中毕业后，张艺谋去陕西乾县农村插队劳动，后来在陕西咸阳国棉八厂当了一名普通工人。1978 年进入北京电影学院摄影系学习。1982 年毕业后任广西电影制片厂摄影师。1984 年担任摄影师拍摄了影片《黄土地》，初次崭露头角。1987 年主演影片《老井》，颇受好评。

“后半生”——从《红高粱》到奥运会开闭幕式总导演。

1987 年，张艺谋导演了《红高粱》，以浓烈的色彩、豪放的风格，颂扬中华民族激扬昂奋的民族精神，叙事与抒情融合，开创了独特的电影语言。正是这部电影，让张艺谋成功从演员向导演转型，并以一个成功导演角色进入公众视野。

在经过几部成功的艺术片之后，他又转向商业大片，《英雄》、《十面埋伏》、《满城尽带黄金甲》等商业大片也为他带来了巨大声誉，并最终奠定他作为中国电影旗帜的位置。

2008 年北京奥运会，张艺谋又以其独特大手笔，向全世界展示了中国之大美，也让他达到了生涯巅峰。

再看看张艺谋的成功轨迹，插队农民—工人—学生—摄影师—演员—导演，一次次职业跳跃与转型才最终造就了一个成功导演。

1. 职业准备期

在特殊历史环境之下，使年轻时候的张艺谋未能上高中就插队当了农民与工人，当时很多人都没得选择，但是能像他一样坚持梦想的寥寥无几。终于，1978 年，张艺谋以 27 岁“高龄”去学习摄影，踏上了自己的寻梦之旅。

2. 职业转型期

重新进入课堂学习之后，张艺谋踏踏实实地学起了摄影，虽然他的志向是当一名导演，但是他显然很清楚自己在做什么。这个时候他仍然在努力学习，在实践中认真学习。

3. 职业冲刺期

当《黄土地》获奖后，张艺谋面临两个选择：一是继续当一名摄影师，二是转型开始当自己一直想做的导演。但是，出人意料，他却做了第三个选择——当一名演员。并且也获得了一定成功。不过这是一个成功导演最明智的选择，要做好导演，尤其是要成为很有建树的导演，必须能够亲身体验做演员的感受，才能在拍片时与演员形成默契。

4. 职业发展期

《红高粱》成功之后，张艺谋拍了一段时间文艺片，当全国大众都熟悉了他的名字之后，张艺谋开始捕捉电影的市场价值，这也符合当时中国电影市场需求，他开始转向了拍摄商业大片，开始自己的商业大片之旅。尤其是依靠2008年北京奥运会开幕式的无形宣传，使张艺谋名扬海外。

思考：作为大学生的我们如何进行自我生涯规划？张艺谋的成功历程启发我们，清晰的职业生涯路线是我们成功的重要保障。如今大学生拥有更好的学习环境，更好的成功条件，应当抓住机遇，合理规划职业发展路线，并争取实现职业生涯目标。

你的观点：____

____

____

____

____

____

教师评语：____

____

____

____

【结论】

从张艺谋的案例可知设定职业生涯发展路线对于实现人生目标的重要性。

我们个人现在所处位置与职业生涯总目标总是存在一定差距的，实现职业生涯目标不可能一蹴而就。要实现自己的职业生涯发展目标，就必须将自己的总目标进行分解，制定出详细的生涯路线，再一步步地去实现。

5. 制定大学生生涯发展计划

【师生讨论】

奥巴马的生涯发展计划

在奥巴马眼中，任何人都能成长为美国总统，只要你为此设定计划并一步步去实现。成功的道路总是漫长而艰难的。奥巴马并不是某一天醒来后才决定要当美国总统的。他为自己计划好了当总统必须具备的条件，提高知识水平——培养人际网络——提升个人涵养——竞选参议员——参与民主党——竞选总统。

他通过学校教育提升自己的知识水平，毕业后投入社会工作，再竞选参议员，参与民主党竞选总统提名，最后成功竞选为总统。也许他本人也不能确切描绘出他成为总统的道路，但可以确信他是通过每天努力工作才达到的。

他还要建立有价值的人际网络，他的成功并非一个人的努力，在他的背后有着成千上万人帮助他达到目标。奥巴马经常上网浏览基本信息，广泛使用各种互联网工具，例如博客、视频、电子商务、电子邮件等放大个人信息，广泛接触选民。

他也必须树立良好个人形象，良好个人形象既包括外表，也包含内在气质与文化修养，所以他总是以亲民形象出现在公众当中，并且他的内在修养为他赢得了很多选民。

奥巴马通过规划自己的职业，而一步步问鼎总统宝座，这对于将要面临寻找工作的大学生，很有借鉴意义。试想，有几个成功人士是在没有制定合理职业生涯计划的情况下成功的呢？

你的观点：____

____

____

____

教师评语：____

____

____

【结论】

大学生并没有真正进入职界，所以要制定一个真正的职业生涯规划是不太可能的。但这并不是说，大学生就不要制定生涯发展规划了，只是大学生的生涯发展规划不同于职业人士的生涯发展规划。大学生可以在目前职业发展目标的指导之下，放眼未来，立足当前，制定自己的生涯规划。但是，大学生毕竟还在学校学习，其职业生涯规划应当以大学期间的专业学习、社会兼职、社团活动等为重点，不断提高自己各方面能力。

【自我测试】

职业竞争力测试

下列问卷可以帮助我们来了解自己的竞争状态。

1．在职业的选择上，你希望找一个很稳定的工作吗？

A．不是　　B．是　　C．不一定

2．为了适应环境，人们应该：

A．视情况而定　　B．对不同的人讲不同的话

C．对不同的人讲不同的话是滑头的表现

3．在平时的工作中，你非常想超过别人吗？

A．经常这样想　　B．有时这样想　　C．从未想过

4．与过去相比，你是否更愿意参加各种竞赛，以检验自己能力的高低？

A．愿意　　B．无所谓　　C．不愿意

5．你认为对于竞争的正确态度是：

A．竞争能发挥个人才能，应该积极参与　　B．竞争不关我的事

C．竞争会带来很大的压力，造成心理紧张

6．业余时间，你最喜欢读的书籍是：

A．名人传记类　　B．文艺小说类　　C．娱乐类

7．现代社会竞争十分激烈，为了保证在事业上胜过别人，不能将自己知道的信息告诉别人，你的态度是：

A．反对　　B．不大同意　　C．同意

8．我认为对于朋友的选择应：

A．选择志同道合的朋友　B．非常慎重　　C．广交朋友

9．一个人应该从事任务重、风险大、收入高的工作。你对此观点的态度是：

A．同意　　B．不一定　　C．反对

记分方法如下：A 为 2 分、B 为 1 分、C 为 0 分，请将每题分数累加。

12～18 分说明你是一个喜欢竞争的人，也可以选择正确的竞争观，但你更加喜欢竞争本身，而非竞争结果。通常你在职场爱出风头，你对自身要求较高，总体上说你的职业竞争力很好。选择适合你的职业方向非常重要，因为你通常走得比别人快，所以一旦走错了方向，错得也会更远。

7～11 分说明你是个不怕竞争的人，在竞争面前从容处事，能用理性思维分析问题，而不会在强大的压力之下盲目做决定。但也会因缺少主动性而丧失机会，所以一个长远的职业规划将可以弥补这一不足，并且使你的抗压能力发挥得更好。

0～6 分说明你是一个回避竞争的人，甚至是个害怕失败的人。但你千万别忘了，这个社会永远有竞争，没有竞争意识等于缺乏生存力。虽然你害怕失败，但通常失败的经历常去找你，职业发展上会出现各种问题。通常情况下，你是最需要帮助的一类人。

【团体素质拓展训练】

接龙游戏

相信大家都玩过词语接龙或续写故事的培训游戏，比如前一个人为一个故事起了个开头，大家就按照这个思路把故事接下去，一直到形成一个完整的故事为止。这个游戏就是将上述形式深化了一下，目的在于让受训者明白如何在受限制的情况下发挥想象力和创造力。

1．活动目的

（1）培养学生的想象力和创造力。

（2）培养学生之间的沟通交流能力。

2．活动地点

教室

3．活动内容

（1）将受训者两两分组，做一个与某个话题（可以任意选择，只要大家感兴趣，比如旅游）有关的演出。

（2）指定每组的两个成员中，一人为 A，一人为 B。A 是这场游戏的演员，B 是 A 的台词提示者。

（3）B 组挨着 A 组的同伴站着，当轮到自己的角色说话时，就会把台词告诉 A。而每个 A 组成员的任务就是接受 B 同伴提供的任何台词，在此基础上再加以发挥，把戏演下去。A

组成员要密切配合 B 成员的意思，好像这些台词就是他们本人想出来的一样。

（4）为了使受训者充分理解培训者的意图，培训者可以先做一下示范。挑选一位学员后，培训者开始说："我非常想和你一起旅游，因为小王你——"

（5）培训者然后拍一下小王（B 组人）的肩膀。小王需立刻接下去，"我总是与你的喜好一致。"培训者结合小王的话继续说，"总是与我的喜好一致。事实上，我们有过一次愉快的旅游经历，那一次——"

（6）再次拍小王的肩膀。他也许会说："我俩结伴去了黄山，"培训者接着说："我俩结伴去了黄山，真是一次美妙的经历。"

（7）又一次拍小王的肩膀，小王可能说："什么时候我们还能共同休假呢？"培训者说："什么时候我们还能共同休假呢？那时我们再一起出游吧——"

（8）让所有受训者观看示范，然后让他们各组散开练习一下，5 分钟后大家集合，集体完成一次演出。

4．注意事项

下一个接龙的人不能与前面说过的内容重复。

5．填写上交实践报告